JN265581

第2種電気工事士筆記試験

50回テスト

若月輝彦　編著

弘文社

は じ め に

　第二種電気工事士試験に合格すると，一般用電気工作物の工事を行うことができます。また，免状取得後3年以上の実務経験を積むか又は所定の講習を受けることにより産業保安監督部長等から認定電気工事従事者認定証の交付を受ければ，簡易電気工事の作業に従事することができます。簡易電気工事とは自家用電気工作物のうち最大電力500キロワット未満の需要設備の電圧600ボルト以下で使用する自家用電気工作物に係る電気工事（電線路に係る工事は出来ません。）をいいます。さらに，自家用電気工作物で最大電力100キロワット未満の需要設備を有する事業場（工場，ビル等）を設置する事業者が主任技術者を選任する際に，産業保安監督部長等の許可を受ければ，電気主任技術者の免状がなくても主任技術者となることができます（一般にこれを許可主任技術者といいます）。ただし，この許可の手続きは免状取得者本人がこのような事業場に勤務している場合に事業者が電気事業法に基づき行うもので，免状取得者本人が行うものではありません。

　このように，第二種電気工事士免状を習得すると，電気工作物の工事を行うことや許可主任技術者になることができます。今や電気は工場やビルなどにおいて生産や営業に欠かせないものになっています。工事士の資格を持っていれば，電気工事ばかりではなく工場やビルの電気設備の管理の仕事もできるようになり，スキルアップの資格として欠かせないものとなっています。

　第二種電気工事士試験は本書で取り上げた筆記試験の他に技能試験があります。技能試験は筆記試験免除者と筆記試験合格者が受験することができ，技能試験に合格すると第二種電気工事士免状を取得することができます。技能試験の問題の候補が事前に発表されるようになり以前よりも合格することが容易になりました。本書を活用して筆記試験の合格の栄冠を勝ち取られることを期待いたします。

著者

本書の特徴

　本書は，過去に出題された第二種電気工事士試験の問題を項目別に編集したものです。第二種電気工事士試験問題の多くは，過去に出題された問題が繰り返し出題されています。つまり，過去問を解くことができれば，合格することができるということです。そこで，過去に出題された問題を精選して50回のテストとしてまとめ上げました。1日1テストを学習すれば2カ月で合格することも不可能ではありません。学習回数がはっきりと示されているので，学習計画が立て易いでしょう。

　本書の最大の特徴は，多くの受験者が苦手とする計算問題を最後にしていることです。ほぼすべての第二種電気工事士のテキストなどは電気理論から始まりますが，本書では必要最小限な電気の基礎を最初に学び，後の学習の基礎となるようにしています。なぜこのような構成としたかというと，第二種電気工事士の試験内容が変更され，計算問題が減り，実地試験で出題されていた材料選別問題10問が融合されるようになったからです。鑑別問題は減らされて，従来10問出題されていたものが4問程度出題されています。配線図関係の問題と材料選別問題及び鑑別問題を合計すると毎年24問前後出題されるので，計算問題ができなくとも合格基準の30問の80％を獲得することができます。後の6問前後を計算問題以外の問題10数問程度から解答できれば見事合格可能です。もちろん，この受験方法が不安な受験者の第1種電気工事士試験の基礎となる第45回〜第50回の計算問題の学習を妨げるものではありません。時間のある受験者は第1回〜第50回テスト，時間の無い受験者は第1回〜第44回テストまでを十分に学習されるといいでしょう。

　本書では機器および材料などの写真と図記号が繰り返し示されています。新しい試験方式ではこれらの習得が必要不可欠となりますので，写真を見て機器の名称及び用途並びに図記号までリンクして覚えるようにして下さい。そうすれば合格は見えてきます。

目 次

はじめに……………………………………………………………… 3
本書の特徴…………………………………………………………… 4
受験ガイド…………………………………………………………… 8

第1章　電気の基礎
第1回テスト　電気の基礎……………………………………… 12

第2章　電気応用・電気機器
第2回テスト　電気応用………………………………………… 24
第3回テスト　電気機器………………………………………… 30

第3章　電気工事の規定事項
第4回テスト　電線……………………………………………… 38
第5回テスト　幹線の電流容量と遮断器の容量……………… 46
第6回テスト　分岐回路の施設………………………………… 54
第7回テスト　コンセント回路の施設………………………… 60
第8回テスト　コンセント回路………………………………… 64
第9回テスト　遮断器の施設…………………………………… 70
第10回テスト　漏電遮断器の施設……………………………… 76
第11回テスト　接地工事………………………………………… 82
第12回テスト　絶縁抵抗………………………………………… 90

第4章　屋内電気工事の施工方法
第13回テスト　屋内配線工事1 ………………………………… 96
第14回テスト　屋内配線工事2 ………………………………… 102
第15回テスト　金属管工事1 …………………………………… 108
第16回テスト　金属管工事2 …………………………………… 114
第17回テスト　金属管工事3 …………………………………… 120

第18回テスト	金属管工事4	126
第19回テスト	金属管工事5	130
第20回テスト	合成樹脂管工事	134
第21回テスト	ケーブル工事	140
第22回テスト	金属可とう電線管工事	146
第23回テスト	ネオン管工事及びショーウィンドウの施工	152
第24回テスト	その他の工事	158
第25回テスト	機器の施工	168

第5章 一般用電気工作物の検査方法

| 第26回テスト | 検査方法 | 174 |
| 第27回テスト | 測定 | 180 |

第6章 一般用電気工作物の保安に関する法令

第28回テスト	電気関係法規	188
第29回テスト	電気用品安全法	194
第30回テスト	電気工事士法1	200
第31回テスト	電気工事士法2	206

第7章 配線図

第32回テスト	配線図1	214
第33回テスト	配線図2	226
第34回テスト	配線図3	232
第35回テスト	配線図4	236
第36回テスト	配線図5	240
第37回テスト	配線図6	246
第38回テスト	配線図7	250
第39回テスト	配線図8	254
第40回テスト	材料選別1	258
第41回テスト	材料選別2	268
第42回テスト	材料選別3	276
第43回テスト	材料選別4	288
第44回テスト	材料選別5	296

第8章　電気理論と配電理論

- 第45回テスト　電気理論1 …………………………………… 306
- 第46回テスト　電気理論2 …………………………………… 314
- 第47回テスト　電気理論3 …………………………………… 320
- 第48回テスト　配電理論1 …………………………………… 326
- 第49回テスト　配電理論2 …………………………………… 332
- 第50回テスト　配電理論3 …………………………………… 338

受験ガイド

1. 受験資格

受験資格には，学歴，年齢，性別及び経験等の制限はありません。誰でも受験することができます。

2. 受験手続

受験申込書配布時期　　毎年3月上旬頃
受験願書受付期間　　　毎年3月中旬～4月初旬頃
郵便窓口受付による申し込みと，インターネットによる申し込みがあります。

3. 試験実施日

筆記試験　上期　6月上旬の日曜日
　　　　　下期　10月上旬の土曜日
技能試験　上期　7月下旬の土曜日又は日曜日のいずれか
　　　　　下期　12月上旬の土曜日

* 筆記試験と技能試験は上期と下期の2回行われるようになりましたが，同じ年度において，上期試験，下期試験の両方を受験する事はできません。どちらかの期を選択して受験しなければなりません。筆記試験免除者も同様です。

受験料　9300～9600円（申し込み方法により異なる。）
（技能試験不合格者は次の年度のみ筆記試験免除）

4. 筆記試験合格基準

原則60点以上となっています。

* 試験日時等は変更される場合がありますので，必ず期日が近づいたら，財団法人電気技術者試験センター（http://www.shiken.or.jp/）に問い合わせて下さい。

5. 筆記試験の出題方式

　筆記試験の出題方式は四肢択一方式で，出題数は50問，配点は1問2点になっています。出題構成については下表をご参照下さい。

本書における章立て		出題数
第1章	電気に関する基礎知識	5問程度
第2章	配電理論及び配電設計	5問程度
第3章	電気機器。配線器具並びに電気工事用の材料及び工具（鑑別含む）	8問程度（うち鑑別4問）
第4章	電気工事の施工方法	6問程度
第5章	一般用電気工作物の検査方法	3問程度
第6章	一般用電気工作物の保安に関する法令	3問程度
第7章	配線図	20問（うち材料選別10問）
		計50問

※年度によって若干の増減があります。

6. 技能試験

　筆記試験の合格者と筆記試験免除者に対して，次に掲げる事項のうちから作成された配線図の問題の全部又は一部について行います。

(1)　電線の接続
(2)　配線工事
(3)　電気機器及び配線器具の設置
(4)　電気機器・配線器具並びに電気工事用の材料及び工具の使用方法
(5)　コード及びキャブタイヤケーブルの取付け
(6)　接地工事
(7)　電流，電圧，電力及び電気抵抗の測定
(8)　一般用電気工作物の検査
(9)　一般用電気工作物の故障箇所の修理

　技能試験は，持参した作業用工具により，配線図で与えられた問題を支給される材料で，一定時間内に完成させる方法で行います。

第1章
電気の基礎

1．電気の基礎（第1回テスト）
（正解・解説は各回の終わりにあります。）

※本試験では，各問題の初めに以下のような記述がございますが，本書では，省略しております。

次の各問には4通りの答え（イ，ロ，ハ，ニ）が書いてある。それぞれの問いに対して答えを1つ選びなさい。

第1回テスト　電気の基礎

	問い	答え
1	抵抗 R〔Ω〕に電圧 V〔V〕を加えると，電流 I〔A〕が流れ，P〔W〕の電力が消費される場合，抵抗 R〔Ω〕を示す式として，誤っているものは。	イ．$\dfrac{V}{I}$　　ロ．$\dfrac{P}{I^2}$ ハ．$\dfrac{V^2}{P}$　　ニ．$\dfrac{PI}{V}$
2	抵抗率 ρ〔Ω・m〕，直径 D〔mm〕，長さ l〔m〕の導線の電気抵抗〔Ω〕を表す式は。	イ．$\dfrac{4\rho l}{\pi D}\times 10^3$　　ロ．$\dfrac{4\rho l^2}{\pi D}\times 10^3$ ハ．$\dfrac{4\rho l}{\pi D^2}\times 10^6$　　ニ．$\dfrac{\rho l^2}{\pi D^2}\times 10^6$
3	直径 1.6〔mm〕(断面積 2.0〔mm²〕)，長さ 120〔m〕の軟銅線の抵抗値〔Ω〕は。ただし，軟銅線の抵抗率は，0.017〔Ω・mm²/m〕とする。	イ．0.1 ロ．1.0 ハ．10 ニ．100
4	直径 2.6〔mm〕，長さ 10〔m〕の銅導線と抵抗値が最も近い銅導線は。	イ．直径 1.6〔mm〕，長さ 20〔m〕 ロ．断面積 5.5〔mm²〕，長さ 10〔m〕 ハ．直径 3.2〔mm〕，長さ 5〔m〕 ニ．断面積 8〔mm²〕，長さ 10〔m〕
5	A，B 2本の同材質の銅線がある。Aは直径 1.6〔mm〕，長さ 100〔m〕，Bは直径 3.2〔mm〕，長さ 50〔m〕である。Aの抵抗はBの抵抗の何倍か。	イ．1 ロ．2 ハ．4 ニ．8
6	直径 1.6〔mm〕，長さ 8〔m〕の軟銅線と電気抵抗値が等しくなる直径 3.2〔mm〕の軟銅線の	イ．4 ロ．8 ハ．16

	長さ〔m〕は。ただし，軟銅線の温度，抵抗率は同一とする。	ニ．32
7	直径 1.6〔mm〕（断面積 2〔mm²〕），長さ 12〔m〕の電線の抵抗が 0.1〔Ω〕であるとき，断面積 8〔mm²〕，長さ 96〔m〕の電線の抵抗〔Ω〕は。ただし，電線の材質及び温度は同一とする。	イ．0.05 ロ．0.1 ハ．0.2 ニ．0.3
8	ビニル絶縁電線（単心）の導体の直径を D，長さを L とするとき，この電線の抵抗と許容電流に関する記述として，誤っているものは。	イ．電線の抵抗は，L に比例する。 ロ．電線の抵抗は，D^2 に反比例する。 ハ．許容電流は，周囲の温度が上昇すると，大きくなる。 ニ．許容電流は，D が大きくなると，大きくなる。
9	実効値が 210〔V〕の正弦波交流電圧の最大値〔V〕は。	イ．210　　ロ．296 ハ．363　　ニ．420
10	図のような正弦波交流回路の電源電圧 v に対する電流 i の波形として，正しいものは。	イ． ロ．

ハ.

ニ.

11

図のような交流回路の電圧 v に対する電流 i の波形として，正しいものは。

イ.

ロ.

ハ.

ニ.

第1回テスト　解答と解説

問題1　【正解】（ニ）

図1のように回路の電圧を V 〔V〕（V：ボルト），電流を I 〔A〕（A：アンペア），抵抗を R 〔Ω〕（Ω：オーム）とすれば，

$$V = IR \text{ 〔V〕}$$

$$I = \frac{V}{R} \text{ 〔A〕}$$

$$R = \frac{V}{I} \text{ 〔Ω〕}$$

の関係を**オームの法則**といい，電気現象を扱う場合の基本中の基本というべき非常に重要な法則なので，確実に理解しなければなりません。計算問題が苦手でも，ここは絶対に理解しておかなければなりません。

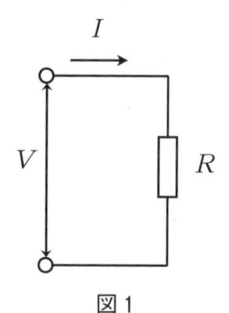

図1

抵抗 R 〔Ω〕で消費される電力 P 〔W〕（W：ワット）は，

$$P = VI = \frac{V^2}{R} = I^2 R \text{ 〔W〕}$$

で計算できます。以上により，抵抗 R 〔Ω〕は，

$$R = \frac{V}{I} = \frac{V^2}{P} = \frac{P}{I^2} \text{ 〔Ω〕}$$

の様に表すことができます。

問題2　【正解】（ハ）

電気抵抗とは，電流の流れを妨げる働きをするものです。電気工事をする場合には，この電気抵抗の大小により**電線の太さ**や**長さの限度**が定まってきますので重要なことです。電流の流れを妨げる働きは金属の種類によ

り異なり，その程度を表す尺度として**抵抗率 ρ（ロー）**という概念が用いられます。単位は基本的には〔Ω・m〕が用いられます。Ω（オーム）は，電気回路計算の基礎を築いたオームの法則で知られた単位です。電線などの金属の抵抗値 R〔Ω〕は，その金属の抵抗率を ρ〔Ω・m〕，長さを l〔m〕，断面積を A〔m²〕とすると，

$$R = \frac{\rho l}{A} \ [\Omega] \quad \cdots\cdots\cdots\cdots\cdots\cdots\cdots\cdots\cdots\cdots\cdots\cdots\cdots (1)$$

で求めることができます。電線の断面積は小さいので，抵抗率を ρ〔Ω・mm²/m〕，長さを l〔m〕，断面積を A〔mm²〕とすると，(1)式と同じように表すことができます。

図2のように直径 D〔m〕とすると，**円の面積 A〔m²〕は**，$D = 2r$〔m〕の関係により，

$$A = \pi r^2 = \pi \left(\frac{D}{2}\right)^2 = \pi \frac{D^2}{4} \ [\mathrm{m^2}]$$

となるので，抵抗率 ρ〔Ω・m〕，直径 D〔m〕，長さ l〔m〕の導線の電気抵抗 R〔Ω〕を表す式は，

$$R = \frac{\rho l}{A} = \frac{\rho l}{\pi D^2/4} = \frac{4\rho l}{\pi D^2} \ [\Omega] \quad \cdots\cdots\cdots\cdots\cdots\cdots\cdots\cdots (2)$$

となります。直径の単位を〔mm〕とすると，$D \times 10^{-3}$〔mm〕となるので，

$$R = \frac{4\rho l}{\pi (D \times 10^{-3})^2} = \frac{4\rho l}{\pi D^2} \times 10^6 \ [\Omega]$$

となります。

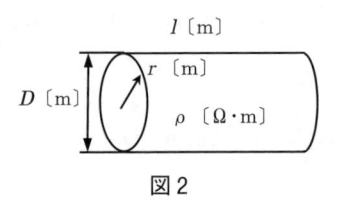

図2

問題3　【正解】（ロ）

抵抗率 0.017〔Ω・mm²/m〕，直径 1.6〔mm〕（断面積 2.0〔mm²〕，長さ 120〔m〕）の軟銅線の抵抗値 R〔Ω〕は，次のようになります。

$$R = \frac{\rho l}{A} = \frac{0.017 \times 120}{2.0} = 1.02 \fallingdotseq 1.0 \ [\Omega]$$

問題4 【正解】（ロ）

抵抗率を ρ 〔Ω・mm²/m〕とすると，直径 2.6〔mm〕，長さ 10〔m〕の銅導線の抵抗値 R〔Ω〕は，

$$R = \frac{4\rho l}{\pi D^2} = \frac{4\rho \times 10}{\pi \times 2.6^2} = 1.88\rho \text{〔Ω〕}$$

となります。

「イ」の直径 1.6〔mm〕，長さ 20〔m〕の抵抗値 R〔Ω〕は，

$$R = \frac{4\rho l}{\pi D^2} = \frac{4\rho \times 20}{\pi \times 1.6^2} = 9.95\rho \text{〔Ω〕}$$

「ロ」の断面積 5.5〔mm²〕，長さ 10〔m〕の抵抗値 R〔Ω〕は，

$$R = \frac{\rho l}{A} = \frac{\rho \times 10}{5.5} = 1.82\rho \text{〔Ω〕}$$

「ハ」の直径 3.2〔mm〕，長さ 5〔m〕の抵抗値 R〔Ω〕は，

$$R = \frac{4\rho l}{\pi D^2} = \frac{4\rho \times 5}{\pi \times 3.2^2} \times 10^6 = 0.622\rho \text{〔Ω〕}$$

「ニ」の断面積 8〔mm²〕，長さ 10〔m〕の抵抗値 R〔Ω〕は，

$$R = \frac{\rho l}{A} = \frac{\rho \times 10}{8} = 1.25\rho \text{〔Ω〕}$$

となるので，「ロ」の電線が一番近くなります。

問題5 【正解】（ニ）

抵抗率を ρ 〔Ω・mm²/m〕とすると，直径 1.6〔mm〕，長さ 100〔m〕の銅線Aの抵抗値 R_A〔Ω〕は，

$$R_A = \frac{4\rho l}{\pi D^2} = \frac{4\rho \times 100}{\pi \times 1.6^2} = 49.7\rho \text{〔Ω〕}$$

となります。

直径 3.2〔mm〕，長さ 50〔m〕の銅線Bの抵抗値 R_B〔Ω〕は，

$$R_B = \frac{4\rho l}{\pi D^2} = \frac{4\rho \times 50}{\pi \times 3.2^2} = 6.22\rho \text{〔Ω〕}$$

となるので，

$$\frac{R_A}{R_B} = \frac{49.7\rho}{6.22\rho} \fallingdotseq 8$$

より，Aの抵抗はBの抵抗の8倍となります。

問題6 【正解】（ニ）

　直径 1.6 [mm]，長さ 8 [m] の軟銅線の電気抵抗値 $R_{1.6}$ は抵抗率を ρ [Ω・mm²/m] とすると，

$$R_{1.6} = \frac{4\rho l}{\pi D^2} = \frac{4\rho \times 8}{\pi \times 1.6^2} = 3.98\rho \text{ [Ω]}$$

となります。

　直径 3.2 [mm]，長さ l [m] の銅線 B の抵抗値 $R_{3.2}$ [Ω] は，

$$R_{3.2} = \frac{4\rho l}{\pi D^2} = \frac{4\rho \times l}{\pi \times 3.2^2} = 0.124\rho l$$

となるので，電気抵抗値が等しくなる長さ l [m] は，

$R_{1.6} = R_{3.2} = 3.98\rho = 0.124\rho l$

$$\therefore \ l = \frac{3.98\rho}{0.124\rho} \fallingdotseq 32 \text{ [m]}$$

となります。

問題7 【正解】（ハ）

　電線の材質及び温度は同一とするので抵抗率を ρ [Ω・mm²/m] とすると，直径 1.6 [mm]（断面積 2 [mm²]），長さ 12 [m] の電気抵抗値 R_2 は，

$$R_2 = \frac{\rho l}{A} = \frac{\rho \times 12}{2} = 0.1 \text{ [Ω]}$$

なので，

$$\therefore \ \rho = 0.1 \times \frac{2}{12} = \frac{1}{60} \text{ [Ω・mm²/m]}$$

となります。

これより断面積 8 [mm²]，長さ 96 [m] の電線の抵抗 R_8 [Ω] は，

$$R_8 = \frac{\rho l}{A} = \frac{96}{60 \times 8} = 0.2 \text{ [Ω]}$$

となります。

問題8 【正解】（ハ）

　問題2 の(2)式(P16)より，電線の抵抗は，長さ L に比例し電線の抵抗は，D^2 に反比例することがわかります。また，**電線の許容電流は，周囲の温度が上昇**すると**小さく**なり，D が大きくなると大きくなります。

電気の基礎

問題9　【正解】（ロ）

　電気回路で扱う交流とは，一般に図3に示すような正弦波と呼ばれる波形をいいます。**周波数 f 〔Hz〕**（Hz：**ヘルツ**）の正弦波とは，1秒間に波形の繰り返し（これを**周期 T** といいます）が f 回繰り返されることをいいます。図3においてA点を正の最大値，B点を負の最大値といいます。このように交流では時間の変化によって電圧や電流が変化しているので，どこかの点を代表して電圧・電流の値を表現します。この表現を**実効値**といいます。

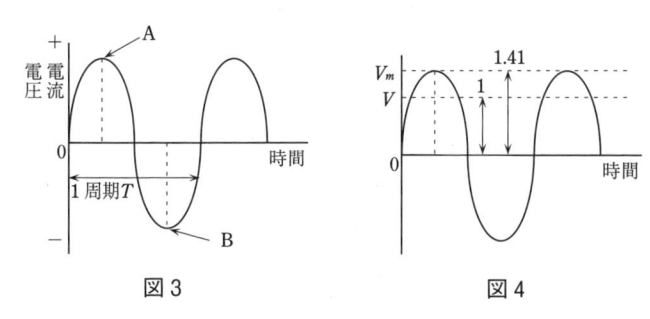

　図4において，正の最大値の値が V_m〔V〕であれば，この交流の実効値 V〔V〕は，

$$V = \frac{V_m}{\sqrt{2}} \text{〔V〕}$$

となります。逆に実効値 V〔V〕が与えられていれば，この交流電圧の最大値 V_m〔V〕は，

$$V_m = \sqrt{2}\,V = 1.41V \text{〔V〕}$$

となります。

　家庭の電圧は100〔V〕で供給されていますが，これは実効値100〔V〕を意味しており，最大値はその約1.41倍の141〔V〕であることは覚えておきましょう。また，交流電圧や電流は特に指定がない場合には正弦波の実効値を意味していることに注意して下さい。実効値 V が210〔V〕の正弦波交流電圧の最大値 V_m〔V〕は，

$$V_m = \sqrt{2}\,V = 1.41 \times 210 ≒ 296V \text{〔V〕}$$

となります。

問題10 【正解】（イ）

　図5において，抵抗 R 〔Ω〕の銅線を巻いたコイル L に直流起電力 V 〔V〕を加えるとオームの法則により，

$$I=\frac{V}{R} \text{〔A〕} \quad \cdots\cdots\cdots\cdots\cdots\cdots\cdots\cdots\cdots\cdots\cdots\cdots\cdots\cdots\cdots\cdots\cdots (3)$$

で示される電流が流れます。ここで直流起電力 V 〔V〕の代わりに，図6に示すように実効値 V 〔V〕の交流電圧を同じ抵抗値の抵抗 R 〔Ω〕を加えると流れる電流の実効値 I 〔A〕は，(3)式で表すことができます。交流でも実効値で表せば，直流のときに使用したオームの法則がそのまま使用できます。このときの抵抗に加わる電圧の波形と電流の波形は図7のようになります。図から分かるように，電圧と電流の波形は同じように0から変化してピークも同じです。そして周期は360°で1周期になっていることが分かります。このことを電圧と電流は**同相**であるといいます。

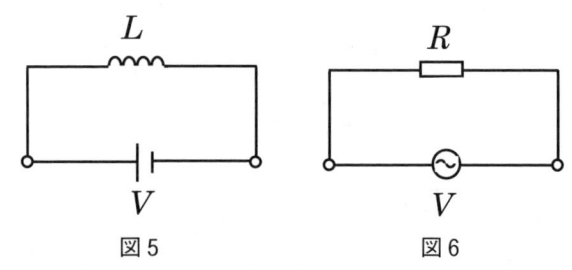

図5　　　図6

　次に，図8のようにコイルに交流電圧を加えると電圧と電流の波形の関係が異なってきます。電流の値も(3)式とは異なる式で計算しなければなりません。計算の仕方は電気理論の章で詳しく説明します。このときの電圧と電流の波形は図9のような関係になります。電源の周波数 f により異なった値になります。ここでは，直流と交流ではコイル L の作用が異なることだけを覚えてください。ここで重要なことは，コイル(抵抗値0〔Ω〕)に流れる電流の位相は電圧に対して **90° 遅れ**ということです。

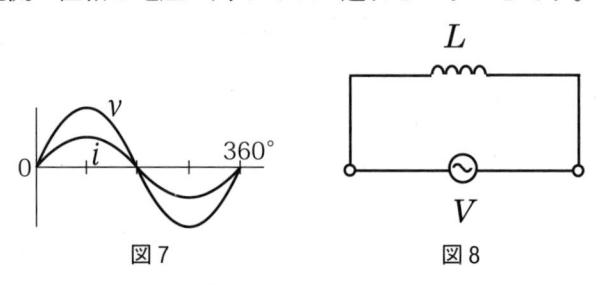

図7　　　図8

図9を見ると電流は波形の方が電圧波形よりの先に進んでいるように見えますが，電圧波形が0の時点で電流波形はまだマイナス側にあります。電圧波形の位相が90°進むと電流波形が0になるので，この場合は，電流波形が電圧波形よりも90°遅れといいます。逆に，電圧波形が電流波形よりも90°進みであるともいえます。この両者は同じことを表しているので十分な理解が必要です。解答の「ハ」は，電流波形が電圧波形よりも90°進みで，「ニ」は180°の位相差があり**逆相**関係にあるといいます。

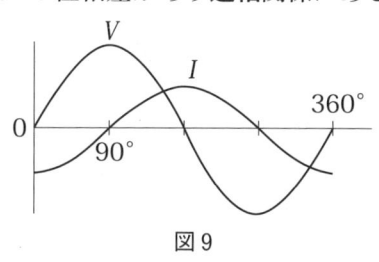

図9

問題11 【正解】（ニ）

静電容量 C〔F〕（F：ファラッド）のコンデンサに直流起電力 V〔V〕を加えても電流は流れません。ところが，周波数 f〔Hz〕，実効値 V〔V〕の交流電圧をこのコンデンサに加えると，電流が流れるようになります。これはコイルと作用は反対になります。コンデンサ（抵抗値無限大）に実効値 V〔V〕の交流電圧を加えると流れる電流の位相は，図10に示すように，電圧に対して **90°進み**となります。解答「ロ」，「ハ」のように，電流の波形が**方形波**のようにはなりません。

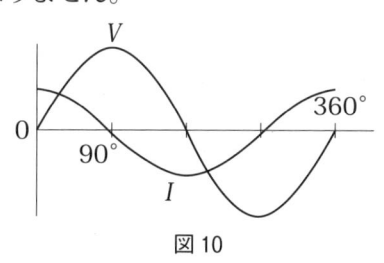

図10

M E M O

<指数公式>

① $10^3 \times 10^5 = 10^{3+5} = 10^8$

② $10^3 \times 10^{-5} = 10^{3-5} = 10^{-2}$

③ $\dfrac{1}{10^6} = 10^{-6}$

④ $\dfrac{10^6}{10^3} = 10^6 \times 10^{-3} = 10^{6-3} = 10^3$

⑤ $(3.2 \times 4.8)^2 = 3.2^2 \times 4.8^2$

⑥ $(3.6^2)^3 = 3.6^{2 \times 3} = 3.6^6$

⑦ $(2.4^2)^{-3} = 2.4^{2 \times (-3)} = 2.4^{-6}$

⑧ $(2.5 \times 10^{-3})^2 = 2.5^2 \times 10^{-3 \times 2} = 2.5^2 \times 10^{-6}$

<単位計算>

① $1 \,[\text{m}] = 10^2 \,[\text{cm}]$

② $1 \,[\text{m}] = 10^3 \,[\text{mm}]$

③ $1 \,[\text{cm}] = 10^{-2} \,[\text{m}]$

④ $1 \,[\text{mm}] = 10^{-3} \,[\text{m}]$

⑤ $1 \,[\text{m}^2] = 10^4 \,[\text{cm}^2]$

⑥ $1 \,[\text{m}^2] = 10^6 \,[\text{mm}^2]$

⑦ $1 \,[\text{cm}^2] = 10^{-4} \,[\text{m}^2]$

⑧ $1 \,[\text{mm}^2] = 10^{-6} \,[\text{m}^2]$

<分数計算>

① $\dfrac{b}{a} + \dfrac{d}{c} = \dfrac{bc}{ac} + \dfrac{ad}{ac} = \dfrac{bc+ad}{ac}$

② $\dfrac{b}{a} \times \dfrac{d}{c} = \dfrac{bd}{ac}$

③ $\dfrac{b}{a} \div \dfrac{d}{c} = \dfrac{b}{a} \times \dfrac{c}{d} = \dfrac{bc}{ad}$

④ $\dfrac{\frac{d}{c}}{\frac{b}{a}} = \left(\dfrac{\frac{d}{c}}{\frac{b}{a}}\right) = \dfrac{ad}{bc}$

⑤ $\dfrac{b}{a} = \dfrac{d}{c}$ は $\dfrac{b}{a} \bowtie \dfrac{d}{c}$ のようにたすき掛け合わせます。

$\dfrac{b}{a} = \dfrac{d}{c}$

$ad = bc$

これを応用すれば、$\dfrac{b}{a} = \dfrac{d}{c}$ から、$a =$ とするには、まず $ad = bc$ と計算して、この両辺 $ad = bc$ を d で割って、

$\dfrac{ad}{d} = \dfrac{bc}{d} \rightarrow \dfrac{a\not{d}}{\not{d}} = \dfrac{bc}{d}$

$a = \dfrac{bc}{d}$

のようにします。

<比の展開>

$a:b = c:d \rightarrow a:b = c:d \rightarrow ad = bc$

第2章
電気応用・電気機器

1. 電気応用（第2回テスト）
2. 電気機器（第3回テスト）
（正解・解説は各回の終わりにあります。）

※本試験では，各問題の初めに以下のような記述がございますが，本書では，省略しております。

次の各問には4通りの答え（イ，ロ，ハ，ニ）が書いてある。それぞれの問いに対して答えを1つ選びなさい。

第2回テスト　電気応用

	問い	答え
1	定格電圧100〔V〕，定格消費電力1〔kW〕の電熱器に110〔V〕の電圧を加えた場合の消費電力〔kW〕は。ただし，電熱器の抵抗値は一定とする。	イ．1.0 ロ．1.1 ハ．1.2 ニ．1.3
2	電線の接続不良により，接続点の接触抵抗が0.2〔Ω〕となった。この電線に10〔A〕の電流が流れると，接続点から1時間に発生する熱量〔kJ〕は。ただし，接触抵抗の値は変化しないものとする。	イ．72 ロ．144 ハ．288 ニ．576
3	消費電力が500〔W〕の電熱器を，1時間30分使用したときの発熱量〔kJ〕は。	イ．450 ロ．750 ハ．1800 ニ．2700
4	照度の単位は。	イ．F ロ．lm ハ．H ニ．lx
5	蛍光灯を，同じ消費電力の白熱電灯と比べた場合，正しいものは。	イ．発光効率が高い。 ロ．雑音（電磁雑音）が少ない。 ハ．寿命が短い。 ニ．力率が良い。

6	電灯器具を引きひもで点滅させるために使用するスイッチの種類は。	イ．リモコンスイッチ ロ．プルスイッチ ハ．コードスイッチ ニ．ペンダントスイッチ
7	図に示す蛍光灯回路のコンデンサの主な目的は。	イ．効率をよくする。 ロ．点灯を早くする。 ハ．明るさを増す。 ニ．雑音（電波障害）を防止する。
8	写真に示す器具の名称は。	イ．電撃殺虫灯器具 ロ．シャンデリヤ ハ．チェーンペンダント ニ．耐圧防爆形照明器具
9	写真に示す器具の名称は。	イ．白熱電灯の明るさを調節するのに用いる。 ロ．人の接近による自動点滅に用いる。 ハ．蛍光灯の力率改善に用いる。 ニ．街路灯などの自動点滅に用いる。

10	▭〇▭で示す図記号の器具は。	イ. ロ. ハ. ニ.
11	写真に示す器具の名称は。	イ．蛍光灯の放電を安定させるために用いる。 ロ．電圧を変成するために用いる。 ハ．力率を改善するために用いる。 ニ．手元開閉器として用いる。

第2回テスト　解答と解説

問題1　【正解】（ハ）

電熱器の抵抗値を $R〔Ω〕$ とすると，**定格電圧** $V=100〔V〕$ で**定格消費電力** $P=1000〔W〕$ は，

$$P=\frac{V^2}{R}〔W〕$$

で表されるので，電熱器の抵抗値 $R〔Ω〕$ は，

$$R=\frac{V^2}{P}=\frac{100^2}{1000}=\frac{10000}{1000}=10〔Ω〕$$

となります。

電熱器に $V=110〔V〕$ の電圧を加えた場合の消費電力 $P〔kW〕$ は，

$$P=\frac{V^2}{R}=\frac{110^2}{10}=\frac{12100}{10}=1210〔W〕=1.21〔kW〕≒1.2〔kW〕$$

となります。

問題2　【正解】（イ）

接続点の接触抵抗が $R=0.2〔Ω〕$ のときの電線に $I=10〔A〕$ の電流が流れるときの消費電力 $P〔kW〕$ は，

$$P=I^2R=10^2×0.2=100×0.2=20〔W〕$$

となります。

$1〔W〕$ の電力が $1〔s〕$ 間継続した場合の発熱量は $1〔J〕$（J：ジュール）となります。1時間は $3600〔s〕$ なので，1時間に発生する熱量 $W〔kJ〕$ は，

$$W=20×3600=72000〔J〕=72〔kJ〕$$

となります。

$$1〔kW·h〕=3600〔kJ〕$$

の関係は重要なので覚えるようにしてください。

問題3　【正解】（ニ）

消費電力が $1000〔W〕$ の電熱器を，1時間30分使用したときの発熱量 $〔kJ〕$ は上記の関係により，

$$3600×1.5=5400〔kJ〕$$

となるので，消費電力が 500〔W〕ではこれの半分の 2700〔kJ〕となります。

問題4　【正解】（ニ）

　照度の単位には，照度の単位の〔lx〕（lx：ルックス），光束の単位の〔lm〕（lm：ルーメン）などがあります。〔F〕（F：ファラッド）は静電容量の単位，〔H〕（H：ヘンリー）はインダクタンス（コイル）の単位です。

問題5　【正解】（イ）

　蛍光灯を同じ消費電力の白熱電灯と比べた場合，**発光効率**が高いのが特徴です。発光効率は〔lm/W〕で表され，この数値が大きければ少ない電力で明るい光源であるといえます。蛍光灯は白熱電灯と比べた場合，**雑音**(電磁雑音)が多く，**寿命が長い**，**力率**が悪いことが特徴です。力率は電気理論のところで詳しく説明します。

問題6　【正解】（ロ）

　電灯器具を引きひもで点滅させるために使用するスイッチは，**プルスイッチ**です。「プル」とは，引っ張るという意味です。**コードスイッチ**は，小型電気器具に付属するコードの途中に設けたスイッチで，電気炬燵などに用います。**ペンダントスイッチ**は，電灯や小型機器の終端に取り付けるスイッチです。**リモコンスイッチ**は，スイッチ自体では照明器具の電源を開閉するのではなく，照明器具を開閉するリレーなどの制御機器へ開閉の指令を発するものです。

　　　　プルスイッチ 　　　　　　　コードスイッチ

　　　　リモコンスイッチ 　　　　　ペンダントスイッチ

電気応用

第2回テスト 解答

問題7 【正解】(ニ)

　図に示す蛍光灯回路の**コンデンサ**の主な目的は，**雑音（電波障害）**を防止する事です。

問題8 【正解】(ニ)

　写真に示す器具の名称は，**耐圧防爆形照明器具**です。ガラスの部分も防護されているので分かりますね。

問題9 【正解】(ニ)

　写真に示す器具の名称は**自動点滅器**，街路灯などの自動点滅に用います。暗くなるとスイッチが入り，明るくなるとスイッチが切れます。

問題10 【正解】(イ)

　□○□で示す図記号の器具は，「イ」の**蛍光灯**です。「ロ」の器具は壁付き白熱灯なので◐，「ハ」の器具は**コードペンダント**で⊖，「ニ」の器具は**ダウンライト**で(DL)です。図記号は配線図で重要なので確実に覚えるようにしましょう。

問題11 【正解】(イ)

　写真の器具の名称は**安定器**で，蛍光灯の放電を安定させるために用います。

MEMO

＜単位の換算＞

　〔W〕を〔kW〕に換算するには次のようにします。1000〔W〕が1〔kW〕なので，〔W〕を〔kW〕にするには〔W〕の数値を1/1000にすれば単位は〔kW〕になります。この1/1000にすることを数学的には10^{-3}で表します。つまり，$1/1000=10^{-3}$となるわけです。これは〔W〕に限らず電力量の単位である〔W・h〕を〔kW・h〕の所でも出てくるので，確実に理解しておくようにして下さい。

第3回テスト 電気機器

	問い	答え
1	三相誘導電動機を逆回転させるための方法は。	イ．三相電源の3本の結線を3本とも入れ替える。 ロ．三相電源の3本の結線のうち，いずれか2本を入れ替える。 ハ．コンデンサを取り付ける。 ニ．スターデルタ始動器を取り付ける。
2	必要に応じ始動時にスターデルタ始動を行う電動機は。	イ．三相巻線形誘導電動機 ロ．三相かご形誘導電動機 ハ．直流分巻電動機 ニ．単相誘導電動機
3	三相誘導電動機の始動において，じか入れ始動に対して，スターデルタ始動器を用いた場合は。	イ．始動電流が小さくなる。 ロ．始動トルクが大きくなる。 ハ．始動時間が短くなる。 ニ．始動時の巻線に加わる電圧が大きくなる。
4	三相かご形誘導電動機の記述で，誤っているものは。	イ．始動電流は全負荷電流の4～8倍程度である。 ロ．電源の周波数が60〔Hz〕から50〔Hz〕に変わると回転速度が低下する。 ハ．負荷が増加すると回転速度はやや低下する。 ニ．3本の結線のうちいずれか2本を入れ替えても逆回転しない。

5	低圧三相誘導電動機に対して電力用コンデンサを並列に接続する目的は。	イ．電動機の振動を防ぐ。 ロ．回路の力率を改善する。 ハ．回転速度の変動を防ぐ。 ニ．電源の周波数の変動を防ぐ。
6	誘導電動機回路の力率を改善するために使用する低圧進相コンデンサの取り付け場所で，最も適切な方法は。	イ．主開閉器の電源側に各台数分をまとめて電動機と並列に接続する。 ロ．手元開閉器の負荷側に電動機と並列に接続する。 ハ．手元開閉器の負荷側に電動機と直列に接続する。 ニ．手元開閉器の電源側に電動機と並列に接続する。
7	三相誘導電動機のスターデルタ始動回路として，正しいものは。 ただし ⊛ は三相誘導電動機，▯ はスターデルタ始動器を表す。	イ．　　　　　ロ． ハ．　　　　　ニ．
8	力率の最もよい電気機械器具は。	イ．電気ストーブ ロ．交流アーク溶接機 ハ．電気洗濯機 ニ．高圧水銀灯

9	漏電遮断器に内蔵されている零相変流器の役割は。	イ．地絡電流の検出 ロ．短絡電流の検出 ハ．過電圧の検出 ニ．不足電圧の検出
10	変流器（CT）の使用目的として，正しいものは。	イ．電流計の測定範囲を大きくする。 ロ．電圧計の測定範囲を大きくする。 ハ．接地抵抗計の測定範囲を大きくする。 ニ．絶縁抵抗計の測定範囲を大きくする。
11	組み合わせて使用する機器として，誤っているものは。	イ．ネオン変圧器と高圧水銀灯 ロ．零相変流器と漏電警報器 ハ．光電式自動点滅器と街路灯 ニ．スターデルタ始動器と普通かご形三相誘導電動機

第3回テスト　解答と解説

問題1　【正解】（ロ）

　三相誘導電動機は，容量の大きなポンプや送風機に使用される代表的な電動機です。電源は3本来ており，そのうちの**任意の2本**の結線を入れ替えると回転方向が逆になります。

問題2　【正解】（ロ）

　三相誘導電動機の種類は，**かご形**と**巻線形**に分類することができます。一般的に，電動機が大きくなると電動機の始動時に流れる電流は，全負荷電流の**4～8倍**程度になります。このような電流が流れると遮断器が動作したり，電圧降下が大きくなり電動機が始動できなくなる場合があります。巻線形はスリップリングを介して外部に抵抗を挿入することにより，**始動電流を小さく**することができます。かご形はスリップリングを持たないので，始動時と回転時の固定子巻線を変えて始動電流を抑制します。この方法を**スターデルタ始動方式**といいます。

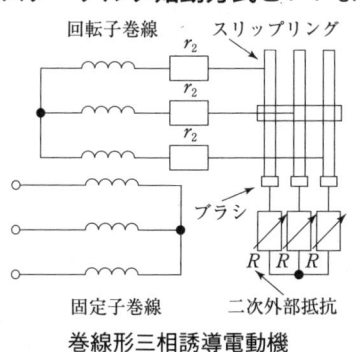

巻線形三相誘導電動機 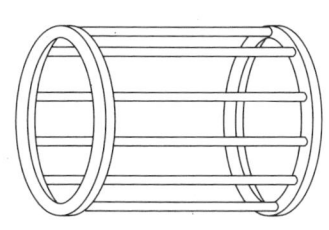　　　　かご形三相誘導電動機

問題3　【正解】（イ）

　スターデルタ始動器を用いると始動電流が小さくなります。かご形三相誘導電動機をそのまま電源に接続して始動すると，全負荷電流の4～8倍程度の始動電流が流れて電動機に過電流が流れ，また電源側に過大な電圧降下を生じさせます。このような始動法をじか入れ始動といいます。そこで，図のように始動時に電動機の固定子の巻線を切替スイッチにより△か

らYにしておき，始動が完了した後に△に戻すY－△始動法（スターデルタ始動法）が容量の大きな電動機には採用されます。

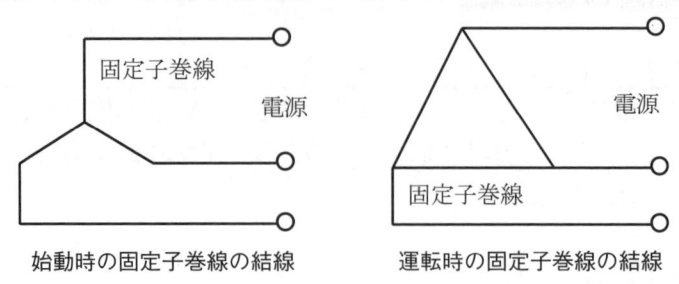

始動時の固定子巻線の結線　　　運転時の固定子巻線の結線

問題4　【正解】（ニ）

三相誘導電動機の**回転数**は，電源の**周波数**に**比例**します。60〔Hz〕から50〔Hz〕に変わると，回転速度は50/60倍に低下します。三相かご形誘導電動機の特性は，負荷が**増加**すると**回転速度**はやや**低下**するという事です。

問題5　【正解】（ロ）

低圧三相誘導電動機に対して**電力用コンデンサ**を**並列**に接続する目的は，回路の力率を改善するためです。力率については電気理論の所で詳しく説明します。

問題6　【正解】（ロ）

低圧進相コンデンサの取り付け場所は，手元開閉器の**負荷**側に電動機と**並列**に接続します。力率改善用コンデンサは必ず**回路**と**並列**に接続します。

電気機器

問題7 【正解】（ロ）

　三相誘導電動機のスターデルタ始動回路は，始めにＹ結線として始動し，その後△結線にします。運転状態のときの固定子の結線が正しく，結線になっているのが正解です。（ロ）の結線に次の図のように記号をつけて展開すると右の図のようになります。正解は（ロ）となります。

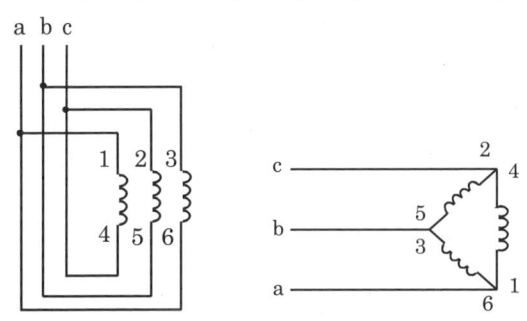

問題8 【正解】（イ）

　力率の最もよい電気機械器具は**モーター**などを使用しない機器です。電球もそうです。

問題9 【正解】（イ）

　零相変流器の役割は**地絡電流**の**検出用**と覚えましょう。簡単にいえば，漏電の検出です。

問題10 【正解】（イ）

　変流器（CT）の使用目的は，**電流**の測定範囲の**拡大**と覚えましょう。

問題11 【正解】（イ）

　ネオン変圧器と組み合わせて使用する機器は**ネオン灯**です。

第3回テスト 解答

-35-

第3章
電気工事の規定事項

1. 電線　　　　　　　　　　　（第4回テスト）
2. 幹線の電流容量と遮断器の容量　（第5回テスト）
3. 分岐回路の施設　　　　　　　（第6回テスト）
4. コンセント回路の施設　　　　（第7回テスト）
5. コンセント回路　　　　　　　（第8回テスト）
6. 遮断器の施設　　　　　　　　（第9回テスト）
7. 漏電遮断器の施設　　　　　　（第10回テスト）
8. 接地工事　　　　　　　　　　（第11回テスト）
9. 絶縁抵抗　　　　　　　　　　（第12回テスト）

（正解・解説は各回の終わりにあります。）

※本試験では，各問題の初めに以下のような記述がございますが，本書では，省略しております。

次の各問には4通りの答え（イ，ロ，ハ，ニ）が書いてある。それぞれの問いに対して答えを1つ選びなさい。

第4回テスト　電線

	問い	答え
1	低圧屋内配線として，600Vビニル絶縁電線（IV）が使用できる許容温度は，最高何度〔℃〕未満か。	イ．40 ロ．60 ハ．90 ニ．120
2	低圧屋内配線工事に使用する600Vビニル絶縁ビニルシースケーブル丸形（銅導体），導体の直径2.0〔mm〕，2心の許容電流〔A〕は。ただし，周囲温度は30〔℃〕以下，電流減少係数は0.7とする。	イ．19 ロ．22 ハ．24 ニ．35
3	600Vビニル絶縁ビニルシースケーブル平形（VVF），3心，太さ2.0〔mm〕の許容電流〔A〕は。ただし，周囲温度は30〔℃〕以下とする。	イ．22 ロ．24 ハ．27 ニ．35
4	低圧屋内配線の金属管工事で，管内に直径2.0〔mm〕の600Vビニル絶縁電線（銅導体）4本を収めて施設した場合，電線1本当たりの許容電流〔A〕は。ただし，周囲温度は30〔℃〕以下とする。	イ．17 ロ．19 ハ．22 ニ．24
5	金属管による低圧屋内配線工事で，管内に直径1.6〔mm〕の600Vビニル絶縁電線（軟銅線）5本を収めて施設した場合，電線1本当たりの許容電流〔A〕は。ただし，周囲温度は30〔℃〕以下，電流減少係数は0.56とする。	イ．10 ロ．15 ハ．19 ニ．27

6	金属管工事で，同一管内に直径1.6〔mm〕の600Vビニル絶縁電線（軟銅線）6本を挿入して施設した場合，電線1本当たりの許容電流〔A〕は。ただし，周囲温度は30〔℃〕以下，電流減少係数は0.56とする。	イ．15 ロ．17 ハ．19 ニ．27
7	合成樹脂製可とう電線管（PF管）による低圧屋内配線工事で，管内に直径1.6〔mm〕の600Vビニル絶縁電線2本を収めて施設した場合，電線の許容電流〔A〕は。ただし，周囲温度は30〔℃〕以下とする。	イ．19 ロ．22 ハ．24 ニ．27
8	合成樹脂管工事で，同一管内に直径1.6〔mm〕の600Vビニル絶縁電線（銅導体）4本を挿入して施設した場合，電線1線当たりの許容電流〔A〕は。ただし，周囲温度は30〔℃〕以下，電流減少係数は0.63とする。	イ．17 ロ．19 ハ．22 ニ．24
9	合成樹脂製可とう電線管（PF管）による低圧屋内配線工事で，管内に断面積5.5〔mm^2〕の600Vビニル絶縁電線（銅導体）5本を収めて施設した場合，電線1本当たりの許容電流〔A〕は。ただし，周囲温度は30〔℃〕以下，電流減少係数は0.56とする。	イ．15 ロ．19 ハ．27 ニ．34

10	耐熱性が最も優れているものは。	イ．600V 二種ビニル絶縁電線 ロ．600V ビニル絶縁電線 ハ．600V ビニル絶縁ビニルシースケーブル ニ．MI ケーブル
11	耐熱性の最もすぐれている電線は。	イ．MI ケーブル ロ．CV ケーブル ハ．VVF ケーブル ニ．キャブタイヤケーブル
12	許容電流から判断して，公称断面積 0.75〔mm^2〕のゴムコード（絶縁物の種類が天然ゴム混合物）を使用できる最も消費電力の大きな電熱器具は。ただし，電熱器具の定格電圧は 100〔V〕で，周囲温度は 30〔℃〕以下とする。	イ．150〔W〕の電気はんだごて ロ．600〔W〕の電気がま ハ．1500〔W〕の電気湯沸器 ニ．2000〔W〕の電気乾燥器
13	VVR の記号で表される電線の名称は。	イ．600V ポリエチレン絶縁ビニルシースケーブル ロ．600V EP ゴム絶縁ビニルシースケーブル ハ．600V ビニル絶縁ビニルシースケーブル丸形 ニ．600V ビニル絶縁ビニルキャブタイヤケーブル

第4回テスト 解答と解説

問題1 【正解】(ロ)

　低圧で使用される絶縁電線には，**600Vビニル絶縁電線**（**IV**：Indoor polyvinyl），**引込用ビニル絶縁電線**（**DV**：Drop polyvinyl）及び**屋外用ビニル絶縁電線**（**OW**：Outdoor Weatherproof）などがあります。このほかに耐熱用として用いられる，**600V二種ビニル絶縁電線**（**HIV**）があります。電線の記号，使用温度および構造をまとめると表1のようになります。絶縁電線には，図1及び図2に示すように**単線**と**より線**があります。

表1

電線の名称	記号	許容温度
600Vビニル絶縁電線	IV	60℃
屋外用ビニル絶縁電線	OW	60℃
引込用ビニル絶縁電線	DV	60℃
600V二種ビニル絶縁電線	HIV	75℃

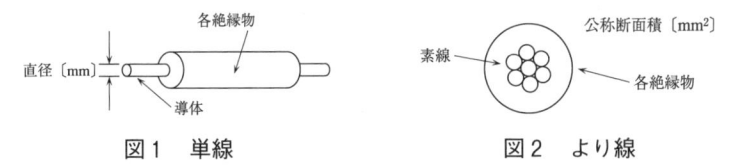

図1　単線　　　　　図2　より線

　表1より，600Vビニル絶縁電線（IV）が使用できる許容温度は，最高60〔℃〕未満となります。

問題2 【正解】(ハ)

　電線には許容温度の他に許容電流が設定されています。絶縁電線に施してある絶縁は，電線に電流が流れて，電線の抵抗により発生する抵抗損による温度上昇により，絶縁性能が低下していきます。そのため，電線には流してよい電流の最高値となる許容電流が電線の太さごとに定められています。それを規定しているのは，「電気設備の技術基準の解釈（以下「解釈」と記します）」で，低圧屋内配線に使用する電線の材料が，**銅線又は軟銅線**です。**600Vビニル絶縁電線，600Vポリエチレン絶縁電線，600Vふっ素樹脂絶縁電線及び600Vゴム絶縁電線の許容電流**は，周囲温度が**30℃以**

下の場合には，表2のようになります。

表2

導体	(直径 mm)	(公称断面積 mm²)	許容電流〔A〕
単線	1.6		27
	2.0		35
	2.6		48
より線		5.5	49
		8.0	61

表2の許容電流は，電線単体の物です。絶縁電線を**合成樹脂線ぴ，合成樹脂管，金属線ぴ，金属管又は金属可とう電線管**に収めて使用すると，電線から発熱した熱が，管により放熱が困難となります。そこで，上記の5種類の電線管及び**フロアダクト配線，VVF ケーブル**（ビニル絶縁ビニルシース平形），**VVR ケーブル**（600V ビニル絶縁ビニルシースケーブル丸形）**配線**では，使用する電線の数に応じて表3に示すように，その電線の許容電流の大きさを減少させなければなりません。

表3

同一管内の電線数	電流減少係数
3以下	0.70
4	0.63
5又は6	0.56

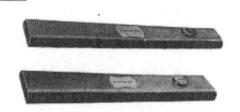

二種可とう電線管　　合成樹脂製可とう電線管　　フロアダクト

　直径2.0〔mm〕の絶縁電線の許容電流は，35〔A〕で2心（電線2本ということです）なので，表3から電流減少係数は0.7となっているので許容電流〔A〕は，

　　　35×0.7＝24.5〔A〕

なので，これよりも小さい「ハ」の24〔A〕を選びます。この問題では，電流減少係数が0.7と与えられていますが，表3はできるだけ**暗記**するようにしてください。

電線

```
      塩化ビニル              塩化ビニル
   ┌─────┐          ┌─────────┐
導体│ ○ ○ │       導体│  ○ ○    │ゴム引布テープ
   └─────┘          └─────────┘
   VVFケーブル         VVRケーブル
```

問題3　【正解】（ロ）

　600Vビニル絶縁ビニルシースケーブル平形（VVF），3心，太さ2.0〔mm〕の許容電流〔A〕は，表3より電流減少係数が0.7となっているので，

$$35 \times 0.7 = 24.5 〔A〕$$

となり，これよりも小さい「ロ」の24〔A〕を選びます。この問題では，電流減少係数が与えられていないので，0.7を覚えておかなければ解くことができません。

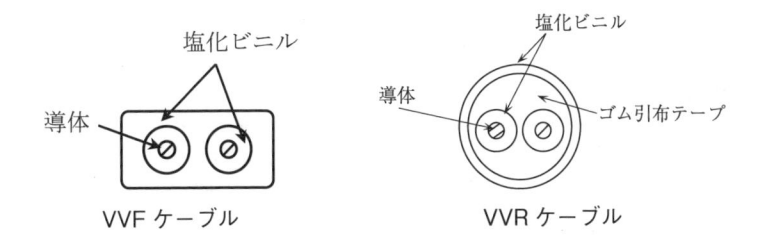

問題4　【正解】（ハ）

　金属管工事で，管内に直径2.0〔mm〕の600Vビニル絶縁電線（銅導体）4本を収めて施設した場合の許容電流〔A〕は，表2及び表3より，

$$35 \times 0.63 = 22.1 〔A〕$$

となるので，「ハ」の22〔A〕を選びます。

問題5　【正解】（ロ）

　金属管工事で，管内に直径1.6〔mm〕の600Vビニル絶縁電線（銅導体）5本を収めて施設した場合の許容電流〔A〕は，表2と電流減少係数0.56より，

$$27 \times 0.56 = 15.12 〔A〕$$

となるので，「ロ」の15〔A〕を選びます。

問題6　【正解】（イ）

　金属管工事で，同一管内に直径1.6〔mm〕の600Vビニル絶縁電線（軟銅線）6本を挿入して施設した場合の電線1本当たりの許容電流〔A〕は，表2と電流減少係数0.56より，

$$27 \times 0.56 = 15.12 〔A〕$$

となるので，「イ」の 15〔A〕を選びます。

問題7 【正解】（イ）

合成樹脂製可とう電線管（PF管）による低圧屋内配線工事で，管内に直径 1.6〔mm〕の 600V ビニル絶縁電線 2 本を収めて施設した場合，電線の許容電流〔A〕は，表2及び表3より，

$27 \times 0.7 = 18.9$〔A〕

となるので，これに近い「イ」の 19〔A〕を選びます。

問題8 【正解】（イ）

合成樹脂管工事で，同一管内に直径 1.6〔mm〕の 600V ビニル絶縁電線（銅導体）4 本を挿入して施設した場合，電線 1 線当たりの許容電流〔A〕は，表2と電流減少係数 0.63 より，

$27 \times 0.63 = 17.01$〔A〕

となるので，これに近い「イ」の 17〔A〕を選びます。

問題9 【正解】（ハ）

合成樹脂製可とう電線管（PF管）による低圧屋内配線工事で，管内に断面積 5.5〔mm^2〕の 600V ビニル絶縁電線（銅導体）5 本を収めて施設した場合，電線 1 本当たりの許容電流〔A〕は，表2と電流減少係数 0.56 より，

$49 \times 0.56 = 27.44$〔A〕

となるので，これに近い「ハ」の 27〔A〕を選びます。

問題10 【正解】（ニ）

表1より，600V 二種ビニル絶縁電線の許容温度は 75〔℃〕，600V ビニル絶縁電線と 600V ビニル絶縁ビニルシースケーブルの許容温度は 60〔℃〕です。**MIケーブル**は，この 3 種の絶縁電線よりも耐熱性がすぐれています。高湿度な場所，フロアーヒーティング，ロードヒーティングの発熱体として使用されます。

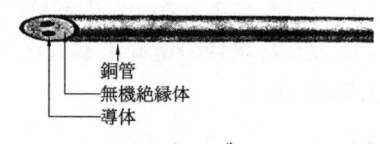

MI ケーブル

問題11 【正解】（イ）

　これも MI ケーブルですね。CV ケーブルは，低圧用架橋ポリエチレン絶縁ビニル外装ケーブルの略称です。キャブタイヤケーブルは，外被が機械的に強いので，移動用電線として使用されます。

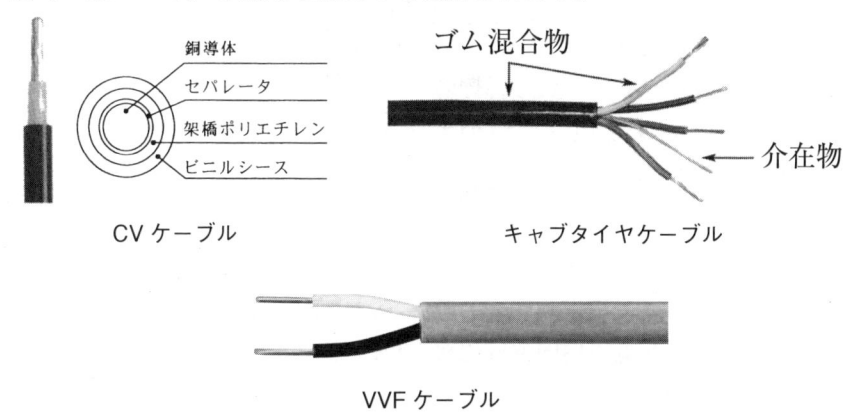

CV ケーブル　　　　　キャブタイヤケーブル

VVF ケーブル

問題12 【正解】（ロ）

　コードには使用できる電気器具が定められていて，ビニルコードの用途は電熱器及び電気アイロンのように電気を熱として用いる器具には使用が禁止されています。電気スタンドなどには使用できます。ゴムコードの用途は 300 V 以下の電熱器及び電気アイロンのように電気を熱として用いる器具に使用することができます。コードの許容電流と構成は表4のようになります。許容電流が 7〔A〕なので，100×7＝700〔W〕まで使用できます。

表4

公称断面積〔mm²〕	許容電流〔A〕	素線数/直径（〔本〕/〔mm〕）
0.75	7	30/0.18
1.25	12	50/0.18

問題13 【正解】（ハ）

　VVR の記号で表される電線の名称は，600 V ビニル絶縁ビニルシースケーブル丸形でしたね。

第5回テスト　幹線の電流容量と遮断器の容量

	問い	答え
1	定格電流10〔A〕の電動機10台が接続された単相2線式の低圧屋内幹線がある。この幹線の太さを決定する電流の最小値〔A〕は。 ただし，需要率は80〔％〕とする。	イ．88 ロ．100 ハ．110 ニ．138
2	図のように三相電動機Ⓜと三相電熱器Ⓗが低圧屋内幹線に接続されている場合，幹線の太さを決める根拠となる電流の最小値〔A〕は。 ただし，需要率は100〔％〕とする。 幹線―B―B―Ⓜ　定格電流50A 　　　　―B―Ⓜ　定格電流30A 　　　　―B―Ⓗ　定格電流15A 　　　　―B―Ⓗ　定格電流5A	イ．100 ロ．108 ハ．115 ニ．120
3	図のように，電動機Ⓜと電熱器Ⓗが幹線に接続されている場合，低圧屋内幹線を保護する①で示す配線用遮断器の定格電流の最大値〔A〕は。 ただし，幹線は600Vビニル絶縁電線8〔mm²〕(許容電流61〔A〕)，需要率は100〔％〕と	イ．50 ロ．75 ハ．100 ニ．150

する。

3φ3W
200V電源

① → B
幹線
許容電流61A ● B─Ⓜ 定格電流10A
● B─Ⓜ 定格電流10A
● B─Ⓗ 定格電流15A

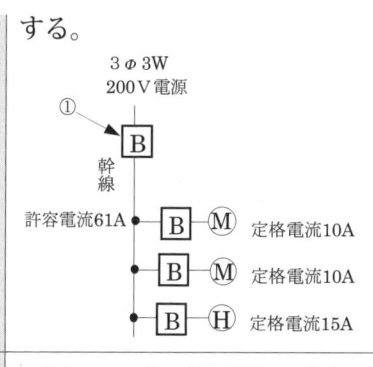

4 図のような電熱器Ⓗ1台と電動機Ⓜ2台が接続された単相2線式の低圧屋内幹線がある。この幹線の太さを決定する根拠となる電流 I_W〔A〕と幹線に施設しなければならない過電流遮断器の定格電流を決定する根拠となる電流 I_B〔A〕の組合せとして，適切なものは。ただし，需要率は100〔%〕とする。

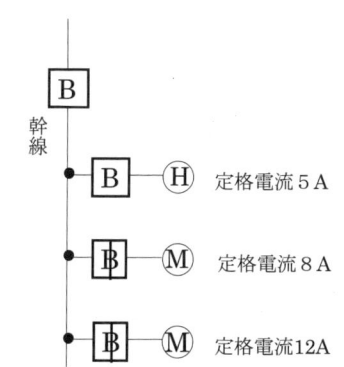

イ. I_W 27
　　I_B 55
ロ. I_W 27
　　I_B 65
ハ. I_W 30
　　I_B 55
ニ. I_W 30
　　I_B 65

B
幹線
● B─Ⓗ 定格電流5A
● B─Ⓜ 定格電流8A
● B─Ⓜ 定格電流12A

第5回テスト 問題

5 図のような電熱器Ⓗ1台と電動機Ⓜ2台が接続された単相2線式の低圧屋内幹線がある。この幹線の太さを決定する根拠となる電流 I_W〔A〕と幹線に施設しなければならない過電流遮断器の定格電流を決定する根拠となる電流 I_B〔A〕の組合せとして，適切なものは。ただし，需要率は100〔%〕とする。

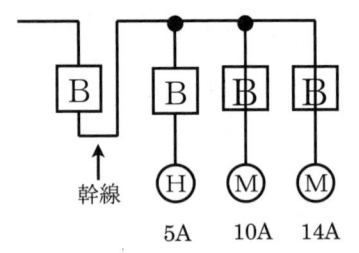

イ. I_W　29
　　I_B　35

ロ. I_W　31
　　I_B　29

ハ. I_W　35
　　I_B　77

ニ. I_W　77
　　I_B　33

幹線　Ⓗ　Ⓜ　Ⓜ
　　　5A　10A　14A

第5回テスト　解答と解説

問題1　【正解】（イ）

　低圧屋内幹線（電源と直に接続されている電線と考えていいでしょう）に使用する電線の許容電流 I_L〔A〕は原則として，その部分を通じて供給される電気使用機械器具の定格電流の合計 I〔A〕**以上の許容電流**のあるものであることが必要です。しかし，図1に示すように幹線に電動機を接続する場合には，**電動機**の定格電流の合計により，低圧屋内幹線に使用する電線の許容電流の大きさが定められています。

① 電動機等の定格電流の合計 I_M〔A〕が，他の負荷の合計 I_H〔A〕より小さい場合

　低圧屋内幹線の許容電流　　$I_L \geq I_M + I_H$〔A〕……………………… (1)

② 電動機等の定格電流の合計 I_M〔A〕が 50〔A〕以下の場合で，他の負荷の合計 I_H〔A〕より大きい場合

　低圧屋内幹線の許容電流　　$I_L \geq 1.25 I_M + I_H$〔A〕　（$I_M \leq 50$〔A〕）‥(2)

③ 電動機等の定格電流の合計 I_M〔A〕が 50〔A〕を超える場合で他の負荷の合計 I_H〔A〕より大きい場合

　低圧屋内幹線の許容電流　　$I_L \geq 1.1 I_M + I_H$〔A〕　（$I_M > 50$〔A〕）…(3)

　式(2)～式(3)は，電動機以外の負荷 I_H〔A〕が 0〔A〕の場合には，そのまま 0〔A〕とします。

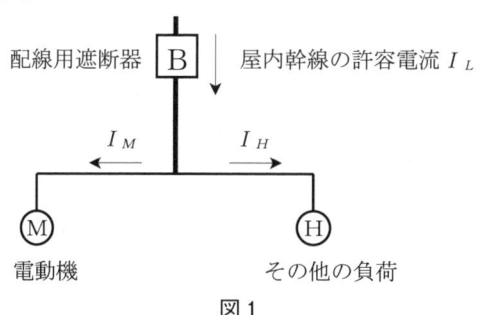

図1

　定格電流 10〔A〕の電動機 10 台が接続されて需要率が 80〔％〕なので，この場合の I_M〔A〕は，

　　　$I_M = 10 \times 10 \times 0.8 = 100 \times 0.8 = 80$〔A〕

となります。$I_M > 50$〔A〕で，$I_H = 0$〔A〕なので，式(3)より，

低圧屋内幹線の最小電流値　$I_L \geqq 1.1 I_M + I_H$
$ = 1.1 \times 80 + 0$
$ = 88$ 〔A〕

となり，最小値は 88〔A〕となります。

　図1において，$\boxed{B}$ は遮断器の**図記号**を表しています。Ⓜは電動機の図記号，Ⓗは電熱器の図記号を表しています。これらの記号はよく出てきますので確実に覚えておきましょう。

　需要率は，負荷設備の合計（取付負荷の定格容量の合計）がどの程度利用されているかを示す指標で，この値が大きいほど負荷設備を有効に使用していることになります。**需要率**は次のように定義されます。

$$需要率 = \frac{最大需要電力}{負荷設備容量の合計} \times 100 \, 〔\%〕 \quad (需要率 < 100 \, 〔\%〕)$$

　一般には，負荷は定格容量で運転されることは少なく，需要率は 100〔％〕以下であることが普通です。問題を例にすれば，定格電流 10〔A〕の電動機が 10 台中 8 台運転，又は電動機が 10 台運転しているが，電動機の電流の合計が 80〔A〕であるとき，需要率は 80〔％〕になります。

問題2　【正解】（ロ）

　需要率が 100〔％〕なので，電動機の定格電流の合計 I_M〔A〕は，
　　$I_M = 50 + 30 = 80$〔A〕
であり，電動機以外の定格電流の合計 I_H〔A〕は，
　　$I_H = 15 + 5 = 20$〔A〕
となります。

　$I_M > 50$〔A〕で，$I_H = 20$〔A〕なので，問題1 の(3)式より，

低圧屋内幹線の最小電流値　$I_L \geqq 1.1 I_M + I_H$
$ = 1.1 \times 80 + 20$
$ = 88 + 20$
$ = 108$〔A〕

となります。

問題3　【正解】（ロ）

　低圧屋内幹線の電源側電路には，幹線の許容電流 I_L〔A〕以下の定格 I_B

幹線の電流容量と遮断器の容量

〔A〕の過電流遮断器を施設しなければなりません。

$$I_B \leqq I_L \text{〔A〕} \cdots\cdots\cdots\cdots\cdots\cdots\cdots\cdots\cdots\cdots\cdots\cdots\cdots\cdots\cdots\cdots (4)$$

しかし，低圧屋内幹線に電動機等が接続される場合は，その電動機等の定格電流 I_M〔A〕の合計の 3 倍に，他の電気使用機械器具の定格電流の合計 I_H〔A〕を加えた値以下の定格電流のものとしなければなりません。

$$I_B \leqq 3I_M + I_H \text{〔A〕} \cdots\cdots\cdots\cdots\cdots\cdots\cdots\cdots\cdots\cdots\cdots\cdots (5)$$

ただし，$3I_M + I_H$〔A〕の値が低圧屋内幹線の許容電流 I_L〔A〕を 2.5 倍した値を超える場合は，その許容電流を 2.5 倍した値とします。

$$I_B \leqq 2.5 I_L \text{〔A〕} \cdots\cdots\cdots\cdots\cdots\cdots\cdots\cdots\cdots\cdots\cdots\cdots\cdots\cdots (6)$$

問題において，電動機の定格電流の合計 I_M〔A〕は，

$$I_M = 10 + 10 = 20 \text{〔A〕}$$

で，電動機以外の定格電流の合計 I_H〔A〕は，

$$I_H = 10 \text{〔A〕}$$

となります。これより，

$$3I_M + I_H = 3 \times 20 + 15 = 60 + 15 = 75 \text{〔A〕}$$

となります。

幹線の許容電流は 61〔A〕なので，75〔A〕は幹線の許容電流 I_L〔A〕を 2.5 倍した値 $61 \times 2.5 = 152.5$〔A〕を超えないので，配線用遮断器の定格電流の最大値は 75〔A〕となります。

問題4 【正解】(ニ)

需要率が 100〔％〕なので，電動機の定格電流の合計 I_M〔A〕は，

$$I_M = 8 + 12 = 20 \text{〔A〕}$$

であり，電動機以外の定格電流の合計 I_H〔A〕は，

$$I_H = 5 \text{〔A〕}$$

となります。

電動機等の定格電流の合計 I_M〔A〕が 50〔A〕以下の場合で，他の負荷の合計 I_H〔A〕より大きい場合となるので，問題1 の(2)式より，

低圧屋内幹線の許容電流 $\quad I_L \geqq 1.25 I_M + I_H$
$$= 1.25 \times 20 + 5$$
$$= 25 + 5$$
$$= 30 \text{〔A〕}$$

となります。
　次に 問題3 の(5)式より，
　　$3I_M+I_H=3×20+5=60+5=65$〔A〕
となります。
　幹線の許容電流は 30〔A〕なので，$2.5 × 30 = 75$〔A〕なので 65〔A〕は幹線の許容電流 I_L〔A〕を 2.5 倍した値を超えないので，配線用遮断器の定格電流の最大値は 65〔A〕となります。
　問題の図記号には $\boxed{B}$ がありますが，これは電動機用遮断器（モーターブレーカー）といって，電動機専用の遮断器の図記号を表しています。図2 の配電用遮断器のうち，向かって左側のものは容量の大きな遮断器，右側は容量の小さな遮断器を示しています。

図2　配線用遮断器　　　　図3　電動機用遮断器

　配電用遮断器に似た形状と機能を持つものに**漏電遮断器**があります。**過電流を遮断する機能の他に，回路に漏電が生じた場合，自動的に回路を遮断するものです**。写真では分かりづらいですが，「テストボタン」があるので区別が可能です。漏電遮断器の図記号は $\boxed{B}_E$ なので覚えておきましょう。

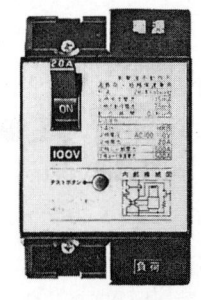

図4　漏電遮断器

問題5 【正解】(ハ)

需要率が 100〔%〕なので，電動機の定格電流の合計 I_M〔A〕は，
　　　$I_M = 10 + 14 = 24$〔A〕
であり，電動機以外の定格電流の合計 I_H〔A〕は，
　　　$I_H = 5$〔A〕
となります。

電動機等の定格電流の合計 I_M〔A〕が 50〔A〕以下の場合で他の負荷の合計 I_H〔A〕より大きい場合となるので，問題1の(2)式より，

低圧屋内幹線の許容電流　$I_L \geq 1.25 I_M + I_H$
　　　　　　　　　　　　　$= 1.25 \times 24 + 5$
　　　　　　　　　　　　　$= 30 + 5$
　　　　　　　　　　　　　$= 35$〔A〕

となります。

次に 問題3 の(5)式より，
　　　$3I_M + I_H = 3 \times 24 + 5 = 72 + 5 = 77$〔A〕
となります。

幹線の許容電流は 35〔A〕で，幹線の許容電流 $I_L = 35$〔A〕を 2.5 倍した値 $35 \times 2.5 = 87.5$〔A〕を超えないので，配線用遮断器の定格電流の最大値は 77〔A〕となります。

第6回テスト 分岐回路の施設

	問い	答え
1	図のように，定格電流50〔A〕の過電流遮断器で保護される低圧屋内幹線から，太さ2.0〔mm〕のVVFケーブル（許容電流24〔A〕）で分岐する場合，ab間の長さの最大値〔m〕は。ただし，低圧屋内幹線に接続される負荷は，電灯負荷とする。 50A 幹線 a B VVF2.0mm (24A) b B	イ．3 ロ．5 ハ．8 ニ．10
2	図のように定格電流150〔A〕の過電流遮断器で保護される低圧屋内幹線から，太さ5.5〔mm²〕のVVRケーブル（許容電流34〔A〕）で分岐する場合，ab間の長さの最大値〔m〕は。ただし，低圧屋内幹線に接続される負荷は，電灯負荷とする。 150A 幹線 a B VVR 5.5mm² (34A) b B	イ．3 ロ．5 ハ．8 ニ．10

3	図のように定格電流 125〔A〕の過電流遮断器で保護された低圧屋内幹線から分岐して，10〔m〕の位置に過電流遮断器を施設するとき，a－b 間の電線の許容電流の最小値〔A〕は。 1φ2W 電源 —[B]— a —— 125A 10m b [B]	イ．44 ロ．57 ハ．69 ニ．89
4	図のように定格電流 150〔A〕の過電流遮断器を施設した低圧屋内幹線から分岐して，過電流遮断器を施設するとき，ab 間の電線の許容電流の最小値〔A〕は。 150A —[B]— a —— 7 m b [B]	イ．40 ロ．53 ハ．63 ニ．83
5	定格電流 100〔A〕の過電流遮断器で保護された低圧屋内幹線から，太さ 2.6〔mm〕の電線（許容電流 33〔A〕）で分岐回路を施設する場合，分岐点から配線用遮断器を施設する位置までの最大長さ〔m〕は。 ただし，低圧屋内幹線に接続される負荷は，電灯負荷とする。	イ．3 ロ．5 ハ．8 ニ．10

第6回テスト 問題

分岐回路の施設

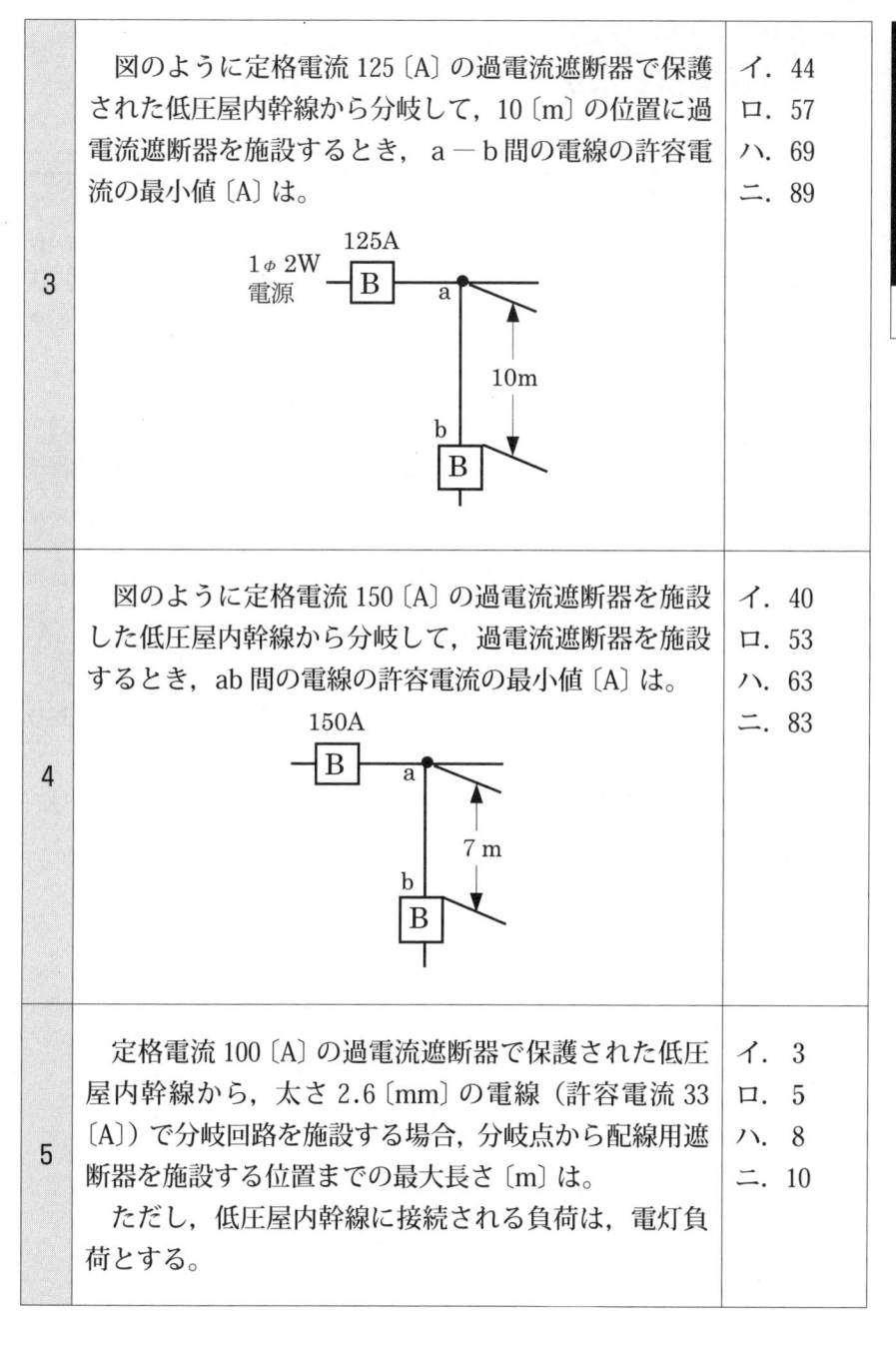

第6回テスト 解答と解説

問題1 【正解】(ハ)

(1) 分岐回路の過電流遮断器の施設場所

　幹線から負荷へ配線する電路を分岐回路といいます。低圧屋内幹線から分岐する分岐回路には原則として低圧屋内幹線との分岐点から電線の長さが3〔m〕以下の箇所に開閉器及び過電流遮断器を施設しなければなりません。

(2) 分岐回路の過電流遮断器の施設場所の例外

　次の条件を満たせば開閉器及び過電流遮断器の距離の制限が緩和されるか又は無くなります。

　(a) 電線の許容電流が幹線の遮断器容量の **55％以上**の場合

　　図のように幹線から分岐する分岐回路No1の電線の許容電流 I_1〔A〕が，幹線に施設する過電流遮断器の定格電流 I_B〔A〕の**55％以上**である場合には，分岐回路No1に施設する過電流遮断器の距離の制限はありません。

$$I_1 \geq 0.55 I_B \text{〔A〕} \quad \cdots\cdots\cdots\cdots\cdots\cdots (1)$$

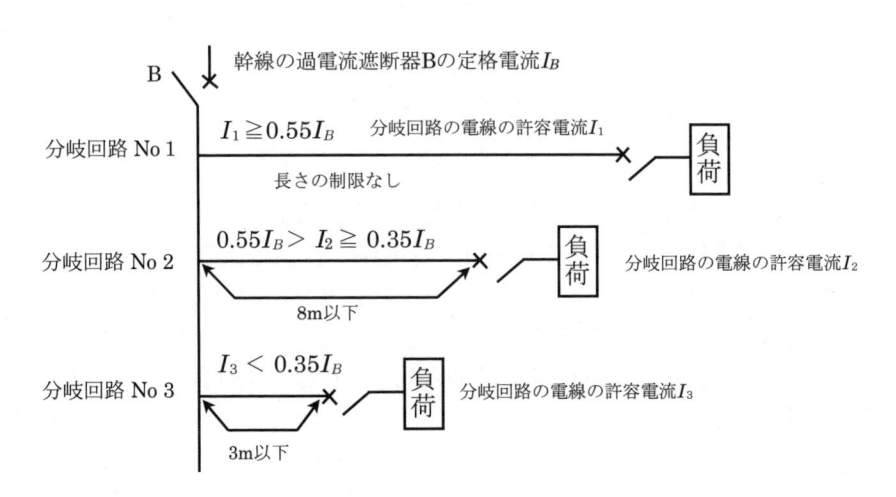

```
B ↓ 幹線の過電流遮断器Bの定格電流 I_B
           ×
分岐回路No1    I_1 ≧ 0.55 I_B   分岐回路の電線の許容電流 I_1
           └─────────────────×──[負荷]
                 長さの制限なし

分岐回路No2    0.55 I_B > I_2 ≧ 0.35 I_B
           └────────────×─[負荷]  分岐回路の電線の許容電流 I_2
                 8m以下

分岐回路No3    I_3 < 0.35 I_B
           └─────×─[負荷]   分岐回路の電線の許容電流 I_3
              3m以下
```

(b) 電線の長さが 8 m 以下で許容電流が幹線の遮断器容量の **35％以上**の場合

　図のように幹線から分岐する分岐回路 No2 の電線の長さが **8 m 以下**で，その許容電流 I_2 が電源側の幹線に施設する過電流遮断器の定格電流 I_B の 35％以上である場合には，分岐回路 No2 の分岐点から 8〔m〕以下の部分に過電流遮断器を施設すればよいことになっています。ただし，許容電流 I_2 が過電流遮断器の定格電流 I_B の **55％以上**あれば，(a)より長さの規定がなくなるので，許容電流 I_2 の範囲は次のようになります。

$$0.55I_B > I_2 \geq 0.35I_B \text{〔A〕} \quad\cdots\cdots\cdots\cdots\cdots\cdots\cdots\cdots\cdots\cdots\cdots (2)$$

(c) 電線の許容電流が幹線の遮断器容量の **35％未満**の場合は，**3 m 以下**

　図のように幹線から分岐する分岐回路 No3 の電線の許容電流 I_3〔A〕が，幹線に施設する過電流遮断器の定格電流 I_B〔A〕の **35％未満**であると，分岐回路 No3 の分岐点から 3〔m〕以下の箇所に，過電流遮断器を施設しなければなりません。

$$I_3 < 0.35I_B \text{〔A〕} \quad\cdots\cdots\cdots\cdots\cdots\cdots\cdots\cdots\cdots\cdots\cdots\cdots\cdots (3)$$

　問題において，分岐回路の許容電流が 24〔A〕で，過電流遮断器の定格電流が 50〔A〕なので，電線の許容電流と幹線の遮断器容量の割合は，

$$\frac{24}{50} = 0.48 = 48 \text{〔％〕}$$

となるので，55〔％〕未満 35〔％〕以上となり，問題1 の(2)の条件が適用され，ab 間の長さの最大値は 8〔m〕となることが分かります。

問題2 【正解】（イ）

　分岐回路の許容電流が 34〔A〕で，過電流遮断器の定格電流が 150〔A〕なので，電線の許容電流と幹線の遮断器容量の割合は，

$$\frac{34}{150} = 0.227 \fallingdotseq 23 \text{〔％〕}$$

となって，35〔％〕未満となります。この結果は，

$$I_1 < 0.35I_B \text{〔A〕}$$

より，問題1の(3)の条件になり，分岐点から3〔m〕以下の箇所に過電流遮断器を施設しなければなりません。

問題3 【正解】（ハ）

低圧屋内幹線から分岐する場合，分岐点から10〔m〕の位置に過電流遮断器を施設するときは 問題1 の(1)の条件となるので，

$$I_1 \geq 0.55 I_B \text{〔A〕}$$

の条件により，過電流遮断器の定格電流125〔A〕の55〔％〕以上の許容電流としなければなりません。

$$125 \times 0.55 = 68.75 \fallingdotseq 69 \text{〔A〕}$$

これより，$a-b$ 間の電線の許容電流の最小値〔A〕は69〔A〕以上となります。

問題4 【正解】（ロ）

7〔m〕の位置に過電流遮断器を施設するときは 問題1 の(1)か(2)の条件となります。距離の条件が無ければ

$$I_1 \geq 0.55 I_B \text{〔A〕}$$

より，

$$0.55 \times 150 = 82.5 \text{〔A〕}$$

となります。距離が8〔m〕以下なので，過電流遮断器の定格電流150〔A〕の35〔％〕以上の許容電流が適用できます。

$$I_2 \geq 0.35 I_B \text{〔A〕}$$

$$150 \times 0.35 = 52.5 \fallingdotseq 53 \text{〔A〕}$$

となって，

$$53 \text{〔A〕} < 82.5 \text{〔A〕}$$

より ab 間の電線の許容電流の最小値は53〔A〕となります。

問題5 【正解】（イ）

電線の許容電流と幹線の遮断器容量の割合は，

$$\frac{33}{100}=0.33$$

となって，33〔％〕しかないので 問題1 の(3)の条件となります。

$$I_1 < 0.35 I_B \text{〔A〕}$$

35〔％〕未満の場合は分岐点から配線用遮断器を施設する位置までの最大長さは3〔m〕となります。

第7回テスト　コンセント回路の施設

	問い	答え
1	定格電流 30〔A〕の配線用遮断器で保護される分岐回路の電線（軟銅線）の太さと，接続できるコンセントの記号の組合せとして，適切なものは。 ただし，電流減少係数は無視するものとする。	イ．直径 2.0〔mm〕　○30A ロ．直径 2.6〔mm〕　○2 ハ．断面積 5.5〔mm²〕　○20A2 ニ．断面積 8〔mm²〕　○2
2	定格電流 40〔A〕の配線用遮断器で保護される分岐回路の電線（軟銅線）の太さと，接続できるコンセントの記号の組合せとして，適切なものは。 ただし，電流減少係数は無視するものとする。	イ．直径 2.6〔mm〕　○40A ロ．断面積 5.5〔mm²〕　○2 ハ．断面積 8〔mm²〕　○30A2 ニ．断面積 14〔mm²〕　○20A2
3	低圧屋内配線の分岐回路の設計で，配線用遮断器，分岐回路の電線の太さ及びコンセントの組合せとして，不適切なものは。ただし，分岐点から B までは 2〔m〕，B からコンセントまでは 10〔m〕とし，電線の部分の数値は分岐回路の電線（軟銅線）の太さを示す。また，コンセントの定格電流は専用コンセントの値とする。	イ．　B 20A　2.0mm　定格電流20Aのコンセント3個 ロ．　B 30A　2.6mm　定格電流30Aのコンセント2個 ハ．　B 40A　5.5mm²　定格電流20Aのコンセント2個 ニ．　B 50A　14mm²　定格電流50Aのコンセント1個

第7回テスト 問題

4
低圧屋内配線の分岐回路において，配線用遮断器，分岐回路の電線太さ及びコンセントの組合せとして，適切なものは。

ただし，分岐点から配線用遮断器までは3〔m〕，配線用遮断器からコンセントまでは10〔m〕とし，電線の数値は分岐回路の電線（軟銅線）の太さを示す。

イ. B 20A，2.0mm，20Aコンセント 2個
ロ. B 20A，2.6mm，30Aコンセント 1個
ハ. B 30A，5.5mm²，15Aコンセント 2個
ニ. B 30A，2.0mm，30Aコンセント 1個

5
図のような定格電流30〔A〕の過電流遮断器で保護される低圧屋内分岐回路がある。コンセントに至る長さ10〔m〕のⓐ部分で使用できる電線の最小太さは。ただし，電線は600Vビニル絶縁ビニル外装ケーブルとする。

B 30 A — ⓐ — 30 A

イ. 直径1.6〔mm〕
ロ. 直径2.0〔mm〕
ハ. 直径2.6〔mm〕
ニ. 断面積8〔mm²〕

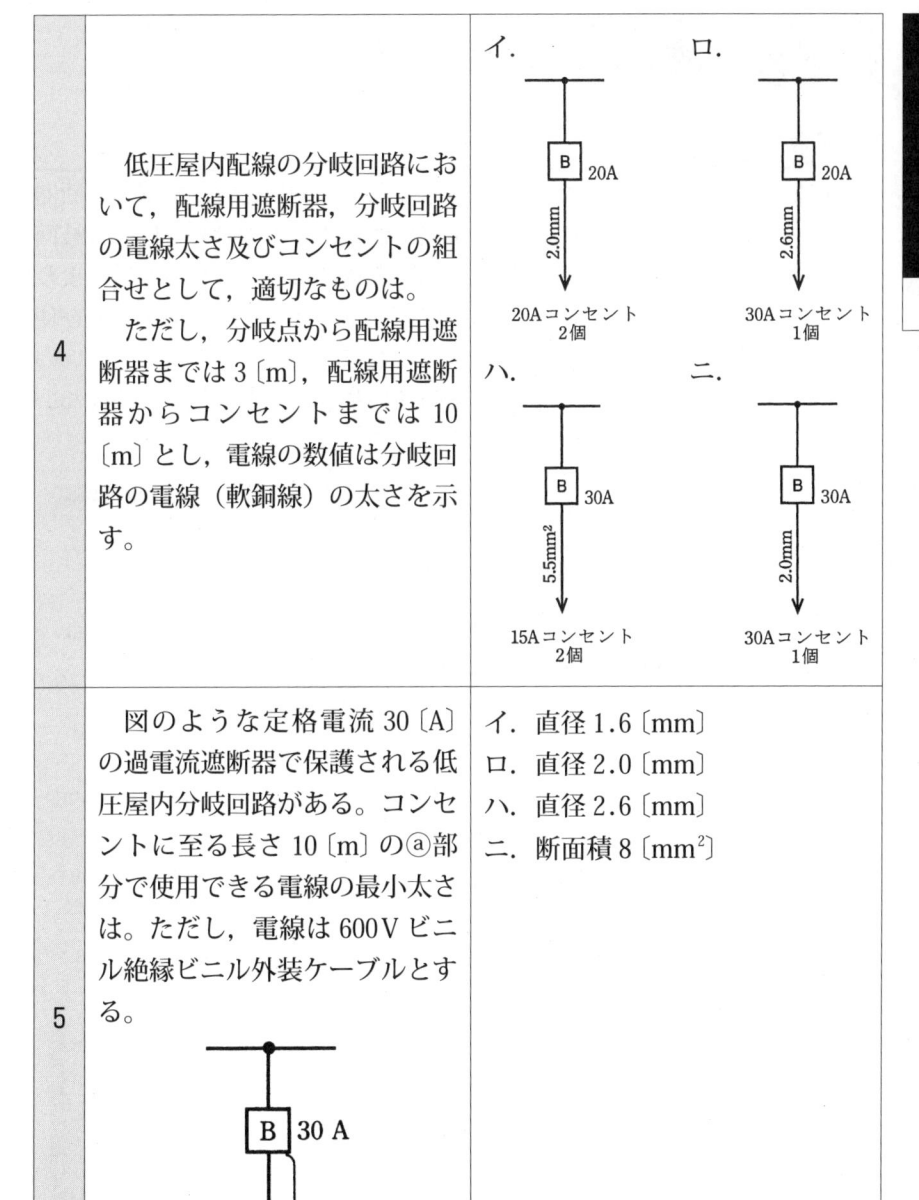

第7回テスト　解答と解説

問題1　【正解】(ハ)

　分岐回路とは，低圧屋内幹線から分電盤などで分岐され，配線用遮断器から負荷間までの回路をいい，分岐電路に使用する電線の太さは，分岐回路に施設される過電流遮断器（配線用遮断器及びヒューズ）の容量により定まります。分岐回路の種類，使用してよいコンセントの定格電流及び使用電線の太さは，表のようになります。ここで注意しなければならないのは，コンセントの**口数**及びコンセント**回路の長さ**は，**定格電流**に関係ないということです。

分岐回路の種類	コンセントの定格電流	低圧屋内配線の最小太さ
定格電流が15A以下の過電流遮断器（ヒューズを含む）で保護されるもの	15A以下	直径1.6mm
20A以下の配線用遮断器で保護されるもの	15A以上 20A以下	直径1.6mm
20A以下のヒューズで保護されるもの	20A	直径2.0mm
30A以下の過電流遮断器（ヒューズを含む）で保護されるもの	20A以上 30A以下	2.6m (5.5mm^2)
40A以下の過電流遮断器（ヒューズを含む）で保護されるもの	30A以上 40A以下	直径8.0mm^2
50A以下の過電流遮断器（ヒューズを含む）で保護されるもの	40A以上 50A以下	直径14mm^2

　コンセントの記号⏄は，壁付きコンセントを表し，A数のないものは15A以下を表しています。⏄$_2^{20A}$は，定格20Aで口数が2であることを示しています。口数が2とは，写真からも分かるように，コンセントの差し込み口が2個あるということです。

　「イ」の直径2.0〔mm〕は，20〔A〕なので，30〔A〕の配線用遮断器に30〔A〕のコンセントは不適。「ロ」の直径2.6〔mm〕は，20〔A〕以上30〔A〕以下なので，30〔A〕の配線用

遮断器に 15〔A〕のコンセントは不適。「ハ」の断面積 5.5〔mm²〕は，2.6〔mm〕とほぼ同じで，20〔A〕以上 30〔A〕以下なので，20〔A〕のコンセントは適当。「ニ」の断面積 8〔mm²〕は，30〔A〕以上 40〔A〕以下なので，30〔A〕の配線用遮断器に 15〔A〕のコンセントは不適です。

問題2　【正解】（ハ）

「イ」の直径 2.6〔mm〕は，20〔A〕以上 30〔A〕以下なので，40〔A〕のコンセントは不適。「ロ」の断面積 5.5〔mm²〕は，2.6〔mm〕とほぼ同じで，20〔A〕以上 30〔A〕以下なので，15〔A〕のコンセントは不適です。「ハ」の断面積 8〔mm²〕は，30〔A〕以上 40〔A〕以下なので，30〔A〕の配線用遮断器に 30〔A〕のコンセントは適当です。「ニ」の断面積 14〔mm²〕は，40〔A〕以上 50〔A〕以下なので，20〔A〕のコンセントは不適です。

問題3　【正解】（ハ）

「イ」は 20〔A〕のコンセントなので，直径 1.6〔mm〕以上あればよいので 2.0〔mm〕は適当。「ロ」の直径 2.6〔mm〕は，20〔A〕以上 30〔A〕以下なので，30〔A〕の配線用遮断器に 30〔A〕のコンセントは適当。規格が適合すれば，コンセントの数は関係ありません。「ハ」の 40〔A〕の配線用遮断器に 20〔A〕のコンセントは不適。「ニ」の断面積 14〔mm²〕は，40〔A〕以上 50〔A〕以下なので，50〔A〕のコンセントは適当です。この場合，長さは関係ありません。

問題4　【正解】（イ）

「イ」の直径 2.0〔mm〕は，20〔A〕なので，20〔A〕の配線用遮断器に 20〔A〕のコンセントは適当。この場合も長さは関係ありません。

問題5　【正解】（ハ）

30〔A〕の配線用遮断器に 30〔A〕のコンセントは適当なので，直径 2.6〔mm〕を選択します。この場合も長さは関係ありません。

第8回テスト　コンセント回路

問い	答え
1　低圧屋内配線において，電灯 CL を2ヵ所で点滅させる回路は。ただし，3路スイッチは $_0\diagup^1_3$ で表す。	イ. ロ. ハ. ニ.

コンセント回路

2	1灯の電灯を3箇所のいずれの場所からでも点滅できるようにするためのスイッチの組合せとして，正しいものは。	イ．3路スイッチ3個 ロ．単極スイッチ2個と3路スイッチ1個 ハ．単極スイッチ1個と4路スイッチ2個 ニ．3路スイッチ2個と4路スイッチ1個
3	図に示す4路スイッチの動作として，正しいものは。ただし，端子の表示は図の番号のとおりとする。 電源側 [○1 ○2] 負荷側 　　　 [○3 ○4] 4路スイッチ（裏）	イ．1－3，2－4の開閉 ロ．1－2，3－4の開閉 ハ．1－3，2－4と1－2，3－4の切替 ニ．1－2，3－4と1－4，3－2の切替
4	低圧屋内配線で，スイッチSの操作によって㋑が点灯すると確認表示灯○が点灯し，㋑が消灯すると確認表示灯○も消灯する回路は。	イ． ロ． ハ． ニ．

第8回テスト 問題

－65－

5　スイッチSによって⒞が点灯中はパイロットランプ○は消灯し，⒞が消灯するとパイロットランプ○が点灯する回路は。ただし，パイロットランプは埋込連用パイロットランプとする。

イ.　　　　　ロ.

ハ.　　　　　ニ.

第8回テスト　解答と解説

問題1　【正解】（イ）

　図1のように1つの電灯を2箇所のいずれの場所からも点滅できるようにするためには，**3路スイッチ**を使用します。3路スイッチは，接点が図1に示すように**1か3の接点**のいずれかに切り替わるようになっています。

　そのため，一方で電灯が点灯するようにスイッチを切り替えても，他方でスイッチを切り替えると，回路は開回路となり電灯は消灯するようになります。3路スイッチ回路の接続法は，図1に示すように，**3路スイッチの一方の0の記号を電源，他方の0の記号を負荷に直接接続する**ようにします。

　また，コンセントは図1のように**電源と並列**に，同時点滅する電灯は，図1の点線のように増やしていけばよいことになります。

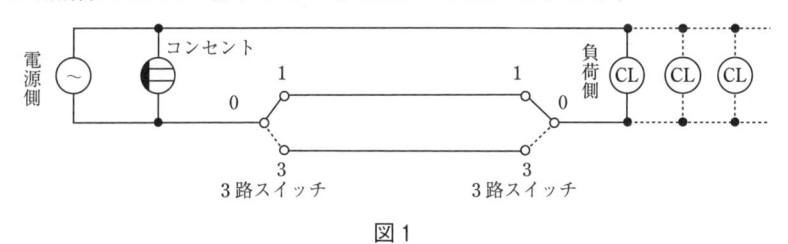

図1

問題2　【正解】（ニ）

　図2のように1つの電灯を3箇所のいずれの場所からも点滅できるようにするためには，**3路スイッチ2個と4路スイッチ1個**を使用します。4路スイッチの動作は，図3の状態と図4の状態を繰り返します。これにより図2の1①，②及び③のどの箇所でも電灯を点滅させることができるようになります。1つの電灯を4箇所のいずれの場所からも点滅できるようにするためには3路スイッチ2個と4路スイッチ2個，1つの電灯を5箇所のいずれの場所からも点滅できるようにするためには3路スイッチ2個と4路スイッチ3個のようにすれば，いくらでも点滅箇所を増やすことができます。この回路は階数が複数ある階段などに応用されています。

図2

図3

図4

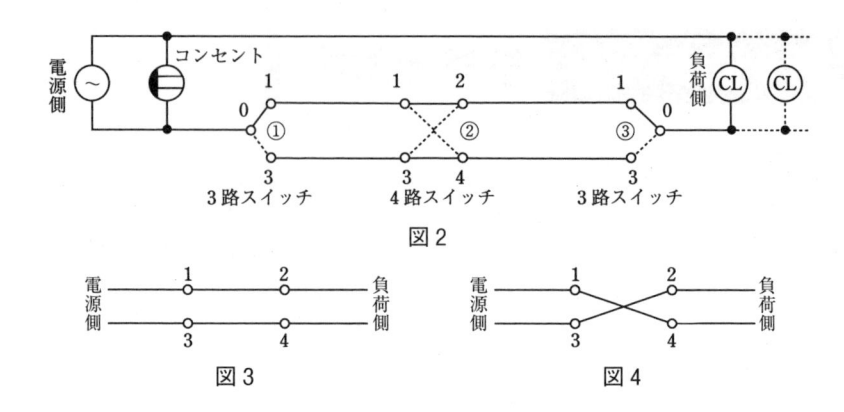

問題3 【正解】（ニ）

図3と図4から，1－2，3－4と1－4，3－2の切替であることが分かります。

問題4 【正解】（ロ）

パイロットランプは，スイッチやコンセントの場所を夜間でも分かるようにする場合や，電灯がスイッチのある場所から離れていて電灯の点灯状態が分からない場合に，その状態が分かるようにするために設けられます。このため，パイロットランプの操作は次の3種が考えられます。

(a) 常時点灯回路

常時点灯回路は，電灯の点灯時および消灯時いずれともパイロットランプ〇が点灯している回路で，図5のように**電源に並列にパイロットランプ**〇を配置します。

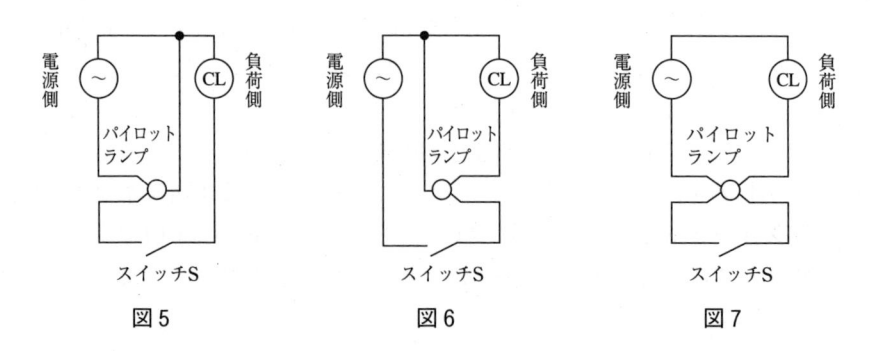

図5

図6

図7

(b) 同時点滅回路

　同時点滅回路は，電灯が点灯しているときはパイロットランプ○も点灯し，電灯が消灯したときパイロットランプ○も消灯する回路で，図6のようにパイロットランプ○を電灯と並列に配置します。

(c) 異時点滅回路

　異時点滅回路は，電灯が点灯しているときはパイロットランプ○が消えて，電灯が消灯したときパイロットランプ○が点灯する回路で，図7のようにパイロットランプ○を配置します。

　問題の図は同時点滅回路なので，パイロットランプ○と電灯が並列になっている「ロ」が正解です。

問題5　【正解】（イ）

　問題の図は異時点滅回路なので，「イ」となります。

第9回テスト　遮断器の施設

	問い	答え
1	低圧屋内配線に使用する定格電流20〔A〕の配線用遮断器に40〔A〕の電流が継続して流れたとき，この配線用遮断器が自動的に動作しなければならない時間は何分以内か。	イ．2 ロ．4 ハ．6 ニ．60
2	低圧電路に使用する定格電流30〔A〕の配線用遮断器に60〔A〕の電流が継続して流れたとき，この配線用遮断器が自動的に動作しなければならない時間〔分〕の限度は。	イ．1 ロ．2 ハ．3 ニ．4
3	定格電流が40〔A〕の配線用遮断器に50〔A〕の電流が流れた場合，自動的に動作しなければならない最大の時間〔分〕は。	イ．20 ロ．30 ハ．60 ニ．120
4	100〔V〕回路で1,100〔W〕の電熱器1台を使用したとき，その電路に設けられた定格電流10〔A〕のヒューズの性能として，適切なものは。	イ．1分以内に溶断すること。 ロ．2分以内に溶断すること。 ハ．60分以内に溶断すること。 ニ．溶断しないこと。
5	低圧電路に使用する定格電流40〔A〕のヒューズに80〔A〕の電流が流れたとき，溶断しなければならない時間〔分〕の限度（最大の時間）は。	イ．3 ロ．4 ハ．6 ニ．8

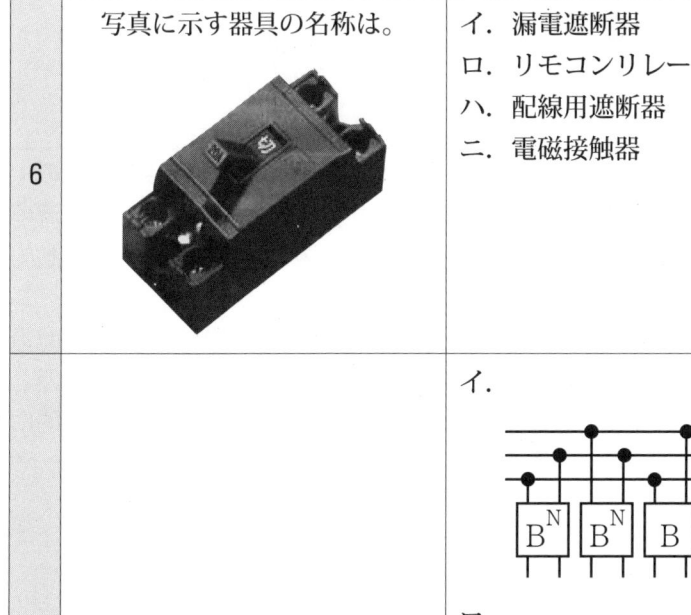

6	写真に示す器具の名称は。	イ．漏電遮断器 ロ．リモコンリレー ハ．配線用遮断器 ニ．電磁接触器
7	単相3線式100/200〔V〕の分電盤に配線用遮断器を施設する場合の結線で，適切なものは。ただし，Nは配線用遮断器の端子の極性表示である。	イ． ロ． ハ． ニ．

第9回テスト　解答と解説

問題1 【正解】（イ）

　過電流遮断器として低圧電路に使用する配線用遮断器は，**定格電流の1倍**の電流で**自動的に動作しない**ことが求められます。また，**定格電流の1.25倍及び2倍**の電流を通じた場合において，表1に示す時間内に自動的に動作することが求められています。

　過電流遮断器の施設の例外として，接地工事の接地線や単相3線式配電線路の中性線には過電流遮断器を施設してはいけません。過電流遮断器とは配線用遮断器，ヒューズなどをいい，過電流を検知したときに自動的に電路を開路するものをいいます。

表1

定格電流の区分	時　間	
	定格電流の1.25倍の電流を通じた場合	定格電流の2倍の電流を通じた場合
30A以下	60分	2分
30Aを超え50A以下	60分	4分

　定格電流20〔A〕の配線用遮断器に40〔A〕の電流が継続して流れたとき，倍数は

$$\frac{40}{20}=2$$

となって2倍となるので，表1より配線用遮断器が自動的に動作しなければならない時間は2分以内となります。

問題2 【正解】（ロ）

　定格電流30〔A〕の配線用遮断器に60〔A〕の電流が継続して流れたとき，倍数は $\frac{60}{30}=2$

となって2倍となるので，表1より配線用遮断器が自動的に動作しなければならない時間は2分以内となります。

問題3 【正解】(ハ)

定格電流 40〔A〕の配線用遮断器に 50〔A〕の電流が継続して流れたとき，倍数は $\frac{50}{40}=1.25$

となって 1.25 倍となるので，表1より配線用遮断器が自動的に動作しなければならない時間は 60 分以内となります。

問題4 【正解】(ニ)

過電流遮断器として低圧電路に使用するヒューズは，**定格電流の1.1倍の電流に耐えなければなりません（溶断しないこと）。**また，**定格電流の1.6倍及び2倍の電流**を通じた場合において，表2に示す時間内に溶断しなければなりません。

100〔V〕回路で 1100〔W〕の電熱器1台を使用したときの電流は，
$$1100 \div 100 = 11 \text{〔A〕}$$
となって，定格電流 10〔A〕のヒューズの 1.1 倍の電流なので，溶断しないことが求められます。

表2

定格電流の区分	時　　間	
	定格電流の1.6倍の電流を通じた場合	定格電流の2倍の電流を通じた場合
30A 以下	60 分	2 分
30A を超え 60A 以下	60 分	4 分

問題5 【正解】(ロ)

定格電流 40〔A〕のヒューズに 80〔A〕の電流が継続して流れたときの倍数は

$$\frac{80}{40}=2$$

となって2倍となるので，表2よりヒューズが溶断しなければならない時間の限度（最大の時間）は4分となります。

問題6 【正解】（ハ）

これは「ハ」の配線用遮断器ですね。「ロ」のリモコンリレー及び「ニ」の電磁接触器の写真は次のようになります。よく出題されるので覚えておきましょう。リモコンリレーは電灯回路の入り切りを遠方で行ったり，複数の箇所で行う場合などに用いられます。電磁接触器は電動機をシーケンスで自動運転する場合に用いられます。○で囲まれた部分が電磁接触器で，下の部分がサーマルと呼ばれ，電動機の定格電流に設定しておき過負荷が生じた場合，電動機が焼損するのを防止するために設けられます。

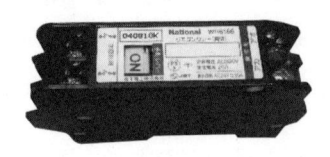

リモコンリレー　　　　　リモコン回路用変圧器

電磁接触器とサーマル

問題7 【正解】（イ）

単相3線式100/200〔V〕には，100〔V〕と200〔V〕の電圧を一つの電源からとれる特徴があります。この配線方式には，**中性線**（接地されているので接地側ともいいます）という100〔V〕回線の共通線があります。この線が断線すると，負荷の端子電圧のバランスが崩れて負荷に大きな電圧が加わって，負荷として接続されている機器が焼損する場合があります。そこで，中性線には過電流遮断器は設置しない決まりがあります。Nが示している端子の内部には，**過電流**が流れても**遮断する装置**は組み込まれていません。そこで，Nの端子を中性線に接続しなければなりません。このようになっているのは「イ」となります。

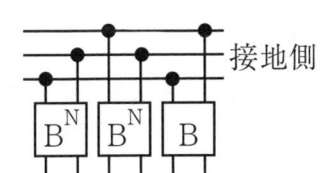

遮断器の施設

第9回テスト 解答

———接地側

B^N B^N B

第10回テスト 漏電遮断器の施設

	問い	答え
1	低圧の機械器具を簡易接触防護措置を施していない場所に施設する場合，それに電気を供給する電路に漏電遮断器の取り付けが省略できないものは．	イ．使用電圧200〔V〕の三相誘導電動機を工場の乾燥した場所に施設し，その鉄台の接地抵抗値が10〔Ω〕であった． ロ．使用電圧100〔V〕のルームエアコンを住宅の和室に施設した． ハ．使用電圧100〔V〕の電気洗濯機を水気のある場所に施設し，その金属製外箱の接地抵抗値が10〔Ω〕であった． ニ．電気用品安全法の適用を受ける二重絶縁構造の機械器具を屋外に施設した．
2	低圧の機器を簡易接触防護措置を施していない場所に施設する場合，それに電気を供給する電路に漏電遮断器の取り付けが省略できるものは．	イ．100〔V〕ルームエアコンの屋外機を水気のある場所に施設し，その金属製外箱の接地抵抗値が80〔Ω〕であった． ロ．電気用品安全法の適用を受ける二重絶縁構造の庭園灯を施設した． ハ．100〔V〕の電気食器洗機を水気のある場所に施設し，その金属製外箱の接地抵抗値が100〔Ω〕であった． ニ．工場で200〔V〕の三相かご形誘導電動機を湿気のある場所に施設し，その鉄台の接地抵抗値が80〔Ω〕であった．

漏電遮断器の施設

第10回テスト 問題

3	写真に示す器具の用途は。	イ．漏れ電流を検出し，回路を遮断するのに用いる。 ロ．過電圧を検出し，回路を遮断するのに用いる。 ハ．漏れ電流を検出し，警報を発するのに用いる。 ニ．過電流を検出し，警報を発するのに用いる。
4	漏電遮断器に内蔵されている零相変流器の目的は。	イ．地絡電流の検出 ロ．短絡電流の検出 ハ．過電圧の検出 ニ．過電流の検出
5	単相3線式回路の漏れ電流の有無をクランプ形漏れ電流計を用いて測定する場合の測定方法として，正しいものは。 　なお，………は中性線を示す。	イ．　　　　　　ロ． ハ．　　　　　　ニ．
6	写真に示す器具の名称は。	イ．配線用遮断器 ロ．漏電遮断器 ハ．電磁開閉器 ニ．漏電警報器

-77-

第10回テスト 解答と解説

問題1 【正解】(ハ)

　金属製外箱を有する使用電圧が 60V を超える低圧の機械器具であって，簡易接触防護措置を施していない場所に施設するものに電気を供給する電路には，電路に地絡を生じたときに，**漏電遮断器等**（地絡遮断器）の自動的に電路を遮断する装置を設置しなければなりません。

次の条件に該当する場合は省略することができます。
(a) 機械器具に**簡易接触防護措置**（金属製のものであって，防護措置を施す機械器具と電気的に接続するおそれがあるもので，防護する方法を除く）を施す場合。
(b) 機械器具を**乾燥した場所**に施設する場合。
(c) 対地電圧が 150〔V〕以下の機械器具を**水気のある場所以外**の場所に施設する場合。
(d) 機械器具に施された C 種接地工事又は D 種接地工事の**接地抵抗値が** 3〔Ω〕以下の場合。
(e) **機械器具をゴム**，合成樹脂，その他の**絶縁物で被覆**したもの。
(f) 誘導電動機の2次側電路に接続されるもの。
(g) 電気用品安全法の適用を受ける2重絶縁の構造の機械器具を施設する場合。
(h) 機械器具内に**電気用品安全法**の適用を受ける漏電遮断器を取り付け，かつ，電源引出部が損傷を受けるおそれがないように施設する場合。
(i) 電路が，管灯回路である場合。
(j) 誘導電動機の2次側電路に接続されるもの

※　① 接触防護措置は次のいずれかに適合するように施設することをいいます。
　　　イ 設備を，屋内にあっては床上 2.3〔m〕以上，屋外にあっては地表上 2.5〔m〕以上の高さに，かつ，人が通る場所から手を伸ばしても触れることのない範囲に施設すること。
　　　ロ 設備に人が接近又は接触しないよう，さく，へい等を設け，

又は設備を金属管に収める等の防護措置を施すこと。
② 簡易接触防護措置は次のいずれかに適合するように施設することをいいます。
　イ　設備を，屋内にあっては床上 1.8〔m〕以上，屋外にあっては地表上 2〔m〕以上の高さに，かつ，人が通る場所から容易に触れることのない範囲に施設すること。
　ロ　設備に人が接近又は接触しないよう，さく，へい等を設け，又は設備を金属管に収める等の防護措置を施すこと。

　「ハ」の使用電圧 100〔V〕の電気洗濯機を水気のある場所に施設し，その金属製外箱の接地抵抗値が 10〔Ω〕である場合には省略できません。接地工事については後で学習しますが，接地することによって漏電による感電を防止することができます。100〔V〕の電気機器には D 種接地工事が必要で，規程により，その金属製外箱の接地抵抗値が **3〔Ω〕以下**の場合であれば省略することができます。「イ」は使用電圧 200〔V〕の三相誘導電動機を工場の乾燥した場所に施設しているので省略できます。
　「ロ」の使用電圧 100〔V〕のルームエアコンを住宅の和室に施設した場合は乾燥した場所と考えられるので省略できます。
　「ニ」の電気用品安全法の適用を受ける二重絶縁構造の機械器具は規定により省略できます。

問題2　【正解】（ロ）

　「イ」及び「ハ」は水気のある場所に施設する場合です。この場合は接地抵抗値が **3〔Ω〕以下**ならば接地工事を省略できますが，接地抵抗値が 3〔Ω〕以上あるので，省略できません。「ニ」は対地電圧が 200〔V〕なので D 種接地工事が必要です。その値が 3〔Ω〕以下ならば漏電遮断器の取り付けが省略できますが，D 種接地工事の抵抗値が 80〔Ω〕なので省略できません。「ロ」は**電気用品安全法の適用を受ける二重絶縁構造の庭園灯**を施設したので，省略できます。

問題3　【正解】（ハ）

　写真に示す工具の名称は**漏電火災警報器**です。用途は，回路の漏れ電流を検出し，警報を発するのに用いられます。漏れ電流を検出し，回路を遮

断するのに用いるものは漏電遮断器です。

問題4 【正解】（イ）

零相変流器の目的は**地絡電流の検出**です。地絡電流とは，電線と大地間で漏れる電流のことをいいます。零相変流器の形状は，問い3の付属品の写真にある穴の開いた機器です。この穴の中に保護する回路のすべての電線を通します。

問題5 【正解】（イ）

クランプメータで単相2線式，単相3線式及び三相3線式において漏れ電流を測定する場合には，**すべての線を挟んで測定**します。クランプメータは，漏れ電流の他に負荷電流も測定することが出来ます。クランプメータを使用すると，回路に手を加えること無く通電状態のまま電流を測定することができます。クランプメータで負荷電流を測定する場合には，単相2線式，単相3線式及び三相3線式においても，必ず1線のみを挟んで測定します。また，クランプメータの先端は必ず閉じるようにします。

クランプメータ 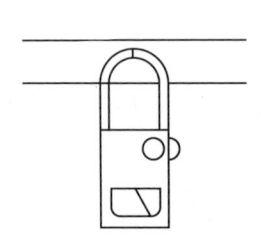　　負荷電流の測定 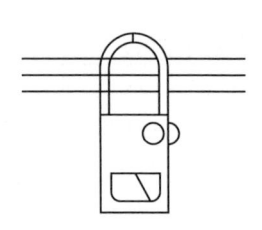　　漏れ電流の測定

問題6 【正解】（ロ）

　写真に示す器具の名称は漏電遮断器ですね。よく似たものに配線用遮断器があります。配線用遮断器によく似た遮断器に，電動機用配線遮断器があります。配線用遮断器の表示は，20Aのように**電流**で示されますが，電動機用配線遮断器をよく見ると0.75kWと表示されていて，電動機の**出力**表示がされているので，配線用遮断器と区別できます。

配電用遮断器　　　電動機用配線遮断器

第11回テスト 接地工事

	問い	答え
1	D種接地工事の施工方法として，不適切なものは。	イ．接地線に直径1.6〔mm〕の軟銅線を使用した。 ロ．地中に埋設され大地との電気抵抗が3〔Ω〕の金属製水道管路を接地極に使用した。 ハ．低圧電路に地絡を生じた場合に1〔秒〕以内に自動的に電路を遮断する装置を設置して，接地抵抗値を600〔Ω〕とした。 ニ．移動して使用する電気機械器具の金属製外箱の接地線として，多心キャブタイヤケーブルの断面積0.75〔mm²〕の1心を使用した。
2	機械器具の金属製外箱に施すD種接地工事に関する記述で，不適切なものは。	イ．三相200〔V〕電動機外箱の接地線に直径1.6〔mm〕のIV電線を使用した。 ロ．移動式電動ねじ切り機の接地線として多心コードの断面積0.75〔mm²〕の1心を使用した。 ハ．一次側200〔V〕，二次側100〔V〕，3〔kV・A〕の絶縁変圧器(二次側非接地)の二次側電路に，電動丸のこぎりを接続し，接地を施さないで使用した。 ニ．水気のある場所に設置した三相200〔V〕の電動機の回路に，定格感度電流30〔mA〕，動作時間0.1秒の電流動作形漏電遮断

-82-

接地工事

		器を設置したので，接地工事を省略した。
3	床に固定した定格電圧200〔V〕，定格出力2.2〔kW〕の三相誘導電動機の鉄台に接地工事をする場合，接地線（軟銅線）の太さと接地抵抗値の組合せで，不適切なものは。ただし，漏電遮断器を設置しないものとする。	イ．直径2.6〔mm〕，100〔Ω〕 ロ．直径2.0〔mm〕，50〔Ω〕 ハ．直径1.6〔mm〕，10〔Ω〕 ニ．公称断面積0.75〔mm²〕，5〔Ω〕
4	機械器具の金属製外箱に施すD種接地工事に関する記述で，不適切なものは。	イ．単相100〔V〕の電動機を水気のある場所に設置し，定格感度電流15〔mA〕，動作時間0.1秒の電流動作型漏電遮断器を取り付けたので，接地工事を省略した。 ロ．一次側200〔V〕，二次側100〔V〕，3〔kV・A〕の絶縁変圧器（二次側非接地）の二次側電路に電動丸のこぎりを接続し，接地を施さないで使用した。 ハ．三相200〔V〕電動機外箱の接地線に直径1.6〔mm〕のIV電線を使用した。 ニ．単相100〔V〕移動式の電気ドリル（一重絶縁）の接地線として多心コードの断面積0.75〔mm²〕の1心を使用した。

5	D種接地工事を省略できないものは。ただし，電路には定格感度電流 30〔mA〕，定格動作時間 0.1 秒の漏電遮断器が取り付けられているものとする。	イ．乾燥した場所に施設する三相 200〔V〕（対地電圧 200〔V〕）動力配線の電線を収めた長さ 3〔m〕の金属管。 ロ．乾燥した場所のコンクリートの床に施設する三相 200〔V〕（対地電圧 200〔V〕）誘導電動機の鉄台。 ハ．乾燥した木製の床の上で取り扱うように施設する三相 200〔V〕（対地電圧 200〔V〕）空気圧縮機の金属製外箱部分。 ニ．乾燥した場所に施設する単相 3 線式 100/200〔V〕（対地電圧 100〔V〕）配線の電線を収めた長さ 6〔m〕の金属管。
6	D種接地工事を省略できるものは。	イ．屋外に施設した井戸用ポンプの 100〔V〕電動機の鉄台。 ロ．漏電遮断器（定格感度電流 15〔mA〕，動作時間 0.1〔秒〕の電流動作形）を施設した電路で供給する乾燥した場所の三相 200〔V〕電動機の鉄台。 ハ．コンクリートの床の上で取り扱う三相 200〔V〕電動機用箱開閉器の金属製外箱。 ニ．乾燥した場所の三相 200〔V〕屋内配線を収めた長さ 6〔m〕の金属管。

7	D種接地工事を省略できる場合として，不適切なものは。	イ．100〔V〕の屋内配線で，乾燥した場所において管の長さ4〔m〕の金属管に600Vビニル絶縁電線を収めて配線した場合。 ロ．水気のある場所に100〔V〕の電気洗濯機を施設し，電路に地絡を生じたときに1秒以内に動作する漏電遮断器を施設した場合。 ハ．三相200〔V〕の電動機を乾燥した木製の床上から取り扱うように施設した場合。 ニ．三相200〔V〕の金属製外箱を有する分電盤を建物の鉄骨に取り付けたが，その外箱と大地との間の電気抵抗値が100〔Ω〕以下の場合。

第11回テスト 解答と解説

問題1 【正解】(ハ)

(a) 低圧電路の接地工事の種類

① C種接地工事

300Vを超え600V以下の電路及び機器器具の接地工事に適用されます。

② D種接地工事

300V以下の電路及び機器の接地工事に適用されます。

電路に施設する機械器具の金属製の台及び外箱には，使用電圧の区分に応じ，表に規定する接地工事を施すことになっています。

機械器具の使用電圧の区分		接地工事
低圧	300V以下	D種接地工事
	300V超過	C種接地工事

(b) 接地工事の接地抵抗値

① C種接地工事

接地抵抗の上限は **10Ω以下** となります。ただし，C種接地工事を施す金属体と大地との間の電気抵抗値が10Ω以下である場合は，C種接地工事を施したものとみなします。

② D種接地工事

接地抵抗の上限は **100Ω以下** となります。ただし，D種接地工事を施す金属体と大地との間の電気抵抗値が100Ω以下である場合は，D種接地工事を施したものとみなします。

(c) 接地抵抗値の緩和

低圧電路において地絡を生じた場合に **0.5秒以内** に自動的に電路を遮断する装置を施設するときは，C種及びD種接地工事の上限を **500Ω** とすることができます。

(d) C種及びD種接地工事の接地線の仕様

① 故障の際に流れる電流を安全に通じることができるものであるこ

と。
② 直径 **1.6mm** 以上の軟銅線。
③ 移動して使用する電気機械器具の金属製外箱等に接地工事を施す場合において，可とう性を必要とする部分は，次のいずれかのものであることが必要。
　イ　**0.75mm²** 以上の多心コード又は多心キャブタイヤケーブルの1心。
　ロ　可とう性を有する軟銅より線であって，断面積が **1.25mm²** 以上のもの。

(e) 接地工事が省略できるのは次のような場合です。
① C種接地工事を施さなければならない金属体と大地との間の電気抵抗値が **10Ω** 以下である場合。
② D種接地工事を施さなければならない金属体と大地との間の電気抵抗値が **100Ω** 以下である場合。
③ 地中に埋設され，かつ，大地との間の電気抵抗値が **3Ω** 以下の値を保っている金属製水道管路は，**C種接地工事**及び**D種接地工事**の接地極にできる。
④ 使用電圧が交流対地電圧 **150V** 以下の機械器具を乾燥した場所に施設する場合。
⑤ 低圧用の機械器具を乾燥した木製の床その他これに類する絶縁性の物の上で取り扱うように施設する場合。
⑥ 鉄台又は外箱の周囲に適当な絶縁台を設ける場合。
⑦ 電気用品安全法の適用を受ける **2重絶縁** の構造の機械器具を施設する場合。
⑧ 水気のある場所以外の場所に施設する低圧用の機械器具に電気を供給する電路に定格感度電流が **15mA** 以下，動作時間が **0.1秒以下** の電流動作型の漏電遮断器を施設する場合。

「ハ」において，低圧電路に地絡を生じた場合に 0.5〔秒〕以内に自動的に電路を遮断する装置を設置して，接地抵抗値を 500〔Ω〕とした場合にD種接地工事の施工方法として適当です。

問題2 【正解】（ニ）

「ニ」において，**水気のある場所以外**に設置した三相200〔V〕の電動機の回路に，定格感度電流15〔mA〕，動作時間0.1秒の**電流動作形漏電遮断器**を設置すれば，接地工事は省略できます。三相200〔V〕の電動機の回路に，定格感度電流15〔mA〕，動作時間0.1秒の**電流動作形漏電遮断器**を設置してあっても**水気のある場所**に設置すれば接地工事は省略できません。

問題3 【正解】（ニ）

定格電圧200〔V〕なので**D種接地工事**となります。D種接地工事の接地抵抗値は**100〔Ω〕以下**で，使用する電線は軟銅線であれば**1.6〔mm〕以上**でなければなりません。公称断面積0.75〔mm^2〕の軟銅線では不適切です。移動して使用する電気機械器具の金属製外箱等に接地工事を施す場合において，可とう性を必要とする部分には，**0.75 mm^2 以上の多心コード又は多心キャブタイヤケーブルの1心，可とう性を有する軟銅より線であって，断面積が1.25 mm^2 以上**のものを使用することができます。

問題4 【正解】（イ）

電動機を水気のある場所に設置した場合には，定格感度電流15〔mA〕，動作時間0.1秒の電流動作型漏電遮断器を取り付けても接地工事は省略できません。

問題5 【正解】（ロ）

低圧用の機械器具を乾燥した木製の床その他これに類する**絶縁性**のものの上で取り扱うように施設する場合には，接地工事を**省略**できます。乾燥した場所のコンクリートの床は，その他これに類する絶縁性のものではないので省略できません。

問題6 【正解】（ロ）

漏電遮断器（定格感度電流15〔mA〕，動作時間0.1〔秒〕の電流動作形）を施設した電路で供給する乾燥した場所の三相200〔V〕電動機の鉄台に施設する場合は，省略できます。

「ニ」に関しては金属管工事の施工において詳しく説明します。

接地工事

問題7 【正解】（ロ）

　水気のある場所に 100〔V〕の電気洗濯機を施設した場合には，接地工事は省略できません。「**水気のある場所では，接地工事は省略できない**」と覚えましょう。これでこのような問題のほとんどが解けます。
　「イ」に関しては，金属管工事の施工において詳しく説明します。

第12回テスト　絶縁抵抗

	問い	答え
1	電気設備の技術基準において，電気使用場所の低圧電路（開閉器又は過電流遮断器で区切られた電路）が次の場合に満足すべき絶縁抵抗の最小値〔MΩ〕の組合せで，正しいものは。 A　使用電圧が300〔V〕以下であって，対地電圧が150〔V〕以下の電路 B　使用電圧が300〔V〕以下であって，対地電圧が150〔V〕を超える電路 C　使用電圧が300〔V〕を超える電路	イ．A：0.1　B：0.2　C：0.3 ロ．A：0.1　B：0.2　C：0.4 ハ．A：0.1　B：0.2　C：1.0 ニ．A：1.0　B：2.0　C：4.0
2	単相3線式100/200Vの屋内配線において，開閉器又は過電流遮断器で区切ることができる電路ごとの絶縁抵抗の最小値として，「電気設備に関する技術基準を定める省令」に規定されている値〔MΩ〕の組合せで，正しいものは。	イ．電路と大地間　0.2　電線相互間　0.2 ロ．電路と大地間　0.2　電線相互間　0.4 ハ．電路と大地間　0.1　電線相互間　0.1 ニ．電路と大地間　0.1　電線相互間　0.2
3	工場の400〔V〕三相誘導電動機への配線の絶縁抵抗値〔MΩ〕及びこの電動機の鉄台の接地抵抗値〔Ω〕を測定した。電気設備技術基準等に適合する測定値の組合せとして，適切	イ．4.0〔MΩ〕　600〔Ω〕 ロ．0.2〔MΩ〕　10〔Ω〕 ハ．0.4〔MΩ〕　600〔Ω〕

	なものは。ただし，400〔V〕電路に施設された漏電遮断器の動作時間は 0.1 秒とする。	ニ. 0.6〔MΩ〕 　　50〔Ω〕	
4	工場の 400〔V〕三相誘導電動機への配線の絶縁抵抗 R_i〔MΩ〕及びこの電動機の鉄台の接地抵抗 R_e〔Ω〕を測定した。電気設備技術基準等に適合する測定値の組合せとして，適切なものは。ただし，400〔V〕電路に施設された漏電遮断器の動作時間は 1 秒とする。	イ. R_i　2.0　　R_e　100 ロ. R_i　1.0　　R_e　50 ハ. R_i　0.4　　R_e　10 ニ. R_i　0.2　　R_e　5	
5	絶縁抵抗計を用いて，低圧三相誘導電動機と大地との絶縁抵抗を測定する方法で，適切なものは。ただし，絶縁抵抗計のLは線路端子（ライン），Eは接地端子（アース）を示す。	イ.　　　　　　　　ロ. ハ.　　　　　　　　ニ.	
6	分岐開閉器を開放して負荷を電源から完全に分離し，その負荷側の低圧屋内電路と大地間の絶縁抵抗を一括測定する方法として，適切なものは。	イ. 電球や器具類は接続したままで，点滅器は閉じておく。 ロ. 電球や器具類は接続したままで，点滅器は開いておく。 ハ. 電球や器具類は取り外し，点滅器は閉じておく。 ニ. 電球や器具類は取り外し，点滅器は開いておく。	

第12回テスト 解答と解説

問題1 【正解】（ロ）

電気使用場所における使用電圧が低圧の電路の電線相互間及び電路と大地との間の絶縁抵抗は表のように定められています。

電路の使用電圧の区分	絶縁抵抗値
対地電圧が 150V 以下の場合	$0.1\mathrm{M}\Omega$
150V を超えて 300V 以下の場合	$0.2\mathrm{M}\Omega$
300V を超えて 600V 以下の場合	$0.4\mathrm{M}\Omega$

問題の電圧区分は表の通りなので「ロ」となります。

問題2 【正解】（ハ）

単相3線式 100/200V の電路の**中性線は接地**されているので，200V であっても**対地電圧は 100〔V〕**になります。表より対地電圧が 150V 以下の場合の絶縁抵抗値は **0.1〔MΩ〕**以上あればよいことになります。

問題3 【正解】（ニ）

400〔V〕三相誘導電動機への配線の絶縁抵抗値は，表より **0.4〔MΩ〕**以上となります。400〔V〕電路に施設された**漏電遮断器の動作時間は 0.1 秒**なので，C種接地工事の抵抗値は **500〔Ω〕以下**であればよいことになります。

問題4 【正解】（ハ）

400〔V〕三相誘導電動機への配線の絶縁抵抗値は，表より 0.4〔MΩ〕以上となります。400〔V〕電路に施設された**漏電遮断器の動作時間は 1 秒**なので，C種接地工事の抵抗値は **10〔Ω〕以下**であればよいことになります。
　この場合，漏電遮断器の動作時間が 0.1 秒ならば，C種接地工事の抵抗値は 500〔Ω〕以下であればよいことになります。

絶縁抵抗

問題5　【正解】(ロ)

　機器や電線と大地間の絶縁抵抗を測定する場合に使用する測定装置は，**絶縁抵抗計（メガー）**と呼ばれます。

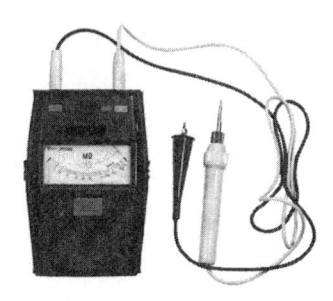

図1　絶縁抵抗計（メガー）

　機器と大地間との絶縁抵抗を測定する方法は，図2のように，絶縁抵抗計の**L端子を機器の導線に**，**E端子を機器の接地側**に接続します。選択肢の「ロ」のように，機器の導線はすべて束ねてL端子に接続して測定する場合があります。

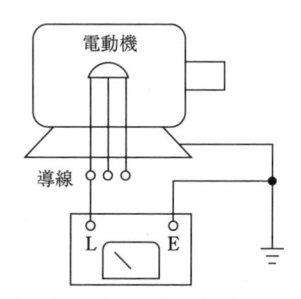

図2　機器と大地間との絶縁抵抗を測定する方法

問題6　【正解】(イ)

(a)　電線と大地間の絶縁抵抗を測定する方法

　電線と大地間の絶縁抵抗の測定は図3のように，**絶縁抵抗計のL端子（ライン端子）を線路に**，**E端子接地端子（アース端子）を線路の接地側**に接続します。この場合，電球や器具類は接続したままで，点滅器は閉じておきます。

第12回テスト　解答

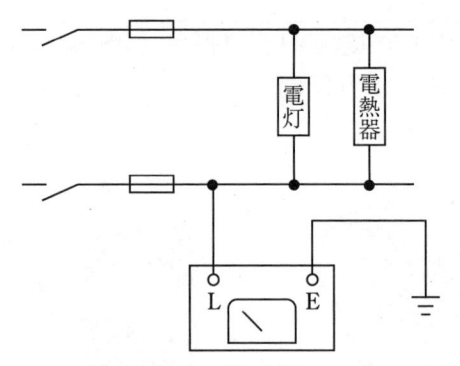

図3　電線と大地間の絶縁抵抗を測定する方法

(b)　電線相互間の絶縁抵抗を測定する方法

　電線相互間の絶縁抵抗は図4のように，電球や負荷の**機器類を配線から分離し，開閉器や点滅器類は「入」**の状態にして測定します。

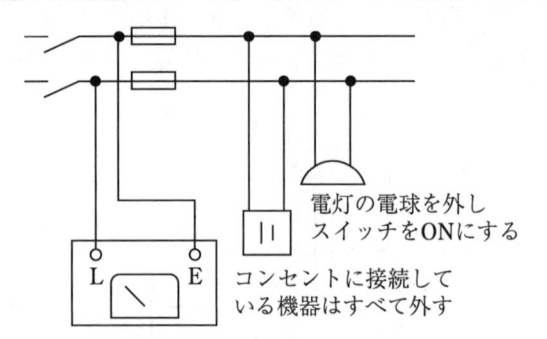

電灯の電球を外し
スイッチをONにする

コンセントに接続して
いる機器はすべて外す

図4　電線相互間の絶縁抵抗を測定する方法

第4章
屋内電気工事の施工方法

1. 屋内配線工事1～2　（第13回テスト～第14回テスト）
2. 金属管工事1～5　　（第15回テスト～第19回テスト）
3. 合成樹脂管工事　　（第20回テスト）
4. ケーブル工事　　　（第21回テスト）
5. 金属可とう電線管工事（第22回テスト）
6. ネオン管工事及びショーウィンドウの施工（第23回テスト）
7. その他の工事　　　（第24回テスト）
8. 機器の施工　　　　（第25回テスト）

（正解・解説は各回の終わりにあります。）

※本試験では，各問題の初めに以下のような記述がございますが，本書では，省略しております。

次の各問には4通りの答え（イ，ロ，ハ，ニ）が書いてある。それぞれの問いに対して答えを1つ選びなさい。

第13回テスト　屋内配線工事1

	問い	答え
1	低圧屋内配線の図記号と，それに対する施工方法の組合せとして，正しいものは。	イ．―///― IV1.6（E19）　内径19〔mm〕の合成樹脂製可とう電線管で露出配線として工事した。 ロ．―///― IV1.6（VE16）　内径16〔mm〕の硬質塩化ビニル電線管で天井隠ぺい配線として工事した。 ハ．―///― IV1.6（E19）　外径19〔mm〕の薄鋼電線管で露出配線として工事した。 ニ．―///― IV1.6（19）　外径19〔mm〕の鋼製電線管（ねじなし電線管）で天井隠ぺい配線として工事した。
2	電線の接続方法に関する記述として，不適切なものは。	イ．ビニル絶縁電線とビニルコードを直接接続し，ろう付けした。 ロ．電線の引張強さを20〔%〕以上減少させないように，電線相互を接続した。 ハ．直径2.6〔mm〕のビニル絶縁電線相互をスリーブで接続した。 ニ．断面積5.5〔mm^2〕のキャブタイヤケーブル相互を直接接続し，ろう付けした。

3	単相 100〔V〕の屋内配線工事における絶縁電線相互の接続で、不適切なものは。	イ．絶縁電線の絶縁物と同等以上の絶縁効力のあるもので十分被覆した。 ロ．電線の引張強さが 15〔%〕減少した。 ハ．ねじり接続で、接続部をろう付けした。 ニ．電線の電気抵抗が 10〔%〕増加した。
4	600Vビニル絶縁ビニルシースケーブル平形 1.6〔mm〕を使用した低圧屋内配線工事で、絶縁電線相互の終端接続部分の絶縁処理として、不適切なものは。ただし、ビニルテープは JIS に定める厚さ約 0.2〔mm〕の絶縁テープとする。	イ．リングスリーブにより接続し、接続部分をビニルテープで半幅以上重ねて1回（2層）巻いた。 ロ．リングスリーブにより接続し、接続部分を黒色粘着性ポリエチレン絶縁テープ（厚さ 0.5〔mm〕）で半幅以上重ねて2回（4層）巻いた。 ハ．リングスリーブにより接続し、接続部分を自己融着性絶縁テープ（厚さ約 0.5〔mm〕）で半幅以上重ねて1回（2層）巻き、更に保護テープ（厚さ約 0.2〔mm〕）を半幅以上重ねて1回（2層）巻いた。 ニ．差込形コネクタにより接続し、接続部分をビニルテープで巻かなかった。

| 5 | コンセントの使用電圧と刃受の極配置との組合せとして，誤っているものは。ただし，コンセントの定格電流は 15〔A〕とする。 | イ. 単相200V ロ. 単相100V ハ. 単相100V ニ. 単相200V |

第13回テスト　解答と解説

問題1　【正解】（ロ）

　電気工事をする場合には配線図をもとに行いますが，電線を電線管に収めて配線する場合の記述法が定められています。

　天井隠ぺい配線（天井裏）は「────────」のように太い実線とします。///となっているのは管に収める電線の本数を表しています。この場合は，3本です。電線の太さは直径〔mm〕では1.6，2.0のように表示し，断面積では2，8〔mm²〕のように表示します。電線管の種類は，内径16mmの硬質ビニル電線管を使用する場合は（VE16），内径16mmの合成樹脂可とう電線管を使用する場合は（PF16），外径19mmのねじなし電線管は（E19），外径19mmの薄鋼電線管の場合は（19）のように表示します。

　選択肢はすべて天井隠ぺい配線で，「イ」は外径19〔mm〕のねじなし電線管，「ハ」は外径19〔mm〕のねじなし電線管，「ニ」は外径19〔mm〕の薄鋼電線管で天井隠ぺい配線として工事したとすれば正解です。**露出配線**は「------------」，**床隠ぺい配線**は「— — — —」のように表示します。これは配線図で必要なので確実に覚えなければなりません。配線図のところで必要な知識となります。

問題2　【正解】（ニ）

　電線の接続方法は電線の電気抵抗を増加させないように接続するとともに，次のように定められています。
(a)　絶縁電線相互又は絶縁電線とコード，キャブタイヤケーブル若しくはケーブルとを接続する場合。
　①　引張荷重で表わした電線の**強さを20〔%〕以上減少**させないこと。
　②　接続部分には，**接続管**その他の器具を使用し，又は**ろう付け**すること。
　③　接続部分の絶縁電線の**絶縁物と同等以上の絶縁効力のある接続器**を使用すること。
　④　接続部分をその部分の絶縁電線の**絶縁物と同等以上の絶縁効力のあるもので十分被覆**すること。

(b) コード相互，断面積 8〔mm²〕未満のキャブタイヤケーブル相互，ケーブル相互又はこれらのもの相互を接続する場合は，**コード接続器，接続箱**その他の器具を使用すること。

断面積 8〔mm²〕未満のキャブタイヤケーブル相互を接続する場合には，コード接続器，接続箱その他の器具を使用しなければなりません。

問題3 【正解】（ニ）

電気抵抗を**増加**させてはいけません。

問題4 【正解】（イ）

600 V ビニル絶縁ビニルシースケーブル平形 1.6〔mm〕の絶縁層の厚さは 0.8〔mm〕あります。厚さ約 0.2〔mm〕の絶縁テープを半幅以上重ねて1回（2層）巻いただけでは規定の 0.8〔mm〕にならないので不適切な施工となります。差込形コネクタにより接続した場合はビニルテープで巻く必要はありません。

リングスリーブで接続する場合は電線の太さや本数によって使用する大きさが定まっており，専用の圧着工具によりしっかりと圧着しなければなりません。握りの部分が**黄色**になっています。

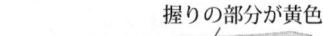

握りの部分が黄色

リングスリーブ（圧縮スリーブ） 　　　リングスリーブ用圧着工具

接続器には**ねじ込み形コネクタ**や**差込み形コネクタ**などがあります。

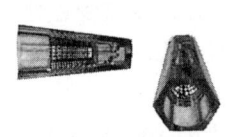

ねじ込み形コネクタ 　　　差込み形コネクタ

屋内配線工事1

　圧着端子の電線に接続するにはリングスリーブの圧着ペンチは使用できません。専用の圧着工具を使用しなければなりません。握りの部分が**赤色**です。

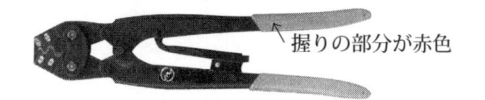

握りの部分が赤色

圧着端子　　　　　　圧着端子用圧着工具

問題5　【正解】（イ）

　コンセントのプラグの受け口である刃受の**極配置**は，**電圧の大きさ**により定められています。

	単相100V	単相200V
一般用		
接地極付		

　「イ」は単相100Vの**接地極付**です。「ロ」は単相100Vの**引掛形**のコンセントを表しています。

第13回テスト解答

第14回テスト　屋内配線工事2

	問い	答え
1	使用電圧100〔V〕の屋内配線の施設場所における工事の種類で、不適切なものは。	イ．点検できない隠ぺい場所であって、乾燥した場所の金属管工事 ロ．点検できない隠ぺい場所であって、湿気の多い場所の合成樹脂管工事（CD管を除く） ハ．展開した場所であって、湿気の多い場所のケーブル工事 ニ．展開した場所であって、湿気の多い場所の金属線ぴ工事
2	100〔V〕の屋内配線の施設場所による工事の種類で、適切なものは。	イ．点検できない隠ぺい場所であって、乾燥した場所の金属線ぴ工事 ロ．点検できる隠ぺい場所であって、乾燥した場所のライティングダクト工事 ハ．点検できる隠ぺい場所であって、湿気の多い場所の金属ダクト工事 ニ．点検できる隠ぺい場所であって、湿気の多い場所の金属線ぴ工事
3	単相100〔V〕の屋内配線で、湿気の多い展開した場所において施設できる工事の種類として、適切なものは。	イ．金属ダクト工事 ロ．金属線ぴ工事 ハ．ライティングダクト工事 ニ．金属管工事
4	湿気の多い展開した場所の三相3線式200〔V〕屋内配線工事として、不適切なものは。	イ．合成樹脂管工事 ロ．金属ダクト工事 ハ．金属管工事 ニ．ケーブル工事

5	乾燥した点検できない隠ぺい場所の低圧屋内配線工事の種類で，適切なものは。	イ．金属ダクト工事 ロ．バスダクト工事 ハ．合成樹脂管工事 ニ．がいし引き工事
6	単相3線式 100/200〔V〕屋内配線の住宅用分電盤の工事を施工した。不適切なものは。	イ．ルームエアコン（単相 200〔V〕）の分岐回路に2極1素子の配線用遮断器を取り付けた。 ロ．電熱器（単相 100〔V〕）の分岐回路に2極2素子の配線用遮断器を取り付けた。 ハ．主開閉器の中性極に銅バーを取り付けた。 ニ．電灯専用（単相 100〔V〕）の分岐回路に2極1素子の配線用遮断器を用い，素子のない極に中性線を結線した。
7	住宅で使用する電気食器洗い機に用いるコンセントに，最も適しているものは。	イ．接地端子付コンセント ロ．抜け止め形コンセント ハ．接地極付接地端子付コンセント ニ．引掛形コンセント
8	住宅の屋内に三相200〔V〕のルームエアコンを施設した。工事方法として，適切なものは。 ただし，三相電源の対地電圧は 200〔V〕で，ルームエアコン及び配線は簡易接触防護措置を施して施設するものとする。	イ．定格消費電力が 2.5〔kW〕のルームエアコンに供給する電路に，専用の配線用遮断器を取り付け，金属管工事で配線し，コンセントを使用してルームエアコンと接続した。 ロ．定格消費電力が 1.5〔kW〕のルームエアコンに供給する電路に，専用の漏電遮断器を取り付け，合成樹脂管工事で配線し，ルームエアコンと直接接続した。

		ハ．定格消費電力が1.5〔kW〕のルームエアコンに供給する電路に，専用の配線用遮断器を取り付け，合成樹脂管工事で配線し，コンセントを使用してルームエアコンと接続した。 ニ．定格消費電力が2.5〔kW〕のルームエアコンに供給する電路に，専用の配線用遮断器と漏電遮断器を取り付け，ケーブル工事で配線し，ルームエアコンと直接接続した。
9	住宅の屋内に三相3線式200〔V〕，定格消費電力2.5〔kW〕のルームエアコンを施設した。このルームエアコンに電気を供給する電路の工事方法として，適切なものは。 ただし，配線は人が触れるおそれがない隠ぺい工事とし，ルームエアコン外箱等の人が触れるおそれがある部分は絶縁性のある材料で堅ろうに作られているものとする。	イ．専用の過電流遮断器を施設し，合成樹脂管工事で配線し，コンセントを使用してルームエアコンと接続した。 ロ．専用の開閉器（ヒューズ付）を施設し，金属管工事で配線し，ルームエアコンと直接接続した。 ハ．専用の配線用遮断器を施設し，金属管工事で配線し，コンセントを使用してルームエアコンと接続した。 ニ．専用の漏電遮断器（過負荷保護付）を施設し，ケーブル工事で配線し，ルームエアコンと直接接続した。

第14回テスト 解答と解説

問題1 【正解】（ニ）

屋内工事における工事施設場所の定義は次のようになります。
(a) 展開した場所
　　壁面や天井下などの配線を容易に確認できる場所をいいます。
(b) 点検できる隠ぺい場所
　　点検しようとすれば点検可能な場所をいい，点検口のある天井裏などをいいます。
(c) 点検できない隠ぺい場所
　　点検口のない天井裏，床下，壁内部などをいいます。
(d) 湿気の多い場所
　　床下や浴室などをいいます。

300〔V〕以下の屋内工事の施設場所と可能な工事の種類を表に示します。

施設場所の区分		がいし引き工事	合成樹脂管工事	金属管工事	金属可とう電線管工事	ケーブル工事	金属線ぴ工事	金属ダクト工事	バスダクト工事	フロアダクト工事	セルラダクト工事	ライティングダクト工事	平形保護層工事
展開した場所	乾燥した場所	○	○	○	○	○	○	○	○	×	×	○	×
	湿気の多い場所又は水気のある場所	○	○	○	○	○	×	×	○	×	×	×	×
点検できる隠ぺい場所	乾燥した場所	○	○	○	○	○	○	○	○	×	○	○	○
	湿気の多い場所又は水気のある場所	○	○	○	○	○	×	×	×	×	×	×	×
点検できない隠ぺい場所	乾燥した場所	×	○	○	○	○	×	×	×	○	○	×	×
	湿気の多い場所又は水気のある場所	×	○	○	○	○	×	×	×	×	×	×	×

○：施設できる　×：施設できない

表から分かるように300〔V〕以下の低圧屋内配線を行う場合，特殊な場所以外では，**合成樹脂管工事，金属管工事，金属可とう電線管工事**若しくは**ケーブル工事**（300〔V〕を超え600〔V〕以下でも可）はどこでも施工できる**オールマイティな4工事**と覚えておきましょう。表を完全に暗記するのは大変なので，これら4工事がすべて可能であると分かっていれば，できる工事とできない工事を探すのが簡単になります。

表より，展開した場所であって，湿気の多い場所の金属線ぴ工事は施工できません。

問題2 【正解】（ロ）

表より，点検できる隠ぺい場所であって，乾燥した場所のライティングダクト工事は施工できます。

問題3 【正解】（ニ）

金属管工事は**オールマイティな4工事**ですね。

問題4 【正解】（ロ）

金属ダクト工事以外は，**オールマイティな4工事**ですね。

問題5 【正解】（ハ）

合成樹脂管工事は**オールマイティな4工事**ですね。

問題6 【正解】（イ）

規定により，**単相200〔V〕の分岐回路には2極2素子の配線用遮断器**を取り付けなければなりません。単相100〔V〕であれば，2極1素子の配線用遮断器でも構いません（素子とは自動的に遮断する装置をいいます）。

問題7 【正解】（ハ）

電気食器洗い機に用いるコンセントは内線規程より，**接地極付接地端子付コンセント**としなければなりません。

屋内配線工事 2

第14回テスト 解答

接地極
接地端子

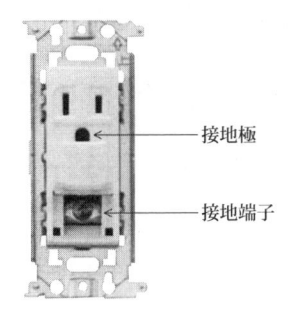

問題8 【正解】（ニ）

　クーラーなどの電気機械器具に電気を供給する屋内の電路の対地電圧は，150V以下とすることになっています。ただし，定格消費電力が2kW以上の電気機械器具を次のように施設する場合には300V以下とすることができます。

(a) 電気機械器具には，**簡易接触防護措置**を施すこと。
(b) **電気機械器具は**，屋内配線と**直接接続**して施設すること。
(c) 電路には，**専用の開閉器**又は**過電流遮断器**を施設すること。
(d) 電路には，電路に地絡が生じたときに自動的に電路を遮断する装置を施設すること。
(e) 電気機械器具の使用電圧及びこれに電気を供給する屋内の対地電圧は，300V以下であること。

　定格消費電力2〔kW〕を超えているので，専用の配線用遮断器と漏電遮断器を取り付け，屋内配線とルームエアコンを直接接続しなければなりません。

問題9 【正解】（ニ）

　これも同じで，専用の漏電遮断器（過負荷保護付）を施設し，屋内配線と直接接続しなければなりません。

第15回テスト　金属管工事1

	問い	答え
1	低圧屋内配線を金属管工事で行う場合，使用できない電線は。	イ．引込用ビニル絶縁電線（DV） ロ．600Vゴム絶縁電線（RB） ハ．600Vビニル絶縁電線（IV） ニ．屋外用ビニル絶縁電線（OW）
2	金属管工事による低圧屋内配線の施工方法として，不適切なものは。	イ．太さ25〔mm〕の薄鋼電線管に断面積8〔mm²〕の600Vビニル絶縁電線3本を引き入れた。 ロ．ボックス間の配管でノーマルベンドを使った屈曲箇所を2箇所設けた。 ハ．薄鋼電線管とアウトレットボックスとの接続部にロックナットを使用した。 ニ．太さ25〔mm〕の薄鋼電線管相互の接続にコンビネーションカップリングを使用した。
3	金属管工事による低圧屋内配線の施工方法として，不適切なものは。	イ．太さ25〔mm〕の薄鋼電線管に断面積8〔mm²〕の600Vビニル絶縁電線3本を引き入れる。 ロ．ボックス間の配管でノーマルベンドを使った屈曲箇所を3箇所設ける。 ハ．金属管工事からがいし引き工事に移るところの金属管端口に絶縁ブッシングを使用する。 ニ．金属管相互の接続にコンビネーションカップリングを使用する。

金属管工事1

4	三相3線式200〔V〕屋内配線を金属管工事で施工した。不適切なものは。	イ．厚さ1.2〔mm〕の管をコンクリートに埋め込んだ。 ロ．金属管工事からがいし引き工事に移る部分の管の端口に絶縁ブッシングを使用した。 ハ．管の曲げ半径を管の内径の6倍以上にして曲げた。 ニ．乾燥した場所に管の長さが10〔m〕のものを施設し、D種接地工事を省略した。
5	簡易接触防護措置を施した乾燥した場所に施設する低圧屋内配線工事で、D種接地工事を省略できないものは。	イ．三相3線式200〔V〕の合成樹脂管工事に使用する金属製ボックス ロ．単相100〔V〕の埋込形蛍光灯器具の金属部分 ハ．単相100〔V〕の電動機の鉄台 ニ．三相3線式200〔V〕の金属管工事で、電線を収める管の全長が10〔m〕の金属管
6	D種接地工事を省略できないものは。ただし、電路には定格感度電流30〔mA〕、定格動作時間0.1〔秒〕の漏電遮断器が取り付けられているものとする。	イ．乾燥した場所に施設する三相200〔V〕動力配線を収めた長さ4〔m〕の金属管。 ロ．乾燥したコンクリートの床に施設する三相200〔V〕のルームエアコンの金属製外箱部分。 ハ．乾燥した木製の床の上で取り扱うように施設する三相200〔V〕誘導電動機の鉄台。 ニ．乾燥した場所に施設する単相3線式100/200〔V〕配線を収めた長さ8〔m〕の金属管。

第15回テスト 問題

7	金属管工事で金属管の接地工事を省略できるものは。	イ．乾燥した場所の100〔V〕の配線で，管の長さが6〔m〕のもの。 ロ．湿気のある場所の三相200〔V〕の配線で，管の長さが6〔m〕のもの。 ハ．乾燥した場所の400〔V〕の配線で，管の長さが6〔m〕のもの。 ニ．湿気のある場所の100〔V〕の配線で，管の長さが10〔m〕のもの。
8	電線を電磁的不平衡を生じないように金属管に挿入する方法として，適切なものは。	イ． 単相2線式　電源―負荷／負荷 ロ． 単相2線式　電源―負荷／負荷 ハ． 三相3線式　電源―負荷 ニ． 三相3線式　電源―負荷

第15回テスト 解答と解説

問題1 【正解】(ニ)

金属管工事による低圧屋内配線は，例外を除いて次により施設することが規定されています。①～③は他の**電線管工事**に共通に適用されます。

① 電線は，**屋外用ビニル絶縁電線を除く絶縁電線**であること。
② 電線は，**直径3.2〔mm〕以下の単線である場合以外はより線**であること。
③ 金属管内では，電線に**接続点を設けない**こと。ボックス内等で行う。
④ **電気用品安全法**の適用を受ける金属製の電線管（可とう電線管を除く。）及びボックスその他の附属品又は黄銅若しくは銅で堅ろうに製作したものであること。
⑤ 湿気の多い場所又は水気のある場所に施設する場合は，**防湿装置**を施すこと。
⑥ 低圧屋内配線の使用電圧が300V以下の場合は，管には**D種接地工事**を施すこと。ただし次の場合には省略できる。
　(a) 管の長さが**4m以下**のものを乾燥した場所に施設する場合。
　(b) 屋内配線の使用電圧が交流対地電圧**150V以下**の場合において，その電線を収める管の長さが**8m以下**のものに**簡易接触防護措置**を施すとき又は**乾燥した場所に**施設するとき。
⑦ 管の端口及び内面は，電線の被覆を損傷しないような滑らかなものであること。
⑧ 管の厚さは，原則コンクリートに埋め込むものは**1.2〔mm〕**以上。
⑨ 管相互及び管とボックスその他の附属品とは，ねじ接続その他これと同等以上の効力のある方法により，堅ろうに，かつ，電気的に完全に接続すること。
⑩ 管の端口には，電線の被覆を損傷しないように適当な構造のブッシングを使用すること。ただし，金属管工事からがいし引き工事に移る場合においては，その部分の管の端口には，**絶縁ブッシング又はこれに類する物**を使用すること。
⑪ 金属管と水道管及びガス管等は直接**接触**しないように施設すること。
⑫ 防爆型附属品と電線管との接続部分のねじは，5山以上完全にねじ合

わせることができる長さを有するものであること。

以上により，屋外用ビニル絶縁電線（OW）は使用できません。

問題2 【正解】（ニ）

ねじなし金属管と金属製可とう電線管相互の接続にコンビネーションカップリングを使用します。

ねじなし金属管　　　金属製可とう電線管

ねじ有りの金属管同士の接続には，カップリングなどの金属管専用の接続器具を使用します。

コンビネーションカップリング　　　カップリング

問題3 【正解】（ニ）

これも同じで，コンビネーションカップリングは使用できません。

問題4 【正解】（ニ）

交流対地電圧 **300 V 以下**の場合において，乾燥した場所に管の長さが 4〔m〕のものを施設した場合，D種接地工事が省略できます。

問題5 【正解】（ニ）

三相3線式 200〔V〕の金属管工事で，電線を収める管の全長が 10〔m〕の金属管にはD種接地工事が省略できません。

金属管工事1

問題6　【正解】（ロ）

　乾燥したコンクリートの床に施設する三相200〔V〕のルームエアコンの金属製外箱部分には，D種接地工事が省略できません。

問題7　【正解】（イ）

　省略できるのは，300〔V〕以下の乾燥した場所のみです。乾燥した場所で100〔V〕の配線で，管の長さが6〔m〕のものは省略できます。

問題8　【正解】（イ）

　交流回路において電線を並列に使用する場合には，管内に電磁的不平衡を生じないように金属管内に1回路の電線全部を同一管内に収めるのを原則とします。単相2線式では2線，単相3線式では3線，三相3線式では3線をいいます。

　金属管内に1回路の電線全部を同一管内に収めるのが基本となります。

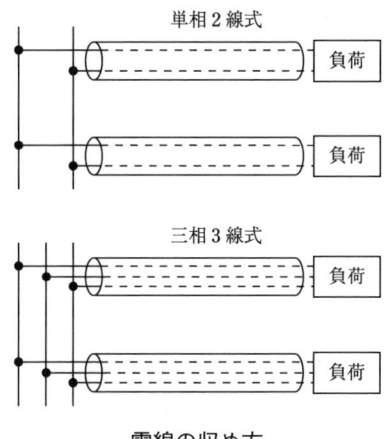

電線の収め方

第15回テスト　解答

第16回テスト　金属管工事2

	問い	答え
1	金属管工事において，絶縁ブッシングを使用する主な目的は。	イ．金属管相互を接続するため。 ロ．電線の接続を容易にするため。 ハ．電線の被覆を損傷させないため。 ニ．金属管を造営材に固定するため。
2	アウトレットボックス（金属製）の使用方法として，不適切なものは。	イ．金属管工事で管が屈曲する場所等で電線の引き入れを容易にするのに用いる。 ロ．配線用遮断器を集合して設置するのに用いる。 ハ．金属管工事で電線相互を接続する部分に用いる。 ニ．照明器具などを取り付ける部分で電線を引き出す場合に用いる。
3	プルボックスの主な使用目的は。	イ．多数の金属管が交差，集合する場所で，電線の引き入れを容易にするために用いる。 ロ．多数の開閉器類を集合して設置するために用いる。 ハ．埋込みの金属管工事で，スイッチやコンセントを取り付けるために用いる。 ニ．天井に比較的重い照明器具を取り付けるために用いる。

金属管工事 2

4	ジョイントボックス（アウトレットボックス）内での電線相互の接続に，使用されないものは。	イ．差込形コネクタ ロ．ねじ込み形コネクタ ハ．リングスリーブ（E形） ニ．カールプラグ
5	金属管工事のジョイントボックス内で電線を接続する材料として，適切なものは。	イ．インサートキャップ ロ．差込形コネクタ ハ．パイラック ニ．カールプラグ
6	金属管相互または金属管とボックス類とを電気的に接続するために，金属管にボンド線を取り付けるのに使用するものは。	イ．カールプラグ ロ．接地金具(ラジアスクランプ) ハ．ユニオンカップリング ニ．ターミナルキャップ
7	写真に示す材料の使用目的は。	イ．両方とも回すことができない金属管相互を接続するために使用する。 ロ．金属管相互を直角に接続するために使用する。 ハ．金属管の管端に取り付け，引き出す電線の被覆を保護するために使用する。 ニ．アウトレットボックス（金属製）と，そのノックアウトの径より外径の小さい金属管とを接続するために使用する。

第16回テスト 問題

8	写真に示す材料の用途は。	イ．アウトレットボックスを取り付けるのに用いる。 ロ．露出形スイッチボックスを壁面に固定するのに用いる。 ハ．フロアダクトの高さの調整に用いる。 ニ．ボックス表面に取り付け，壁の仕上げ面の調整に用いる。
9	写真に示す材料の用途は。	イ．金属管工事で金属管と接地線との接続に用いる。 ロ．金属管のねじ切りに用いる。 ハ．金属管を鉄骨等に固定するのに用いる。 ニ．金属管を接続するのに用いる。
10	写真に示す金具の用途は。	イ．金属管と接地線との接続に用いる。 ロ．金属管の支持に用いる。 ハ．ビニル外装ケーブルの支持用金具として用いる。 ニ．電線接続箇所の接続金具として用いる。

第16回テスト　解答と解説

問題1　【正解】（ハ）

　金属管工事において，絶縁ブッシングを使用する主な目的は，電線の被覆を損傷させないために用います。金属管を造営材に固定するために使用するのはサドルです。サドルをコンクリートに固定する際，コンクリートに穴をあけてねじ止めをする場合には，カールプラグなどを使用します。

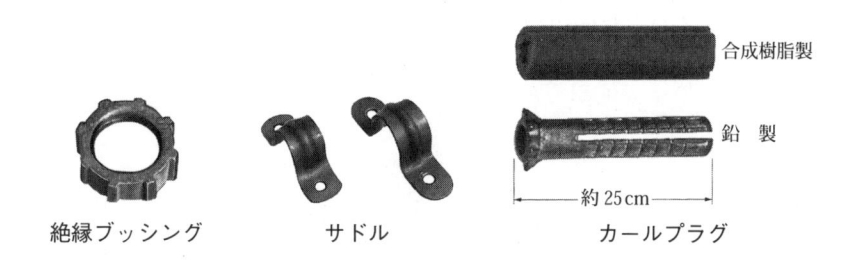

絶縁ブッシング　　　サドル　　　カールプラグ（合成樹脂製／鉛製　約25cm）

問題2　【正解】（ロ）

配線用遮断器を集合して設置するのに用いるのは分電盤です。

分電盤

　アウトレットボックス（金属製）は，「イ」，「ハ」及び「ニ」などの用途に用いられます。アウトレットボックスに似た形状のものにコンクリートボックスがあります。用途はほぼ同じなのですが，区別するには写真でわかるように，ボックス本体についているツバが外向きか内向きかで判断できます。

アウトレットボックス 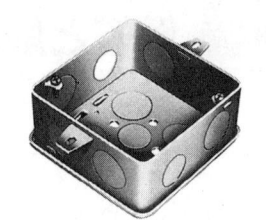 　　　　　コンクリートボックス

問題3 【正解】(イ)

プルボックスの主な使用目的は，金属管工事で管が屈曲する場所等で電線の引き入れを容易にするのに用います。

プルボックス

問題4 【正解】(ニ)

電線相互の接続に，使用されないものはカールプラグですね。

問題5 【正解】(ロ)

電線を接続する材料として，適切なものは，差込形コネクタですね。

問題6 【正解】(ロ)

金属管にボンド線（金属管相互，管とボックス類を電気的に接続する）を取り付けるのに使用するものは，接地金具（ラジアスクランプ）です。

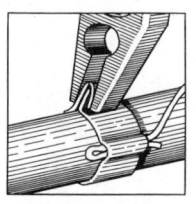

ラジアスクランプ

金属管工事 2

問題 7 【正解】（ニ）

写真に示す材料の名称はリングレジューサーで，使用目的はアウトレットボックス（金属製）と，その開けられた穴の径より外径の小さい金属管とを接続するために使用します。

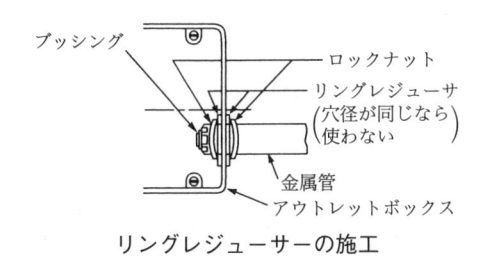

リングレジューサーの施工　　　　ロックナット

（図中ラベル：ブッシング／ロックナット／リングレジューサ（穴径が同じなら使わない）／金属管／アウトレットボックス）

問題 8 【正解】（ニ）

写真に示す材料の名称は塗り代カバーで，使用目的はボックス表面に取り付け，壁の仕上げ面の調整に用います。

問題 9 【正解】（ハ）

写真に示す材料の名称はパイラックで，使用目的は金属管を鉄骨等に固定するのに用います。

問題 10 【正解】（イ）

接地金具（ラジアスクランプ）なので，金属管と接地線との接続に用います。

第17回テスト　金属管工事3

	問い	答え
1	写真に示す材料の用途は。	イ．金属管をボックスに接続するのに用いる。 ロ．金属管を鉄骨等に固定するのに用いる。 ハ．屋外の金属管の端に取り付けて雨水の侵入を防ぐのに用いる。 ニ．金属管工事で直角に曲がる箇所に用いる。
2	写真に示す材料の名称は。	イ．フィクスチュアスタッド ロ．インサート ハ．シーリングローゼット ニ．フィクスチュアヒッキー
3	写真に示す材料の名称は。	イ．フィクスチュアスタッド ロ．ボックスコネクタ ハ．はとめ ニ．インサートスタッド
4	写真に示す材料の用途は。	イ．金属管にねじを切らないで金属管相互を接続するのに用いる。 ロ．金属管とボックスを接続するのに用いる。 ハ．金属管にねじを切って金属管相互を接続するのに用いる。 ニ．合成樹脂管相互を接続するのに用いる。
5	写真に示す材料の名称は。	イ．ベンダ ロ．ノーマルベンド ハ．エンド ニ．カップリング

金属管工事3

6	写真に示す材料の用途は。	イ．メタルラス貫通部の防護管に用いる。 ロ．金属管とボックスを接続するのに用いる。 ハ．ねじを切らずに金属管相互を接続するのに用いる。 ニ．合成樹脂管相互を接続するのに用いる。
7	写真に示す材料の名称は。	イ．フィクスチュアスタッド ロ．インサートスタッド ハ．ストレートボックスコネクタ ニ．エントランスキャップ
8	写真に示す材料の名称は。	イ．銅線用裸圧着端子 ロ．銅管端子 ハ．銅線用裸圧着スリーブ ニ．ねじ込み形コネクタ
9	写真に示す材料の名称は。	イ．ウエザキャップ ロ．ユニオンカップリング ハ．ターミナルキャップ ニ．フィクスチュアスタッド
10	写真に示す材料の名称は。	イ．ボックスコネクタ ロ．カップリング ハ．ユニバーサル ニ．ウエザーキャップ

第17回テスト　問題

第17回テスト 解答と解説

問題1 【正解】（ニ）

写真に示す材料の名称は**ユニバーサル**で，用途は金属管工事で直角に曲がる箇所に用います。

「イ」の金属管をボックスに接続するのに用いるものは「ロックナットとブッシングを用いる方法，ねじなしボックスコネクタ」などがあります。

「ロ」の金属管を鉄骨等に固定するのに用いるものは，「パイラック」です。

「ハ」の屋外の金属管の端に取り付けて雨水の侵入を防ぐのに用いるものは，「ウェザキャップ」です。

ユニバーサル

問題2 【正解】（ニ）

写真に示す材料の名称は**フィクスチュアヒッキー**で，用途は照明器具へ入線するために重さの大きい照明器具のつり下げ用として，**フィクスチュアスタッド**と組み合わせて使用します。電線やコードは横の穴から引き入れます。

インサートスタッドはコンクリート天井などに埋め込んで，照明器具やダクトのような重いものを支持させるためのつりボルトを取り付けるために使用します。**シーリングローゼット**は天井面に取り付けて，照明器具用のコードを吊り下げる場合に使用されます。露出型と埋込型があります。

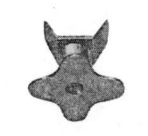

インサートスタッド　　露出型引掛シーリング　　埋込引掛ローゼット

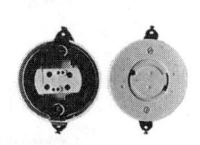

金属管工事 3

問題 3 【正解】（イ）

写真に示す材料の名称は**フィクスチュアスタッド**で，用途は照明器具へ入線するために重さの大きい照明器具のつり下げ用として，**フィクスチュアヒッキー**と組み合わせて使用します。

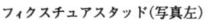

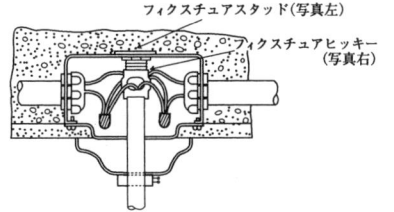

フィクスチュアスタッドとフィクスチュアヒッキーの施工法

問題 4 【正解】（ロ）

写真に示す材料の名称は**ねじなしボックスコネクタ**で，用途はねじなし金属管をボックスに接続するのに用います。

「イ」の金属管にねじを切らないで金属管相互を接続するのに用いるものは，「ネジなしカップリング」です。

「ハ」の金属管にねじを切って金属管相互を接続するのに用いるものは，「カップリング」です。

「ニ」の合成樹脂管相互を接続するのに用いるものは，「TS カップリング」です。

問題 5 【正解】（ロ）

写真に示す材料の名称は**ノーマルベンド**で，用途は金属管を 90 度曲げる場合に使用します。ボックスを接続するのに用います。**ユニバーサル**と同じ目的になりますが緩やかに曲げる場合に使用します。問題の写真の上側はネジあり，下はネジなしの金属管用です。

問題 6 【正解】（ハ）

写真に示す材料の名称は**ネジなしカップリング**で，用途はねじを切らずに金属管相互を接続するのに用います。

「イ」のメタルラス貫通部の防護管に用いるものは，絶縁性のある管である必要があるので合成樹脂管などを使用します。

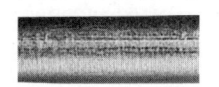

ねじなしカップリング

問題7 【正解】（ニ）

　写真に示す材料の名称は**エントランスキャップ**で，用途は主として垂直な金属管の上端部に取り付けて，雨水の浸入を防止するために使用します。これと同じような目的で使用されるのが**ウエザーキャップ**で，金属管から屋外のがいし引き工事への出口用に施設されます。

問題8 【正解】（イ）

　写真に示す材料の名称は**銅線用裸圧着端子**で，用途は専用機器具で圧着して器具の端子に接続します。

　「ロ」の銅管端子は，機器に太い銅線を取り付けるときに使用し，電線差し込み部分をはんだあげします。

　「ハ」の銅線用裸圧着スリーブは電線どうしを接続する場合に用います。電線の太さや本数により使用するスリーブの大きさが定まっています。

　「ニ」のねじ込み形コネクタは，コネクタに電線をねじ込んで接続します。接続部の絶縁処理が必要ないので，器具内の電線の接続などに使用されます。

問題9 【正解】（ロ）

　写真に示す材料の名称は**ユニオンカップリング**で，用途は両方の金属管を回すことができない場合に使用します。

問題10 【正解】（ニ）

　写真に示す材料の名称は**ウエザーキャップ**で，用途は屋外で金属管の端にとりつけて雨水の浸入を防止します。**ウエザーキャップ**や**エントランスキャップ**によく似たものに，**ターミナルキャップ**があります。用途は，金属管から引き出されて，電動機の端子に至る部分に使用されます。

金属管工事3

ターミナルキャップ　　　エントランスキャップ

第17回テスト 解答

第18回テスト　金属管工事4

	問い	答え
1	鋼製電線管の切断及び曲げ作業に使用する工具の組合せとして，適切なものは。	イ．リーマ　　　　　ロ．リーマ 　　金切りのこ　　　　　パイプレンチ 　　トーチランプ　　　　トーチランプ ハ．やすり　　　　　ニ．やすり 　　パイプレンチ　　　　金切りのこ 　　パイプベンダ　　　　パイプベンダ
2	金属管の曲げ加工に使用する工具は。	イ．パイプベンダ ロ．パイプレンチ ハ．ディスクグラインダ ニ．パイプカッタ
3	コンクリート壁に金属管を取り付けるときに用いる材料及び工具の組合せとして，適切なものは。	イ．ホルソ　　　　　ロ．ハンマ 　　カールプラグ　　　　たがね 　　ハンマ　　　　　　　ステープル 　　ステープル　　　　　コンクリート釘 ハ．振動ドリル　　　ニ．振動ドリル 　　カールプラグ　　　　ホルソ 　　サドル　　　　　　　サドル 　　木ねじ　　　　　　　ボルト
4	ノックアウトパンチャの用途で，適切なものは。	イ．太い電線管を曲げる場合に使用する。 ロ．金属製キャビネットに電線管接続用の穴をあける場合に使用する。 ハ．コンクリート壁に穴をあける場合に使用する。 ニ．太い電線を圧着接続する場合に使用する。

金属管工事 4

第18回テスト 問題

5	ノックアウト用パンチと同じ用途で使用する工具は。	イ．パイプベンダ ロ．クリッパ ハ．ホルソ ニ．リーマ
6	電気工事の材料と使用する工具の組合せとして，適切なものは。	イ．プルボックスとノックアウト用パンチ ロ．ねじりスリーブ（S形）と金切りのこ ハ．ボルト形コネクタと圧着ペンチ ニ．合成樹脂管とパイプベンダ
7	パイプバイスで固定した金属管の切断後のねじ切り作業で，工具の使用順序として，適切なものは。	イ． 平形やすり ↓ 油さし ↓ リード形ねじ切り器 ↓ リーマ ロ． 平形やすり ↓ リード形ねじ切り器 ↓ リーマ ↓ 油さし ハ． リード形ねじ切り器 ↓ リーマ ↓ 平形やすり ↓ 油さし ニ． リード形ねじ切り器 ↓ 油さし ↓ リーマ ↓ 平形やすり

第18回テスト 解答と解説

問題1 【正解】(ニ)

　鋼製電線管の切断及び曲げ作業に使用する工具の組合せは，やすり，金切りのこ及びパイプベンダです。太い鋼製電線管の切断面はディスクグラインダでバリをとることもあり，油圧式パイプベンダにより鋼製電線管を曲げます。

やすり 　　　　　金切りのこ 　　　　パイプベンダ

　トーチランプは合成樹脂管の曲げなどに使用します。パイプレンチは金属管などの締め付け用に使用します。

ディスクグラインダ 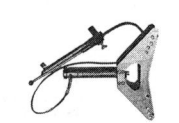　　油圧式パイプベンダ 　　パイプレンチ

問題2 【正解】(イ)

　金属管の曲げ加工に使用する工具は，**パイプベンダ**ですね。**パイプカッタ**は細い鋼製電線管の切断に使用します。

問題3 【正解】(ハ)

　コンクリート壁に金属管を取り付けるときに用いる材料及び工具は，振動ドリルです。コンクリート穴をあけ，カールプラグを差し込み，サドルを木ねじで固定します。

振動ドリル　　金属管の取り付け

問題4 【正解】(ロ)

　ノックアウトパンチャ（ノックアウトパンチ）は，金属製キャビネットに電線管接続用の穴をあける場合に使用します。太い電線を圧着接続する場合に使用するのが，油圧式圧着工具です。

金属管工事4

油圧式圧着工具

問題5 【正解】(ハ)

ノックアウト用パンチと同じ用途なのが**ホルソ**です。ドリルに取り付けて使用します。クリッパは，太い電線等を切断する場合に用います。

ホルソ　　　　　　コードレスドリル　　　　　　クリッパ

問題6 【正解】(イ)

プルボックスの穴あけにノックアウトパンチを使用します。**ねじりスリーブ（S形）**と**ボルト形コネクタ**は電線の接続に用います。**ねじ込み形コネクタ**も同じように電線の接続に用います。

ねじりスリーブ（S形）　　ボルト形コネクタ　　ねじ込み形コネクタ

問題7 【正解】(イ)

パイプバイスで固定した金属管の切断後のねじ切り作業で，工具の使用順序は**平形やすり，油さし，リード形ねじ切り器及びリーマ**となります。平形やすりでねじ切り部のバリをとり，油さしでねじ切り部に油を注し，リード形ねじ切り器でネジを切り，リーマで切り部の切断面を滑らかにします。

リード形ねじ切り器

第18回テスト 解答

第19回テスト　金属管工事5

	問い	答え
1	写真に示す工具の主な用途は。	イ．ケーブル外装のはぎ取りに使用する。 ロ．MIケーブルの切断に使用する。 ハ．金属管の締め付けに使用する。 ニ．金属管の切断の際に使用する。
2	写真に示す物の矢印の部分の名称は。	イ．ダイス ロ．ユニバーサルエルボー ハ．タップ ニ．ロックナット
3	写真に示す工具の用途は。	イ．ホルソと組み合わせて，コンクリートに穴を開けるのに用いる。 ロ．リーマと組み合わせて，金属管の面取りに用いる。 ハ．羽根ぎりと組み合わせて，鉄板に穴を開けるのに用いる。 ニ．面取器と組み合わせて，ダクトのバリを取るのに用いる。
4	写真に示す工具の名称は。	イ．バーリングリーマ（リーマ） ロ．ジャンピング ハ．クリックボール ニ．パイプカッタ
5	写真に示す工具の用途は。	イ．太い電線管を曲げるのに使用する。 ロ．配電盤に穴をあけるのに使用する。 ハ．大理石の研磨に使用する。 ニ．鋼材を切断するのに使用する。

金属管工事 5

第19回テスト 問題

6	写真に示す工具の用途は。	イ．金属管切り口の面取りに使用する。 ロ．鉄板，各種合金板の穴あけに使用する。 ハ．木柱の穴あけに使用する。 ニ．コンクリート壁の穴あけに使用する。
7	写真に示す工具の名称は。	イ．油圧式パイプベンダ ロ．ジャンピング ハ．パイプバイス ニ．油圧式ノックアウトパンチ
8	写真に示す工具の名称は。	イ．パイプベンダ ロ．パイプバイス ハ．パイプカッタ ニ．パイプねじ切り器
9	写真に示す工具の用途は。	イ．金属板に開けた穴にねじの溝を切るのに用いる。 ロ．コンクリートに穴を開けるのに用いる。 ハ．コンクリートのアンカーボルトを締め付けるのに用いる。 ニ．金属板に開けた穴を大きく滑らかにするのに用いる。

第19回テスト　解答と解説

問題1　【正解】（ニ）

　写真に示す工具の名称は，**パイプカッタ**で主な用途は**金属管の切断**の際に使用します。

問題2　【正解】（イ）

　写真に示す工具の名称は，**丸こま形ねじ切り器**で用途は**金属管のねじ切り**に使用します。矢印の部分の名称は**ダイス**です。**リード形ねじ切り器**のダイスは，右の写真です。電動で行う場合には，**電動ねじ切り器**を使用します。

リード形ねじ切り器のダイス

電動ねじ切り器

問題3　【正解】（ロ）

　写真に示す工具の名称は，**クリックボール**で用途は**リーマ**と組み合わせて，**金属管の面取り**に用います。

問題4　【正解】（イ）

写真に示す工具の名称は**バーリングリーマ（リーマ）**です。

問題5　【正解】（ニ）

　写真に示す工具の名称は**高速切断機（高速カッタ）**で，主な用途は**鋼材などの切断**です。

問題6　【正解】（ロ）

　写真に示す工具の名称は**ホルソ**で，主な用途は**鉄板**，**各種合金板の穴あけ**に使用します。電気ドリルに取り付けて使用します。

金属管工事 5

第19回テスト 解答

電気ドリル　　　　　コードレスドリル

　木柱の穴あけに使用するのは**羽根切り**です。コンクリート壁の穴あけに使用するのは振動ドリル用キリです。手動でコンクリートに穴をあけるには，ハンマーとジャンピングを使用します。ジャンピングは，現在ではほとんど使用されません。

羽根切り　　　ジャンピング　　　ハンマー

問題7　【正解】（ニ）

　写真に示す工具の名称は，**油圧式ノックアウトパンチ（ノックアウトパンチャ）**です。用途は，金属製キャビネットに電線管接続用の穴をあける場合に使用します。**ホルソ**と**電気ドリル**で代用できます。

問題8　【正解】（ロ）

　写真に示す工具の名称は，**パイプバイス**です。金属管の切断やねじ切りを行う場合において，**金属管を固定**するときに使用します。

問題9　【正解】（イ）

　写真に示す工具の名称は，**タップセット**です。金属板に開けた穴にねじの溝を切るのに用います。**タップハンドル**に**タップ**を取り付けて，穴にねじの溝を切ります。

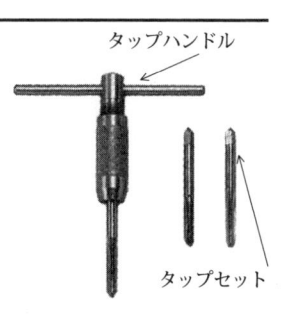

タップハンドル

タップセット

第20回テスト 合成樹脂管工事

	問い	答え
1	合成樹脂管工事で，施工できない場所は。	イ．一般住宅の湿気の多い場所。 ロ．看板灯に至る屋側配線部分。 ハ．事務所内の点検できない隠ぺい場所。 ニ．爆燃性粉じんの多い場所。
2	低圧屋内配線の合成樹脂管工事で，合成樹脂管（合成樹脂製可とう電線管及びCD管を除く）を造営材の面に沿って取り付ける場合，管の支持点間の距離の最大値〔m〕は。	イ．1 ロ．1.5 ハ．2 ニ．2.5
3	合成樹脂管工事による低圧屋内配線の施工方法として，不適切なものは。	イ．管が絶縁性なので管内で電線を接続した。 ロ．電線に600Vビニル絶縁電線を使用した。 ハ．接着剤を使用して管相互の差し込み接続をし，差し込み深さを管の外径の1.2倍とした。 ニ．管の支持点間距離を1〔m〕とした。

合成樹脂管工事

4	合成樹脂製電線管を切断し，その切断箇所に TS カップリングを使用して管相互を接続する場合，工具及び材料の使用順序として，適切なものは。	イ. 金切りのこ ↓ ウエス(布) ↓ 接着剤 ↓ 面取器 ↓ TS カップリング挿入 ハ. 金切りのこ ↓ 面取器 ↓ TS カップリング挿入 ↓ 接着剤 ↓ ウエス(布)	ロ. 金切りのこ ↓ 接着剤 ↓ TS カップリング挿入 ↓ 面取器 ↓ ウエス(布) ニ. 金切りのこ ↓ 面取器 ↓ ウエス(布) ↓ 接着剤 ↓ TS カップリング挿入
5	電気工事の種類と，その工事に使用する工具との組合せで，適切なものは。	イ. 合成樹脂管工事とパイプベンダ ロ. 合成樹脂線ぴ工事とリード型ねじ切り器 ハ. 金属管工事と金切りのこ ニ. 金属線ぴ工事とボルトクリッパ	
6	写真に示す工具の用途は。	イ. 金属管の切断や，ねじを切る際の固定に用いる。 ロ. コンクリート壁に電線管用の穴をあけるのに用いる。 ハ. 電線管に電線を通線するのに用いる。 ニ. 硬質塩化ビニル電線管の曲げ加工に用いる。	

7	写真に示す工具の用途は。	イ．ライティングダクトの切断に使用する。 ロ．金属線ぴの切断に使用する。 ハ．金属管の切断に使用する。 ニ．硬質塩化ビニル電線管の切断に使用する。
8	写真に示す材料の用途は。	イ．硬質塩化ビニル電線管相互を接続するのに用いる。 ロ．金属管と硬質塩化ビニル電線管とを接続するのに用いる。 ハ．合成樹脂製可とう電線管相互を接続するのに用いる。 ニ．合成樹脂製可とう電線管とCD管とを接続するのに用いる。

合成樹脂管工事

第20回テスト 解答と解説

問題1 【正解】(ニ)

合成樹脂管工事はほとんどの場所で工事可能ですが、爆燃性粉じんの多い場所などの危険な場所は、**金属管工事とケーブル工事**(キャブタイヤケーブル以外のケーブル(例外有り))以外は禁止されています。

問題2 【正解】(ロ)

低圧屋内配線の**合成樹脂管工事**での管の支持点間の距離の最大値は **1.5** 〔m〕となっています。

問題3 【正解】(イ)

管が絶縁性であっても、**管内**で電線を**接続**することは禁止されています。管相互の差し込み接続の倍は、差し込み深さを**管の外径の1.2倍**以上とします。

問題4 【正解】(ニ)

合成樹脂製電線管を切断し、その切断箇所にTSカップリングを使用して管相互を接続する場合、工具及び材料の使用順序は、**金切りのこ → 面取器 → ウエス(布) → 接着剤 → TSカップリング挿入**となります。

合成樹脂製電線管(硬質塩化ビニル管)　　　TSカップリング

金属管の面取りに使用するのは**クリックボール**とリーマですが、合成樹脂製電線管には合成樹脂管用面取器を使用します。

合成樹脂管用面取器

問題5 【正解】(ハ)

電気工事の種類とその工事に使用する工具との組合せで適切なものは，**金属管工事**と**金切りのこ**ですね。合成樹脂管を曲げるときは，トーチランプを使用します。トーチランプにより徐々に過熱しながら曲げていきます。**曲げ半径**は内線規程により，**内径の6倍以上**とします。

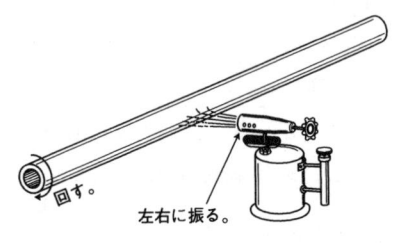

ガス用トーチランプ　　　　　合成樹脂管の曲げ作業

90度に曲げる場合には金属管と同じようにノーマルベンドを使用します。合成樹脂管をアウトレットボックスなどボックスにハブの付いていないものに合成樹脂管を接続する場合に用いるのがボックスコネクタです。

ノーマルベンド　　　　　ボックスコネクタ

問題6 【正解】(ニ)

硬質塩化ビニル電線管の曲げ加工に用います。電線管に電線を通線するのに用いるのは，予備線挿入器です。

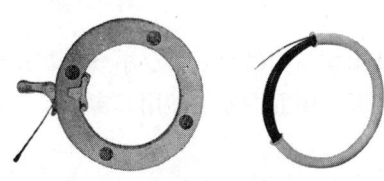

予備線挿入器

合成樹脂管工事

問題7 【正解】（ニ）
　写真に示す工具の名称は合成樹脂管用カッタで，用途は硬質塩化ビニル電線管の切断に使用します。

問題8 【正解】（イ）
　写真に示す材料の用途は，硬質塩化ビニル電線管相互を接続するのに用います。

第21回テスト　ケーブル工事

	問い	答え
1	低圧屋内配線の工事方法として，不適切なものは。	イ．合成樹脂管工事で，管の支持点間の距離を3〔m〕とした。 ロ．金属管工事で，直径3.2〔mm〕の600Vビニル絶縁電線を使用した。 ハ．ビニル外装ケーブルの屈曲部の内側半径をケーブルの外径の8倍とした。 ニ．ビニル外装ケーブルとガス管との離隔距離を5〔cm〕とした。
2	低圧配線工事で，ビニル外装ケーブルを直接施設してはならない場所は。ただし，臨時配線を除く。	イ．木造家屋の床下 ロ．木造家屋の上壁の中 ハ．モルタル壁の屋側部分 ニ．コンクリートの壁の中
3	低圧屋内配線工事で，600Vビニル絶縁ビニルシースケーブルを用いたケーブル工事の施工方法として，適切なものは。	イ．接触防護措置を施した場所で，造営材の側面に沿って垂直に取り付け，その支持点間の距離を6〔m〕とした。 ロ．丸形ケーブルを，屈曲部の内側の半径をケーブル外径の3倍にして曲げた。 ハ．建物のコンクリート壁の中に直接埋設した。（臨時配線工事の場合を除く。） ニ．金属製遮へい層のない電話用弱電流電線と共に同一の合成樹脂管に収めた。

ケーブル工事

4	ケーブル工事による低圧屋内配線で，ケーブルがガス管と接近する場合の工事方法として，「電気設備の技術基準の解釈」にはどのように記述されているか。	イ．ガス管と接触しないように施設すること。 ロ．ガス管と接触してもよい。 ハ．ガス管との離隔距離を10〔cm〕以上とすること。 ニ．ガス管との離隔距離を30〔cm〕以上とすること。
5	低圧の地中配線を直接埋設式により施設する場合に使用できる電線は。	イ．屋外用ビニル絶縁電線（OW） ロ．600V架橋ポリエチレン絶縁ビニルシースケーブル（CV） ハ．引込用ビニル絶縁電線（DV） ニ．600Vビニル絶縁電線（IV）
6	使用電圧が300V以下の600Vビニル外装ケーブルを使用する工事で，正しいものは。	イ．乾燥した場所で防護装置の金属製部分の長さが3〔m〕なので接地工事を省略した。 ロ．コンクリートの壁の中に直接埋め込んだ。（臨時配線工事の場合を除く。） ハ．コンクリート内で接続点を設けた。 ニ．水道管とケーブルが直接接触していた。
7	写真に示す工具の使用目的は。	イ．太い電線を切断する。 ロ．ロックナットを締め付ける。 ハ．VVFケーブルの外装や絶縁被覆をはぎ取る。 ニ．リングスリーブにより電線相互を接続する。

第21回テスト問題

8	600Vビニル外装ケーブルを造営材の下面に沿って取り付ける場合，ケーブルの支持点間の距離の最大値〔m〕は。	イ．1.5 ロ．2 ハ．3 ニ．6
9	600Vビニル外装ケーブルを接触防護措置を施した場所において垂直に取り付ける場合，ケーブルの支持点間の距離の最大値〔m〕は。	イ．4 ロ．5 ハ．6 ニ．8
10	車両等重量物の圧力を受けるおそれがない場所の地中電線路において，ビニル外装ケーブルを堅ろうなトラフを用いた直接埋設式により施設する場合の最小の埋設深さ〔m〕は。	イ．0.3 ロ．0.5 ハ．0.6 ニ．0.8
11	車両等重量物の圧力を受けるおそれのある場所の地中電線路において，ビニル外装ケーブルを堅ろうなトラフを用いた直接埋設式により施設する場合の最小の埋設深さ〔m〕は。	イ．0.6 ロ．0.8 ハ．1.0 ニ．1.2

第21回テスト　解答と解説

問題1　【正解】（イ）

　合成樹脂管工事の管の支持点間の距離は，**1.5〔m〕以下**でなければなりません。
　ケーブル工事の主な施工規定は次のようになります。

① 　重量物の圧力又は著しい機械的衝撃を受けるおそれがある箇所に施設する電線には，適当な防護装置を設けること。

② 　ケーブルを造営材の**下面又は側面**に沿って取り付ける場合は，電線の支持点間の距離をケーブルにあっては **2m**（接触防護措置を施した場所において**垂直**に取り付ける場合は **6m**）以下，キャブタイヤケーブルにあっては 1m 以下とし，かつ，その被覆を損傷しないように取り付けること。

③ 　低圧屋内配線の使用電圧 300V 以下の場合は，管その他の電線を収める防護装置の金属製部分，金属製の電線接続箱及び電線の被覆に使用する金属体には，**D種接地工事**を施すこと。ただし，次のいずれかに該当する場合は，管その他の電線を収める防護装置の金属製部分については，この限りでない。

　　イ　防護装置の金属製部分の長さが **4m 以下**のものを乾燥した場所に施設する場合

　　ロ　屋内配線の使用電圧が直流 300V 又は**交流対地電圧 150V 以下**の場合において，防護装置の金属製部分の長さが **8m 以下**のものに簡易接触防護措置を施すとき又は**乾燥した場所**に施設するとき

④ 　電線を直接コンクリートに埋め込んで施設する場合は，**MI ケーブル**，**コンクリート直埋用ケーブル**又は定められた規定を満足するがい装を有するケーブルであること。コンクリート内では接続点を設けないこと。

⑤ 　ケーブルと弱電流電線等又は**水管**，**ガス管**とは原則として**接触**しないように施工すること。

⑥ 　地中電線路を**直接埋設式**により施設する場合は，地中電線の埋設深さは，車両その他の重量物の圧力を受けるおそれがある場所においては **1.2m 以上**，その他の場所においては **0.6m 以上**とし，地中電線に

は規定されたがい装を有するケーブルを使用すること。

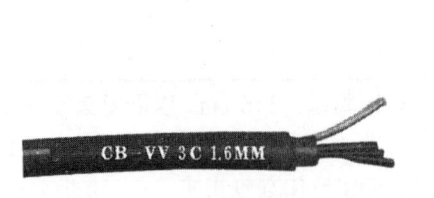

コンクリート直埋用ケーブル　　直接埋設式による施工

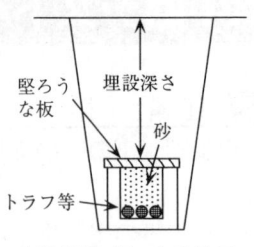

問題2 【正解】(ニ)

コンクリートの壁の中での施工は，コンクリート直埋用ケーブル又は堅ろうな外装を有するケーブル等のケーブルであることが必要です。

問題3 【正解】(イ)

接触防護措置を施した場所で，造営材の側面に沿って垂直に取り付け，その支持点間の距離を **6〔m〕** とするのは適切な施工方法です。丸形ケーブルを，屈曲部の内側の半径をケーブル外径の **6倍** にして曲げれば，適切な施工方法です（内線規程による）。建物のコンクリート壁の中に**直接埋設するには MI ケーブル，コンクリート直埋用ケーブル**を使用しなければなりません（臨時配線工事の場合を除く）。**C種接地工事を施した金属製の電気的遮へい層を有する通信用ケーブルを同一の合成樹脂管に収める**のは適切な施工方法です。

問題4 【正解】(イ)

他の防護処置を施さない場合は，ガス管と接触しないように施設します。

問題5 【正解】(ロ)

低圧の地中配線を直接埋設式により施設する場合に使用できる電線は，規定された**がい装**を有する**ケーブル**を使用しなければなりません。規定されたがい装を有するケーブルは600V架橋ポリエチレン絶縁ビニルシースケーブル（CV）です。

問題6 【正解】（イ）

　防護装置の金属製部分の長さが **4m 以下**のものを乾燥した場所に施設する場合には，**D種接地工事**を省略できます。

問題7 【正解】（ハ）

　写真に示す工具の名称は**ワイヤーストリッパとケーブルストリッパ**です。使用目的は，**VVF ケーブルの外装や絶縁被覆**をはぎ取るために用います。写真の下にあるのが**ワイヤーストリッパ**で，右側にあるのが**ケーブルストリッパ**となります。

問題8 【正解】（ロ）

　600 V ビニル外装ケーブルを**造営材の下面**に沿って取り付ける場合，ケーブルの支持点間の距離の最大値は **2 [m]** となります。

問題9 【正解】（ハ）

　接触防護措置を施した場所において垂直に取り付ける場合のケーブルの支持点間の最大値は，**6 [m]** です。

問題10 【正解】（ハ）

　車両等重物の圧力を受けるおそれがない場所の地中電線路において，ビニル外装ケーブルを堅ろうなトラフを用いた直接埋設式により施設する場合の最小の埋設深さは **0.6 [m]** となります。

問題11 【正解】（ニ）

　車両等重物の圧力を受けるおそれのある場所の地中電線路において，ビニル外装ケーブルを堅ろうなトラフを用いた**直接埋設式**により施設する場合の最小の埋設深さは **1.2 [m]** となります。

第22回テスト 金属可とう電線管工事

	問い	答え
1	写真に示す材料の名称は。	イ．合成樹脂製線ぴ ロ．硬質ビニル管 ハ．合成樹脂製可とう電線管 ニ．金属製可とう電線管
2	金属製可とう電線管を使用する工事として，不適切なものは。	イ．単相3線式200〔V〕のルームエアコン用配線で，金属製可とう電線管内に屋外用ビニル絶縁電線（OW）を収める。 ロ．露出場所であって管の取り外しができる場所に金属製可とう電線管を使用し，管の内側の曲げ半径を管の内径の3倍以上とする。 ハ．金属製可とう電線管とボックスとの接続にストレートボックスコネクタを使用する。 ニ．金属製可とう電線管と金属管（鋼製電線管）との接続にコンビネーションカップリングを使用する。
3	電気工事の作業と使用する工具の組合せとして，誤っているものは。	イ．金属製キャビネットに穴をあける作業とノックアウトパンチャ ロ．薄鋼電線管を切断する作業とプリカナイフ ハ．木造天井板に電線管を通す穴をあける作業と羽根ぎり ニ．電線，メッセンジャワイヤ等のたるみを取る作業と張線器

4	低圧屋内配線の金属可とう電線管工事として，不適切なものは。 ただし，管としては2種金属製可とう電線管を使用するものとする。	イ．管とボックスとの接続にストレートボックスコネクタを使用した。 ロ．管の内側の曲げ半径を管の内径の6倍以上とした。 ハ．管内に屋外用ビニル絶縁電線（OW）を収めた。 ニ．管と金属管（鋼製電線管）との接続にコンビネーションカップリングを使用した。
5	屋内に施設した単相100〔V〕の電灯配線を金属可とう電線管工事により施設する場合，不適切なものは。	イ．2種金属製可とう電線管をサドルを用いて造営材に固定した。 ロ．管内で電線を接続した。 ハ．同一管内に2回線を収めた。 ニ．2種金属製可とう電線管を金属製ボックスに接続し，D種接地工事を施した。
6	木造のワイヤラス張りの壁を貫通する部分の金属可とう電線管工事として，適切なものは。	イ．ワイヤラスと2種金属製可とう電線管を電気的に完全に接続し，C種接地工事を施した。 ロ．ワイヤラスと2種金属製可とう電線管を電気的に完全に接続し，D種接地工事を施した。 ハ．ワイヤラスを十分に切り開き，2種金属製可とう電線管を合成樹脂管に収めて電気的に絶縁し，施工した。 ニ．ワイヤラスを十分に切り開き，2種金属製可とう電線管を金属管に収めて保護し，施工した。

7	木造住宅の金属板張り（金属系サイディング）の壁を貫通する部分の低圧屋内配線工事として，適切なものは。ただし，金属管工事，金属可とう電線管工事に使用する電線は，600Ｖビニル絶縁電線とする。	イ．金属管工事とし，壁の金属板張りと電気的に完全に接続された金属管にＤ種接地工事を施し，貫通施工した。 ロ．金属管工事とし，壁に小径の穴を開け，金属板張りと金属管とを接触させ，金属管を貫通施工した。 ハ．ケーブル工事とし，壁の金属板張りを十分に切り開き，600Ｖビニル絶縁ビニルシースケーブルを合成樹脂管に収めて電気的に絶縁し，貫通施工した。 ニ．金属可とう電線管工事とし，壁の金属板張りを十分に切り開き，金属製可とう電線管を壁と電気的に接続し，貫通施工した。

第22回テスト 解答と解説

問題1 【正解】(ニ)

写真に示す材料の名称は，2種金属製可とう電線管（プリカチューブ）です。合成樹脂可とう電線管と間違えやすいので注意が必要です。

プリカチューブ　　　　合成樹脂可とう電線管

金属製可とう電線管工事の主な施工規定は次のようになります（内線規定も含む）。

① **電気用品安全法**の適用を受ける金属製可とう電線管及びボックスその他の附属品であること。
② 電線管は，原則として**2種金属製可とう電線管**であること。
③ 管の厚さが 0.8mm 以上である場合は，1種金属製可とう電線管を使用することができる。
④ 内面は，電線の被覆を損傷しないような滑らかなものであること。
⑤ 2種金属製可とう電線管を使用する場合において，湿気の多い場所又は水気のある場所に施設するときは，**防湿装置**を施すこと。
⑥ 低圧屋内配線の使用電圧が 300V 以下の場合は，電線管には，**D種接地工事**を施すこと。ただし，管の長さが **4m 以下**のものを施設する場合は，この限りでない。
⑦ 金属製可とう電線管と水道管及びガス管等は，原則として**接触しない**ように施設すること。
⑧ 管に接触防護措置を施していない場所または，造営材の下面又は側面に沿って取り付ける場合は，管の支持点間の距離をケーブルにあっては **1m** （その他の場合は，**2m**）以下とすること。
⑨ 管の屈曲は，管の曲げ半径を管の内径の **6倍以上**としなければならない。ただし，露出場所又は点検できる隠ぺい場所では，管の内径の **3倍以上**とすることができる。

問題2　【正解】（イ）

　金属製可とう電線管内に**屋外用ビニル絶縁電線（OW）**を収めることはできません。

　金属製可とう電線管と金属管を接続する場合には**コンビネーションカップリング**を使用します。

コンビネーションカップリング　　　ストレートボックスコネクタ

　また，金属製可とう電線管とボックス類とを接続する場合には**ストレートボックスコネクタ**を使用します。ストレートボックスコネクタにはボックスに固定するためのロックナットがあり，反対側には可とう電線管をねじ込むための雌ネジがあります。

問題3　【正解】（ロ）

　プリカナイフは，**2種金属製可とう電線管（プリカチュウブ）**を切断する場合に使用します。

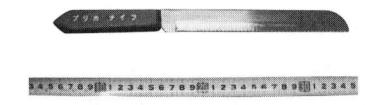

プリカナイフ

問題4　【正解】（ハ）

　金属可とう電線管内に**屋外用ビニル絶縁電線（OW）**を収めることはできません。

問題5　【正解】（ロ）

　原則として管工事では，管内で電線を接続することはできません。

金属可とう電線管工事

問題6 【正解】（ハ）

　メタルラス張り，ワイヤラス張り又は金属板張りの木造の造営物に，合成樹脂管工事，金属管工事，金属線ぴ工事，金属可とう電線管工事，金属ダクト工事，バスダクト工事，ライティングダクト工事又はケーブル工事により，低圧屋内配線を施設する場合は，メタルラス，ワイヤラス又は金属板が各工事に使用する管や金属製部品と電気的に接続しないようにしなければなりません。また，ケーブルや金属製の管がメタルラス張りなどの造営材を**貫通する場合**は，その貫通する部分に耐久性のある**絶縁管**をはめる，又は耐久性のある**絶縁テープ**を巻くことにより，**電気的に絶縁**して施設しなければなりません。

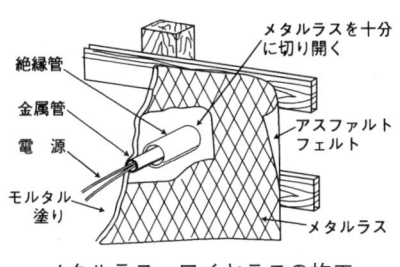

メタルラス，ワイヤラスの施工

　ワイヤラスを十分に切り開き，2種金属製可とう電線管を合成樹脂管に収めて**電気的に絶縁**し，施工したのは適切です。

問題7 【正解】（ハ）

　ケーブル工事とし，壁の金属板張りを十分に切り開き，600Vビニル絶縁ビニルシースケーブルを合成樹脂管に収めて**電気的に絶縁**し，貫通施工したのは適切です。

第23回テスト　ネオン管工事及びショーウインドウの施工

	問い	答え
1	屋内の使用電圧が1000〔V〕を超えるネオン放電灯工事で，不適切な工事方法は。 ただし，簡易接触防護措置が施された場所に施設するものとする。	イ．ネオン変圧器への100〔V〕電源回路は，20〔A〕配線用遮断器を設置し，専用回路とした。 ロ．ネオン変圧器の二次側（管灯回路）の配線を，がいし引き工事により点検できる隠ぺい場所に施設した。 ハ．ネオン変圧器の金属製外箱にD種接地工事を施した。 ニ．ネオン変圧器の二次側（管灯回路）の配線を，ネオン電線を使用し，がいし引き工事により施設し，電線の支持点間の距離を2〔m〕とした。
2	写真に示す材料の名称は。	イ．インサートスタッド ロ．ターミナルキャップ ハ．チューブサポート ニ．低圧ピンがいし
3	使用電圧が1000〔V〕を超えるネオン放電灯の管灯回路の配線として，適切な工事の種類は。	イ．ライティングダクト工事 ロ．金属管工事 ハ．合成樹脂管工事 ニ．がいし引き工事

4	管灯回路の使用電圧が1000〔V〕を超えるネオン放電灯工事として，不適切な工事方法は。	イ．ネオン変圧器に至る低圧屋内配線の分岐回路を電灯の回路と併用した。 ロ．ネオン変圧器の二次側（管灯回路）の配線を展開した場所に施設した。 ハ．ネオン変圧器の金属製外箱にD種接地工事を施した。 ニ．ネオン変圧器の二次側（管灯回路）の配線に600Vビニル絶縁電線を使用してがいし引工事で施設した。
5	写真に示す材料の用途は。	イ．がいし工事用のがいしに用いる ロ．ネオン工事用の電線の支持に用いる ハ．電線の引き留めるときに用いる ニ．電線管の支持に用いる
6	100〔V〕の低圧屋内配線に，ビニル平形コード（断面積0.75〔mm^2〕）を絶縁性のある造営材に適当な留め具で取り付けて施設することができる場所又は箇所は。	イ．木造住宅の人の触れるおそれのない点検できる押し入れの壁面 ロ．乾燥状態で使用する台所の床下収納庫 ハ．木造住宅の人の触れるおそれのない点検できる天井裏 ニ．乾燥した場所に施設し，かつ，内部を乾燥状態で使用するショウウインドウ内の外部から見えやすい箇所

7	100〔V〕の低圧屋内配線に，コードを造営材に直接留め具で取り付けて施設することができる場所又は箇所は。	イ．乾燥した場所に施設し，内部を乾燥状態で使用するショウケース内の外部から見えやすい箇所 ロ．住宅以外の場所の屋内の人の触れるおそれのない壁面 ハ．木造住宅の人の触れるおそれのない点検できる天井裏 ニ．住宅の台所に施設し，内部を乾燥状態で使用する床下収納庫の点検できる箇所
8	乾燥した場所に施設し，内部を乾燥状態で使用するショウウインドウ内の100〔V〕の屋内配線にコードを用いた工事として，不適切なものは。	イ．コードは外部から見えやすい箇所に施設した。 ロ．電線は断面積 0.75〔mm^2〕以上のコードを使用した。 ハ．電線相互の接続にはさし込み接続器を用いた。 ニ．電線の取付け点間の距離は 3〔m〕とした。

第23回テスト　解答と解説

ネオン管工事及びショーウインドウの施工

問題1　【正解】（ニ）

使用電圧が **1000〔V〕を超える**ネオン放電灯の管灯回路の施工は次のように行います。

① 管灯回路（二次側）の配線は，**展開した場所又は点検できる隠ぺい場所**に施設すること。
② 管灯回路（二次側）の配線は，**がいし引き工事**により施設すること。
③ 電線は，**ネオン電線**であること。
④ 電線は，原則として営材の**側面**又は**下面**に取り付けること。
⑤ 電線の支持点間の距離は，**1m** 以下であること。
⑥ 電線相互の間隔は，**6cm** 以上であること。
⑦ ネオン変圧器の外箱には，**D種接地工事**を施すこと。
⑧ **簡易接触防護措置**を施すとともに，危険のおそれがないように施設すること。
⑨ 放電灯用変圧器は，**電気用品安全法**の適用を受けるネオン変圧器であること。

ネオン変圧器の二次側（管灯回路）の配線を，ネオン電線を使用し，がいし引き工事により施設するのは適当ですが，電線の支持点間の距離を2〔m〕としたのは不適です。1〔m〕としなければなりません。

問題2　【正解】（ハ）

写真に示す材料の名称はチューブサポートです。ネオン管を支持します。低圧ピンがいしは，低圧配電線の接地側電線を支持するために用いられます。

問題3 【正解】(ニ)

使用電圧が1000〔V〕を超えるネオン放電灯の管灯回路の配線として，適切な工事の種類は，**がいし引工事**のみ認められています。

問題4 【正解】(ニ)

管灯回路の使用電圧が1000〔V〕を超えるネオン放電灯工事として，ネオン変圧器の二次側（管灯回路）の配線に600Vビニル絶縁電線は使用できません。**ネオン電線**のみ使用できます。

問題5 【正解】(ロ)

写真に示す材料の名称は**コードサポート**で，用途はネオン工事用の**電線の支持**に用います。

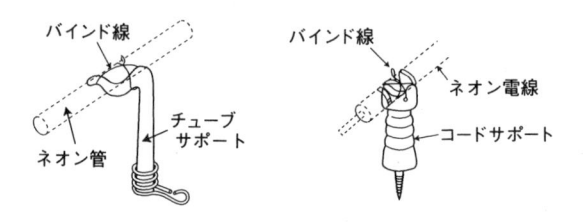

問題6 【正解】(ニ)

ショウウインドウ内の工事は次のように規定されています。

使用電圧が **300 V 以下**で乾燥した場所に施設し，かつ，内部を乾燥した状態で使用するショウウインドウ又はショウケース内の低圧屋内配線は，外部から見えやすい箇所に限り，**断面積 0.75〔mm²〕**以上の**コード**又は**キャブタイヤケーブル**を取付け点間の**距離 1 m** 以下で，**乾燥した木材**，石材等その他これに類する絶縁性のある造営材に接触してその被覆を損傷しないように適当な**留め具**で取り付けることができます。

100〔V〕の低圧屋内配線に，ビニル平形コード（断面積 0.75〔mm²〕）を絶縁性のある造営材に適当な留め具で取り付けて施設することができる場所又は箇所は，乾燥した場所に施設し，かつ，内部を乾燥状態で使用するショウウインドウ内の外部から見えやすい箇所です。

問題7 【正解】（イ）

　100〔V〕の低圧屋内配線に，コードを造営材に直接留め具で取り付けて施設することができる場所又は箇所は，乾燥した場所に施設し，内部を乾燥状態で使用するショウケース内の外部から見えやすい箇所です。

問題8 【正解】（ニ）

　乾燥した場所に施設し，内部を乾燥状態で使用するショウウィンドウ内の100〔V〕の屋内配線にコードを用いた工事として不適切なものは，電線の取付け点間の距離を3〔m〕とした場合です。1〔m〕としなければなりません。

第24回テスト その他の工事

	問い	答え
1	100〔V〕の低圧屋内配線工事で，不適切なものは。	イ．ケーブル工事で，ビニル外装ケーブルとガス管が接触しないように施設した。 ロ．フロアダクト工事で，ダクトの長さが短いのでD種接地工事を省略した。 ハ．金属管工事で，ワイヤラス張りの貫通箇所のワイヤラスを十分に切り開き，貫通部分の金属管を合成樹脂管に収めた。 ニ．合成樹脂管工事で，その管の支持点間の距離を1.5〔m〕とした。
2	ライティングダクト工事で，不適切なものは。	イ．ダクトの開口部を下に向けて施設した。 ロ．ダクトの終端部を閉そくして施設した。 ハ．ダクトの支持点間の距離を2〔m〕とした。 ニ．ダクトは造営材を貫通して施設した。
3	低圧屋内配線の工事方法として，適切なものは。	イ．金属可とう電線管工事で，電線により線を用いて，接続部分に十分な絶縁被覆を施して，管内に接続部分を収めた。 ロ．合成樹脂管工事で，通線が容易なようにして，接続部分に十分な絶縁被覆を施して，管内に接続部分を収めた。

その他の工事

		ハ．金属管工事で，管の太さに余裕があるので，接続部分に十分な絶縁被覆を施して管内に接続部分を収めた。 ニ．金属ダクト工事で，電線を分岐する場合，接続部分に十分な絶縁被覆を施し，かつ，接続部分を容易に点検できるようにしてダクト内に収めた。
4	低圧屋内配線の工事方法として，不適切なものは。	イ．金属可とう電線管工事で，より線（絶縁電線）を用いて，管内に接続部分を設けないで収めた。 ロ．ライティングダクト工事で，ダクトの開口部を上に向けて施設した。 ハ．フロアダクト工事で，電線を分岐する場合，接続部分に十分な絶縁被覆を施し，かつ，接続部分を容易に点検できるようにして接続箱（ジャンクションボックス）に収めた。 ニ．金属ダクト工事で，電線を分岐する場合，接続部分に十分な絶縁被覆を施し，かつ，接続部分を容易に点検できるようにしてダクトに収めた。
5	低圧屋内配線の工事方法で誤っているものは。	イ．金属ダクトに収める電線の断面積の総和が，ダクトの内部断面積の60〔％〕であった。 ロ．バスダクトを造営材に取り付けたが支持点間の距離が2.8〔m〕であった。 ハ．金属管工事で直径3.2〔mm〕のビニル絶縁電線を使用していた。 ニ．金属線ぴを造営材に取り付けたが，線ぴの全長が4〔m〕以下なので接地工事が省略されていた。

第24回テスト 問題

6	写真の矢印で示す材料の名称は。	イ．ケーブルラック ロ．金属ダクト ハ．セルラダクト ニ．フロアダクト
7	石油類を貯蔵する場所における低圧屋内配線の工事の種類で，不適切なものは。	イ．損傷を受けるおそれのないように施設した合成樹脂管工事（CD管を除く） ロ．薄鋼電線管を使用した金属管工事 ハ．MIケーブルを使用したケーブル工事 ニ．フロアダクト工事
8	工事場所と低圧屋内配線工事との組合せで，不適切なものは。	イ．プロパンガスを他の小さな容器に小分けする場所→合成樹脂管工事 ロ．小麦粉をふるい分けする粉じんのある場所→厚鋼電線管を使用した金属管工事 ハ．石油を貯蔵する場所→厚鋼電線管で保護した600Vビニル絶縁ビニルシースケーブルを用いたケーブル工事 ニ．自動車修理工場の吹き付け塗装作業を行う場所→厚鋼電線管を使用した金属管工事

第24回テスト 解答と解説

問題1 【正解】(ロ)

フロアダクト工事による低圧屋内配線は，「解釈」により，次のように施設することが規定されています。
(a) 電線は，**屋外用ビニル絶縁電線**を除く，絶縁電線であること。
(b) 電線は，より線又は**直径3.2mm**（アルミ線にあっては，4mm）以下の単線であること。
(c) フロアダクト内では，原則として電線に**接続点**を設けないこと。
(d) ダクトには，**D種接地工事**を施すこと。
(e) ダクトの終端部は，**閉そく**すること。
以上により，ダクトの長さによる**D種接地工事の省略規定**は有りません。

（フロアダクトの施工）

フロアダクトを床に固定するのがダクトサポートです。フロアダクト相互を直線上に接続するにはダクトカップリングを使用します。

フロアダクト 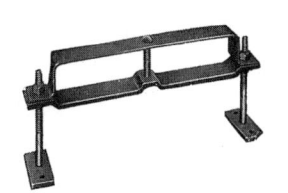　　　ダクトサポート 　　　ダクトカップリング

フロアダクトが交差する場合には，ジャンクションボックスを使用して電線の接続や引き替えを行います。フロアダクトにコンセントなどを設置する場合には，引き出し口の付いたインサートスタッドを取り付けます。

ジャンクションボックス 　　　インサートスタッド

また，その引き出し口をふさぐにはインサートキャップ（インサートマーカ）を取り付けます。ダクト工事におけるコンセントには，ハイテンションアウトレットがあります。

インサートキャップ 　　　ハイテンションアウトレット

問題2 【正解】（ニ）

　ライティングダクト工事による低圧屋内配線は「解釈」により，次のように施設することが規定されています。
- (a) ダクト相互及び電線相互は，堅ろうに，かつ，電気的に完全に接続すること。
- (b) ダクトの支持点間の距離は，**2m以下**とすること。
- (c) ダクトの終端部は，**閉そく**すること。
- (d) ダクトの開口部は，原則として**下に向けて施設**すること。
- (e) ダクトは，造営材を**貫通**して施設しないこと。
- (f) ダクトには，合成樹脂その他の絶縁物で金属製部分を被覆したダクトを使用する場合を除き，原則として**D種接地工事**を施すこと。
- (g) ダクト及び付属品は**電気用品安全法**の適用を受けるものであること。

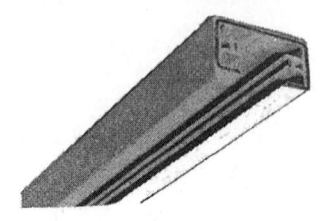

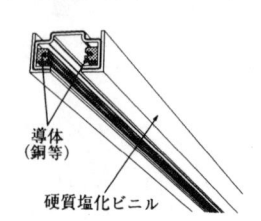

ライティングダクト

ライティングダクトは造営材を貫通して施設できません。

問題3 【正解】（ニ）

(1) 金属ダクト工事の規定
　金属ダクト工事による低圧屋内配線は「解釈」により，次のように施設

することが規定されています。
  (a) 電線は，**屋外用ビニル絶縁電線を除く絶縁電線**であること。
  (b) 金属ダクト内では，**分岐**する以外は電線に**接続点**を設けないこと。
  (c) 金属ダクトに収める電線の断面積の総和は，原則としてダクトの内部断面積の **20％以下**であること。
  (d) ダクトを造営材に取り付ける場合は，ダクトの支持点間の距離を原則として **3m 以下**とし，かつ，堅ろうに取り付けること。
  (e) 低圧屋内配線の使用電圧が 300V 以下の場合は，ダクトには **D種接地工事**を施すこと。

金属ダクト工事で電線を分岐する場合，接続部分に十分な絶縁被覆を施し，かつ，接続部分を容易に点検できるようにして，ダクト内に収めた施工は適正です。金管工事で，電線により線を用いるのは適正ですが，管内に接続部分を設けるのは不適です。

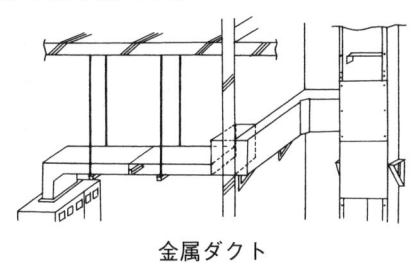

金属ダクト

問題4 【正解】（ロ）

ライティングダクト工事で，ダクトの開口部を上に向けて施設したのは不適です。

問題5 【正解】（イ）

バスダクト工事による低圧屋内配線は「解釈」により，次のように施設することが規定されています。
  (a) ダクトを造営材に取り付ける場合は，ダクトの支持点間の距離を原則として **3m 以下**とし，かつ，堅ろうに取り付けること。
  (b) 低圧屋内配線の使用電圧が 300V 以下の場合は，ダクトには **D種接地工事**を施すこと。

バスダクト

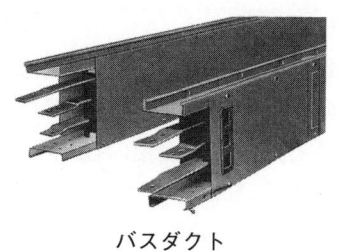

　金属ダクトに収める電線の断面積の総和は，ダクトの内部断面積の 20〔％〕以下としなければなりません。

問題6　【正解】（イ）

　写真の矢印で示す材料の名称は，ケーブルラックです。

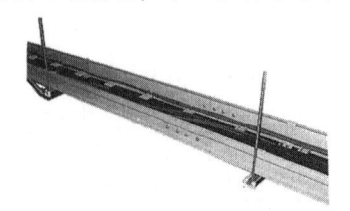

ケーブルラック

　セルラダクト工事による低圧屋内配線は，「解釈」により，次のように施設することが規定されています。
　(a)　セルラダクト内では，原則として電線に接続点を設けないこと。
　(b)　ダクトには**D種接地工事**を施すこと。

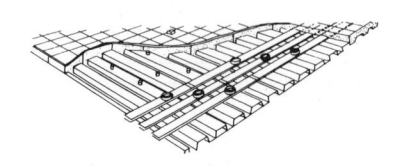

セルラダクト

（金属製線ぴ工事）
　①　電線は，屋外用ビニル絶縁電線を除く絶縁電線であること。
　②　線ぴ内では，電線は分岐する場合（2種金属製線ぴに限る）を除いて接続点を設けないこと。

③ 線ぴの長さが **4m 以下**のものを施設する場合には，**D種接地工事**を省略できる。また，交流対地電圧が **150 V 以下**で，ダクトの長さが **8 m 以下**のものに**簡易接触防護措置**を施すときは，D種接地工事を省略できる。

平形保護層工事による低圧屋内配線は「解釈」により，次のように施設することが規定されています。

① 造営物の床面又は壁面に施設し，造営材を**貫通**して施設しないこと。
② 爆燃性粉塵がある場所などの**危険な場所**に施設しないこと。
③ フロアヒーティング等発熱線を施設した床面に施設しないこと。
④ 電線に電気を供給する電路には，電路に地絡を生じたときに自動的に**電路を遮断**する装置を施設すること。
⑤ 電線は，定格電流が **30 A 以下**の過電流遮断器で保護される分岐回路で使用すること。
⑥ 電路の対地電圧は，**150 V 以下**であること。

上部保護層及び上部接地用保護層並びにジョイントボックス及び差込み接続器の金属製外箱には，**D種接地工事**を施すこと。

問題7 【正解】（ニ）

危険な場所に施設する屋内配線工事の種類は次のようなものがあります。

(a) **爆燃性粉塵がある場所**

爆燃性粉塵がある場所にできる屋内配線工事は，**金属管工事及びケーブル工事（キャブタイヤケーブルを除く）**だけとなります。

(b) **可燃性粉塵がある場所**

可燃性粉塵がある場所にできる屋内配線工事は，**金属管工事，ケーブル工事及び合成樹脂管工事（CD管を除く）**だけとなります。

(c) **可燃性のガス等**が存在する場所

可燃性のガスが存在する場所にできる屋内配線工事の種類は，**金属管工事，ケーブル工事及び3種及び4種の接続点のないキャブタイヤケーブル**だけとなります。

(d) **石油等**の燃えやすい危険物が存在する場所

石油等の燃えやすい危険物が存在する場所にできる屋内配線工事の種

類は，金属管工事，ケーブル工事，1種以外の接続点のないキャブタイヤケーブル及び合成樹脂管工事（CD管を除く）だけとなります。

(e) 粉じんの多い場所
　　粉じんの多い場所に施設できる屋内配線工事の種類は，**金属管工事，ケーブル工事，合成樹脂管工事，金属可とう電線管工事，がいし引き工事，金属ダクト工事及びバスダクト工事**だけとなります。
　以上により，石油類を貯蔵する場所における低圧屋内配線の工事の種類で，不適切なものはフロアダクト工事になります。

問題8　【正解】（イ）

イ．プロパンガスを他の小さな容器に小分けする場所は，可燃性のガスが存在する場所なので，種類は**金属管工事，ケーブル工事及び3種及び4種の接続点のないキャブタイヤケーブル**だけとなります。合成樹脂管工事は不適です。

ロ．小麦粉をふるい分けする粉じんの多い場所は可燃性粉じんのある場所と考えられるので，この場所に施設できる屋内配線工事の種類は，**金属管工事，ケーブル工事，合成樹脂管工事**だけとなります。厚鋼電線管を使用した金属管工事は適正な工事です。

ハ．石油を貯蔵する場所等の燃えやすい危険物が存在する場所にできる屋内配線工事の種類は，**金属管工事，ケーブル工事，1種以外の接続点のないキャブタイヤケーブル及び合成樹脂管工事（CD管を除く）**だけとなります。厚鋼電線管で保護した600Vビニル絶縁ビニルシースケーブルを用いたケーブル工事は適正な工事です。

ニ．自動車修理工場の吹き付け塗装作業を行う場所は可燃性のガスが存在する場所と考えられるので，施設できる屋内配線工事の種類は，**金属管工事，ケーブル工事及び3種及び4種の接続点のないキャブタイヤケーブル**だけとなります。厚鋼電線管を使用した金属管工事は適正な工事です。

＜その他の工事＞
　　低圧引込線の取付点から引込口に至る屋側電線路は，金属管工事（木造以外の造営物に限る），合成樹脂管工事，ケーブル工事，がいし引き工事（展

その他の工事

開した場所に限る（内線規定による））及びバスダクト工事で行わなければなりません。

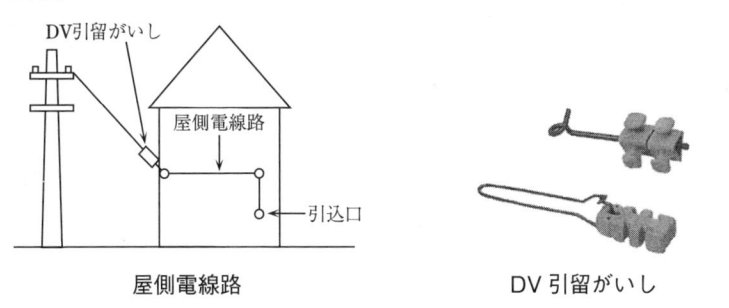

屋側電線路　　　　　　　　　DV引留がいし

引込線を引留めるのはDV引留がいし等を使用します。線のたるみを適当に取るために使用するのが張線器（シメラ）で，高所作業の場合に転落防止に使用するのが柱上安全帯です。

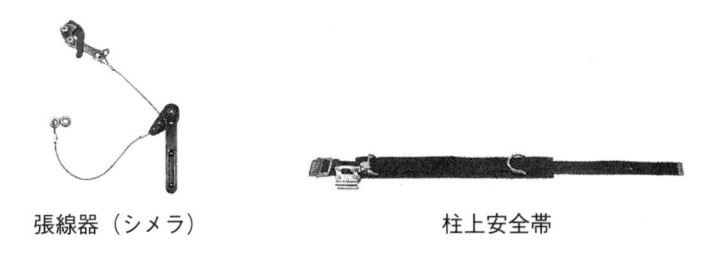

張線器（シメラ）　　　　　　柱上安全帯

第24回テスト　解答

第25回テスト 機器の施工

	問い	答え
1	三相誘導電動機回路の力率を改善するために使用する低圧進相コンデンサの取り付け場所で，最も適切なものは。	イ．主開閉器の電源側に各台数分をまとめて電動機と並列に接続する。 ロ．手元開閉器の負荷側に電動機と並列に接続する。 ハ．手元開閉器の負荷側に電動機と直列に接続する。 ニ．手元開閉器の電源側に電動機と並列に接続する。
2	写真に示す器具の用途は。	イ．粉じんの多発する場所のコンセントとして用いる。 ロ．屋外のコードコネクタとして用いる。 ハ．爆発の危険性のある場所のコンセントとして用いる。 ニ．雨水のかかる場所のコンセントとして用いる。
3	写真に示す器具の用途は。	イ．爆燃性粉じんの多い場所に施設するコンセントとして用いる。 ロ．事務所等の床面に施設するコンセントとして用いる。 ハ．住宅の壁面に施設する接地極付コンセントとして用いる。 ニ．水気の多い場所に施設するコンセントとして用いる。

4	写真に示す器具の名称は。	イ．タイムスイッチ ロ．調光器 ハ．電力量計 ニ．自動点滅器
5	使用電圧が 300〔V〕以下の屋内に施設する器具であって，付属する移動電線にビニルコードが使用できるものは。	イ．電気こたつ ロ．電気扇風機 ハ．電気こんろ ニ．電気トースタ
6	写真に示す器具の名称は。	イ．引掛シーリング（ボディ） ロ．ユニバーサル ハ．コードコネクタ ニ．ねじ込みローゼット
7	写真に示す器具の名称は。	イ．キーソケット ロ．線付防水ソケット ハ．プルソケット ニ．ランプレセプタクル

第25回テスト　解答と解説

問題1 【正解】(ロ)

　三相誘導電動機回路の力率を改善するために使用する**低圧進相コンデンサ**の取り付け場所で最も適切なものは，**手元開閉器の負荷側**に電動機と並列に接続します。

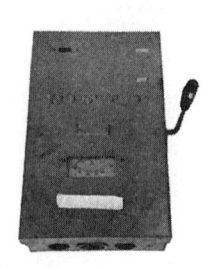

手元開閉器（箱開閉器）

問題2 【正解】(ニ)

　写真に示す器具の名称は**防雨形コンセント**で，用途は**雨水のかかる場所**のコンセントとして用います。

問題3 【正解】(ロ)

　写真に示す器具の名称は**フロアコンセント**で，用途は事務所等の**床面**に施設するコンセントとして用います。**フロアダクト**で使用するコンセントは**ハイテンションアウトレット**です。

ハイテンションアウトレット

機器の施工

問題4 【正解】（イ）

写真に示す器具の名称は**タイムスイッチ**で，用途は電灯等を設定した時間で**入切**する場合に使用します。同じような用途で用いられるのは，**自動点滅器**です。設定された明るさになると自動的に**入切**する場合に使用します。

タイムスイッチ　　　　自動点滅器

問題5 【正解】（ロ）

使用電圧が300〔V〕以下の屋内に施設する器具であって，付属する移動電線に**ビニルコード**が使用できるものは，**電気扇風機**です。ビニルコードは，電気こたつや電気コンロのように**熱が発生**する電気器具には使用できない規定になっています。

問題6 【正解】（イ）

写真に示す器具の名称は**丸形引掛シーリング**（ボディ）です。この形のものは，高荷重・耐熱形の規格に適合するものです。シーリングとローゼットの機能は同じですが，シーリングとローゼットの違いは，ローゼット本体に器具固定用の**耳**が付いています。

埋込引掛ローゼット　　　　露出型引掛シーリング

問題7 【正解】（ロ）

写真に示す器具の名称は**線付防水ソケット**です。工事現場などの仮設照明に使用するもので，雨が降ることを想定した場所で用いられます。

第25回テスト　解答

第5章
一般用電気工作物の検査方法

1. 検査方法　　　（第26回テスト）
2. 測定　　　　　（第27回テスト）
（正解・解説は各回の終わりにあります。）

※本試験では，各問題の初めに以下のような記述がございますが，本書では，省略しております。

次の各問には4通りの答え（イ，ロ，ハ，ニ）が書いてある。それぞれの問いに対して答えを1つ選びなさい。

第26回テスト 検査方法

	問い	答え
1	直読式接地抵抗計を使用して接地抵抗を測定する場合，補助接地極の配置として，適切なものは。	イ．被測定接地極と1箇所の補助接地極を5〔m〕程度離す。 ロ．被測定接地極を端とし，一直線上に2箇所の補助接地極を順次10〔m〕程度離す。 ハ．被測定接地極と2箇所の補助接地極を相互に5〔m〕程度離して正三角形に配置する。 ニ．被測定接地極を端とし，一直線上に3箇所の補助接地極を順次10〔m〕程度離す。
2	写真に示す測定器の名称は。	イ．電圧電流計 ロ．周波数計 ハ．接地抵抗計 ニ．照度計
3	ネオン式検電器を使用する目的は。	イ．ネオン放電灯の照度を測定する。 ロ．ネオン管灯回路の導通を調べる。 ハ．電路の漏れ電流を測定する。 ニ．電路の充電の有無を確認する。
4	図の交流回路は，負荷の電圧，電流，電力を測定する回路である。図中にa，b，cで示す計器の組合せとして，正しいものは。	イ．a 電流計　b 電圧計　c 電力計 ロ．a 電力計　b 電圧計　c 電流計 ハ．a 電力計　b 電流計　c 電圧計

	(図: 1φ2W電源 — a, b, c — 負荷)	ニ．a 電圧計　b 電流計 　　c 電力計
5	三相かご形誘導電動機の回転方向を決定するため，三相交流の相順（相回転）を調べる測定器は。	イ．検電器 ロ．回転計 ハ．検相器 ニ．回路計
6	導通試験の目的として，誤っているものは。	イ．電線の断線を発見する。 ロ．回路の接続の正誤を判別する。 ハ．器具への結線の未接続を発見する。 ニ．充電の有無を確認する。
7	低圧回路を試験する場合の測定器と試験項目の組合せとして，誤っているものは。	イ．回路計と導通試験 ロ．検相器と電動機の回転速度の測定 ハ．電力計と消費電力の測定 ニ．クランプ式電流計と負荷電流の測定
8	測定に関する機器の取扱いで，誤っているものは。	イ．変流器（CT）を使用した回路で通電中に電流計を取り替える際に，先に電流計を取り外してから変流器の二次側を短絡した。 ロ．電力を求めるために電圧計，電流計及び力率計を使用した。 ハ．回路の導通を確認するため，回路計を用いた。 ニ．電路と大地間の絶縁抵抗を測定するため，絶縁抵抗計のL端子を電路側に，E端子を接地側に接続した。

第26回テスト 解答と解説

問題1 【正解】（ロ）

直読式接地抵抗計を用いて，被測定接地極Eと2つの補助接地極P及びCを，図のように一直線上に等間隔に配置して接地抵抗を測定する場合，E－P及びP－Cの間隔として，適切な距離は10〔m〕です。

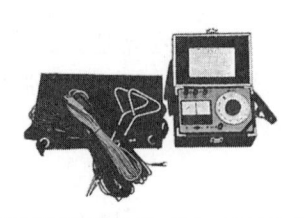

直読式接地抵抗計（アーステスタ）

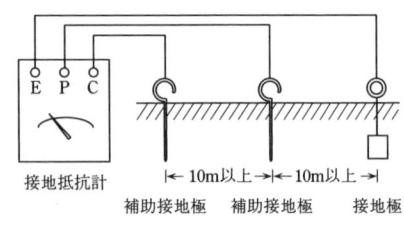

被測定接地極Eと2つの補助接地極P及びCの配置

接地抵抗計　　補助接地極　補助接地極　接地極
　　　　　　　|←10m以上→|←10m以上→|

問題2 【正解】（ニ）

写真に示す測定器の名称は，**照度計**です。**照度の単位であるLUX**の表示が有るので分かります。周波数計の記号は「Hz」で電源などの周波数を測定します。関東では「50Hz」，関西では「60Hz」となっています。

問題3 【正解】（ニ）

ネオン式検電器を使用する目的は，電路の**充電の有無**を確認するためです。充電とは電路に電圧が加わっているかを表す表現です。電流が流れていなくとも電圧が加わっていれば充電状態であると言います。電路の**漏れ電流（負荷電流）**を測定するのは**クランプメーター**です。ネオン管灯回路の導通を調べるものは，テスター「回路計」です。

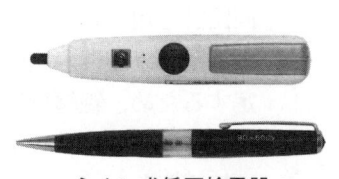

ネオン式低圧検電器　　　　　クランプメーター

問題4 【正解】（二）

　電流計は回路に直列に，電圧計は回路に並列に接続します。この回路で負荷の**力率**を求めることができます。求め方は，電力量計の指示 W を電圧計の指示 V ×電流計の指示 I で割ります。力率 $\cos\theta$ は一般には力率計で測定します。力率計は cos 記号でわかります。

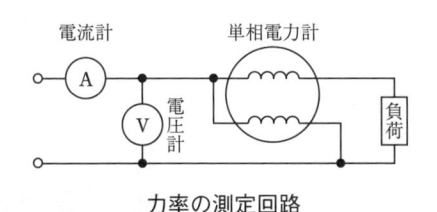

力率の測定回路

力率計　　　電力計

問題5 【正解】（ハ）

　三相交流の**相順**（相回転）を調べる測定器は，**検相器**です。三相電動機の回転方向を定めるものが相順と言われるものです。理論的に理解するのはかなり難しいのですが，これが正しくないと電動機が逆に回転して**機械を損傷する**原因となるので三相回路では大変重要な概念です。これにより三相電動機は3本の電線のうち任意の電線の接続位置を変えることにより回転方向を変えることができるので大変便利な性質であるとも言えます。

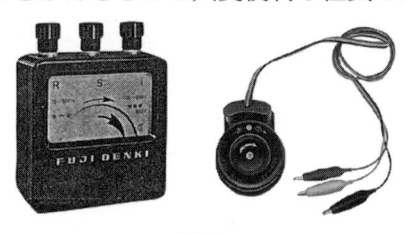

検相器

問題6 【正解】（ニ）

　導通試験は**テスター**を用いて，回路が正しく配線（**断線**の有無等）されているかを調べるために行います。**充電の有無**を確認する為に用いるのは**検電器**です。**検電器には低圧用と高圧用があるので充電の有無**を確認する電路の電圧を正解に把握していないと，感電や電気事故の原因となるので注意が必要です。

アナログテスター　　　　ディジタルテスター

問題7 【正解】（ロ）

電動機の回転速度の測定は，回転速度計を用います。

回転速度計

問題8 【正解】（イ）

　変流器（CT）を使用した回路で通電中に電流計を取り替える際に，先に変流器の二次側を短絡してから電流計を取り外します。逆の手順で行うと変流器（CT）に異常電圧が発生して損傷する原因となるので絶対に行ってはならないことです。通電中ではない場合には電流計を取り替える際に，電流計を取り外せばよく，変流器の二次側を短絡する必要はありません。

検査方法

変流器　　　　　　　　電流計

第26回テスト 解答

第27回テスト 測定

	問い	答え
1	計器の目盛板に図のような表示記号があった。この計器の動作原理を示す種類と測定できる回路で，正しいものは。	イ．熱電形で直流回路に用いる。 ロ．整流形で直流回路に用いる。 ハ．可動鉄片形で交流回路に用いる。 ニ．誘導形で交流回路に用いる。
2	電気計器の目盛板に図のような記号がある。記号の意味として，正しいものは。	イ．誘導形で目盛板を水平において使用する。 ロ．整流形で目盛板を鉛直に立てて使用する。 ハ．可動鉄片形で目盛板を鉛直に立てて使用する。 ニ．可動鉄片形で目盛板を水平に置いて使用する。
3	屋内配線の検査を行う場合，器具の使用方法で，不適切なものは。	イ．検電器で充電の有無を確認する。 ロ．回路計で電力量を測定する。 ハ．アーステスタで接地抵抗を測定する。 ニ．メガーで絶縁抵抗を測定する。

4	低圧屋内配線の竣工検査で，一般に行われている組合せとして，正しいものは。	イ．目視点検 　絶縁抵抗測定 　接地抵抗測定 　負荷電流測定 ハ．目視点検 　導通試験 　絶縁抵抗測定 　接地抵抗測定	ロ．目視点検 　導通試験 　絶縁抵抗測定 　温度上昇試験 ニ．目視点検 　導通試験 　絶縁抵抗測定 　絶縁耐力試験
5	100〔V〕低圧回路を試験する場合の測定器と試験項目の組合せとして，誤っているものは。	イ．回路計と導通試験 ロ．電位差計と線間電圧の測定 ハ．電力計と消費電力の測定 ニ．電流計，電圧計及び電力計の組合せと力率の測定	
6	検査方法として，誤っているものは。	イ．金属製水道管を補助極として利用した簡易接地抵抗測定では，P端子とC端子を水道管に接続して，接地抵抗を測定する。 ロ．20/5〔A〕変流器と最大目盛5〔A〕電流計で単相100〔V〕，3〔kW〕の電気湯沸かし器の電流を測定する。 ハ．音響発光式検電器で電路の充電の有無を確認する。 ニ．絶縁抵抗計の接地端子をリード線で金属製水道管に接続して，電路と大地間の絶縁抵抗を測定する。	

7	絶縁被覆の色が赤色，白色，黒色の3種類の電線を使用した単相3線式100/200〔V〕屋内配線で，電線相互間および電線と大地間の電圧を測定した結果，電圧の組合せで，正しいものは。	イ．赤色線と大地間　　200〔V〕 　　白色線と大地間　　100〔V〕 　　黒色線と大地間　　　0〔V〕 ロ．赤色線と黒色線間　200〔V〕 　　白色線と大地間　　　0〔V〕 　　黒色線と大地間　　100〔V〕 ハ．赤色線と白色線間　200〔V〕 　　赤色線と大地間　　　0〔V〕 　　黒色線と大地間　　100〔V〕 ニ．赤色線と黒色線間　100〔V〕 　　赤色線と大地間　　　0〔V〕 　　黒色線と大地間　　200〔V〕
8	分岐開閉器を開放して負荷を電源から完全に分離し，その負荷側の低圧屋内電路と大地間の絶縁抵抗を一括測定する方法として，適切なものは。	イ．負荷側の点滅器をすべて「入」にして，常時配線に接続されている負荷は，すべて取り外して測定する。 ロ．負荷側の点滅器をすべて「入」にして，常時配線に接続されている負荷は，使用状態にしたまま測定する。 ハ．負荷側の点滅器をすべて「切」にして，常時配線に接続されている負荷は，使用状態にしたまま測定する。 ニ．負荷側の点滅器をすべて「切」にして，常時配線に接続されている負荷は，すべて取り外して測定する。

測定

第27回テスト 解答と解説

問題1 【正解】（ニ）

この計器の動作原理を示す種類と測定できる回路は，誘導形で交流回路に用います。主な指示計器の記号と使用回路を表に示します。

種類	記号	使用回路
可動コイル形		直　流
可動鉄片形計器		交直流
電流力計形計器		交直流
整流形		交　流
熱電形計器		交直流
誘導型		交　流

計器の使用姿勢を表に示します。

種類	記号
鉛直	
水平	

問題2 【正解】（ニ）

可動鉄片形で目盛板を水平に置いて使用します。

問題3　【正解】（ロ）

回路計で電力量を測定することはできません。**電力量**の測定には，**電力量計**を使用します。

電力量計

問題4　【正解】（ハ）

低圧屋内配線の竣工検査で一般に行われている組合せとして正しいものは，**目視点検，導通試験，絶縁抵抗測定，接地抵抗測定**となります。これ以外の検査は，低圧屋内配線の竣工検査では行われません。

問題5　【正解】（ロ）

電位差計は，蓄電池などの**起電力**を測定するために用いられます。

問題6　【正解】（ロ）

単相 100〔V〕，3〔kW〕の電気湯沸かし器の電流 I は，

$$I=\frac{3000}{100}=30〔A〕$$

となります。変流比が 20/5＝4 なので，変流器の二次側の電流 I_2 は，

$$I_2=\frac{30}{4}=\frac{30}{4}=7.5〔A〕$$

となります。最大目盛 5〔A〕の電流計では 7.5〔A〕は計測できません。
　補助接地極を使用しないで，付近にある埋設された**水道管**などを補助接地極に代用して測定する方法は図のように行います。

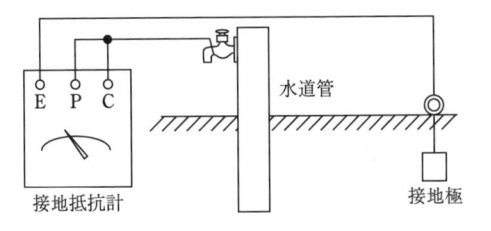

簡易接地抵抗測定

問題7 【正解】（ロ）

　絶縁被覆の色が赤色，白色，黒色の3種類の電線を使用した単相3線式100/200〔V〕屋内配線は，赤色と黒色は電圧側，白色は接地されています。**赤色線と黒色線間は200〔V〕，白色線と大地間は0〔V〕，黒色線と大地間及び黒色線と大地間は100〔V〕**の電圧が測定されます。

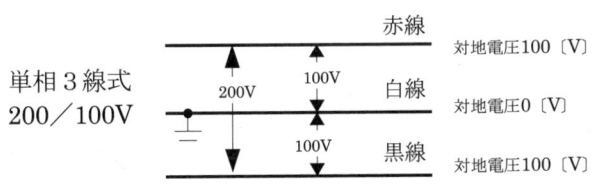

単相3線式100/200〔V〕屋内配線

問題8 【正解】（ロ）

　負荷側の点滅器をすべて「入」にして，常時配線に接続されている負荷は，使用状態にしたままで測定します。

第6章
一般用電気工作物の保安に関する法令

1. 電気関係法規　　　（第28回テスト）
2. 電気用品安全法　　（第29回テスト）
3. 電気工事士法1〜2（第30回テスト〜第31回テスト）

（正解・解説は各回の終わりにあります。）

※本試験では，各問題の初めに以下のような記述がございますが，本書では，省略しております。

次の各問には4通りの答え（イ，ロ，ハ，ニ）が書いてある。それぞれの問いに対して答えを1つ選びなさい。

第28回テスト 電気関係法規

	問い	答え
1	電気設備に関する技術基準を定める省令における電圧の低圧区分の組合せで，正しいものは。	イ．直流600〔V〕以下，交流750〔V〕以下 ロ．直流600〔V〕以下，交流700〔V〕以下 ハ．直流750〔V〕以下，交流600〔V〕以下 ニ．直流750〔V〕以下，交流700〔V〕以下
2	電気設備技術基準で定められている交流の電圧区分で，正しいものは。	イ．低圧は600〔V〕以下，高圧は600〔V〕を超え10,000〔V〕以下 ロ．低圧は600〔V〕以下，高圧は600〔V〕を超え7,000〔V〕以下 ハ．低圧は750〔V〕以下，高圧は750〔V〕を超え10,000〔V〕以下 ニ．低圧は750〔V〕以下，高圧は750〔V〕を超え7,000〔V〕以下
3	電気事業法の規定において，一般用電気工作物に関する記述として，正しいものは。 ただし，煙火以外の火薬類を製造する事業場等の需要設備を除く。	イ．高圧で受電する需要設備は，受電電力の容量，需要場所の業種にかかわらず，すべて一般用電気工作物となる。 ロ．低圧で受電する需要設備は，小出力発電設備を同一構内に施設しても，一般用電気工作物となる。 ハ．高圧で受電する需要設備であっても，需要場所の業種によっては，一般用電気工作物になる場合がある。

		ニ. 低圧で受電する需要設備は，出力 25〔kW〕の内燃力を原動力とする火力発電設備を同一構内に施設しても，一般用電気工作物となる。
4	一般用電気工作物に該当するものは。 ただし，いずれも1構内に設置され，発電設備はないものとする。	イ. 低圧受電で，受電容量が 30〔kW〕のコンビニエンスストア ロ. 高圧受電で，受電電力の容量が 70〔kW〕の事務所ビル ハ. 高圧受電で，受電電力の容量が 50〔kW〕の小学校 ニ. 高圧受電で，受電電力の容量が 60〔kW〕の病院
5	新設の電気工作物で，一般用電気工作物の適用を受けるものは。	イ. 高圧受電で受電電力の容量が 100〔kW〕の店舗ビル ロ. 高圧受電で受電電力の容量が 45〔kW〕のレストラン ハ. 低圧受電で受電電力の容量が 40〔kW〕で 50〔kW〕の非常用予備発電装置を有する映画館 ニ. 低圧受電で受電電力の容量が 45〔kW〕の事務所

6	一般用電気工作物の適用を受けるものは。ただし，いずれも1構内に設置するものとする。	イ．低圧受電で，受電電力の容量が40〔kW〕，出力40〔kW〕の太陽電池発電設備を備えた中学校。 ロ．低圧受電で，受電電力の容量が45〔kW〕，出力15〔kW〕の非常用内燃力発電設備を備えた映画館。 ハ．高圧受電で，受電電力の容量が65〔kW〕の機械工場（発電設備なし）。 ニ．高圧受電で，受電電力の容量が40〔kW〕のコンビニエンスストア（発電設備なし）。
7	自家用電気工作物の適用を受けるものは。ただし，いずれも1構内に設置するものとする。	イ．低圧受電で，受電電力の容量が45〔kW〕，出力10〔kW〕の風力発電設備を備えた展望レストラン。 ロ．低圧受電で，受電電力の容量が35〔kW〕の印刷工場（発電設備なし）。 ハ．低圧受電で，受電電力の容量が45〔kW〕，出力25〔kW〕の非常用内燃力発電設備を備えた映画館。 ニ．低圧受電で，受電電力の容量が40〔kW〕，出力45〔kW〕の太陽電池発電設備を備えた事務所ビル。

8	新設の電気工作物で自家用電気工作物の適用を受けるものは。	イ．低圧受電で，受電電力の容量が 40〔kW〕の事務所ビル ロ．低圧受電で，受電電力の容量が 45〔kW〕の旅館 ハ．低圧受電で，受電電力の容量が 40〔kW〕，公道を隔てた構外の倉庫に 5〔kW〕の電力を送っている機械工場 ニ．低圧受電で，受電電力の容量が 40〔kW〕の映画館
9	電気事業法において，一般用電気工作物が設置されたとき及び変更の工事が完成したときに，その一般用電気工作物が同法の省令で定める技術基準に適合しているかどうかの調査義務が課せられている者は。	イ．電気工事業者 ロ．所有者 ハ．電気供給者 ニ．電気工事士
10	原則として，住宅の屋内電路に使用できる対地電圧の最大値〔V〕は。	イ．100 ロ．150 ハ．200 ニ．250
11	電気設備技術基準の解釈による小勢力回路の最大の使用電圧〔V〕は。	イ．40 ロ．50 ハ．60 ニ．70

第28回テスト 解答と解説

問題1 【正解】(ハ)

省令に定められている**電圧の区分**は，次のようになります。

電圧の区分	電圧の範囲
低圧	直流にあっては750〔V〕以下，交流にあっては600〔V〕以下のもの。
高圧	直流にあっては750〔V〕を，交流にあっては600〔V〕を超え，7000〔V〕以下のもの。

問題2 【正解】(ロ)

交流の電圧区分は，低圧は **600〔V〕以下**，高圧は **600〔V〕を超え7000〔V〕以下**です。

問題3 【正解】(ロ)

一般用電気工作物は，爆発性又は引火性のものが存在する場所を除いて，**低圧で受電**する需要所で，**小出力発電設備の出力**が以下に該当するものをいいます。**高圧で受電**する需要所はすべて**自家用電気工作物**となります。
小出力発電設備は次のものをいいます。
① **出力50kW未満**の**太陽電池発電設備**。
② **出力20kW未満**の**風力発電設備**。
③ **出力10kW未満**の**水力**，**内燃力**，**燃料電池発電設備**。
低圧で受電する需要設備は，小出力発電設備を同一構内に施設しても，一般用電気工作物となります。また，受電容量の制限はありません。

問題4 【正解】(イ)

高圧はすべて**自家用電気工作物**となります。

問題5 【正解】(ニ)

「ハ」は，**小出力発電設備の出力**の限度を超えているので，**自家用電気工作物**となります。

問題6 【正解】（イ）

「ロ」は，**内燃力発電設備の出力の限度を超えているので**，**自家用電気工作物**となります。

問題7 【正解】（ハ）

「ハ」は，**内燃力発電設備の出力の限度を超えているので**，**自家用電気工作物**となります。

問題8 【正解】（ハ）

低圧受電で受電電力の容量が 40〔kW〕，公道を隔てた構外の倉庫に 5〔kW〕の電力を送っている機械工場は，**自家用電気工作物**となります。**一般用電気工作物**に該当するためには，構内のみで電力を消費しなければなりません。

問題9 【正解】（ハ）

電気供給者に調査義務が課せられています。

問題10 【正解】（ロ）

住宅の屋内電路に使用できる対地電圧の**最大値は 150〔V〕**です。単相3線式 100/200〔V〕屋内配線では赤線と黒線間の電圧は 200〔V〕ですが，対地電圧は 100〔V〕になっています。

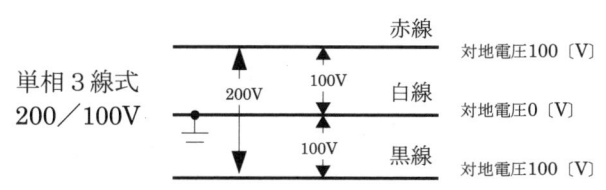

```
                    赤線         対地電圧100〔V〕
単相3線式    200V  100V
200/100V          ╳     白線    対地電圧0〔V〕
                  100V
                    黒線         対地電圧100〔V〕
```

単相3線式 100/200〔V〕屋内配線

問題11 【正解】（ハ）

小勢力回路の最大の使用電圧は **60〔V〕**です。小勢力回路とは，呼鈴若しくは警報ベル等に接続する電路などをいいます。

第29回テスト 電気用品安全法

	問い	答え
1	電気用品安全法の主な目的は。	イ．電気用品の種類の増加を制限し，使用者の選択を容易にする。 ロ．電気用品の規格等を統一し，電気用品の互換性を高める。 ハ．電気用品による危険及び障害の発生を防止する。 ニ．電気用品の販売価格の基準を定め，消費者の利益の保護を図る。
2	電気用品安全法により，電気工事に使用する特定電気用品に付すことが要求されていない表示は。	イ．製造年月 ロ．届出事業者名 ハ．検査機関名 ニ．(PSE)または〈PS〉Eの記号
3	電気用品安全法における電気用品に関する記述として，誤っているものは。	イ．電気用品の製造又は輸入の事業を行う者は，電気用品安全法に規定する義務を履行したときに，経済産業省令で定める方式による表示を付すことができる。 ロ．電気用品の製造，輸入又は販売の事業を行う者は，法令に定める表示のない電気用品を販売し，又は販売の目的で陳列してはならない。 ハ．電気用品を輸入して販売する事業を行う者は，輸入した電気用品に，JISマークの表示をしなければならない。 ニ．電気工事士は，電気用品安全法に規定する表示の付されていない

電気用品安全法

		電気用品を電気工作物の設置又は変更の工事に使用してはならない。
4	電気用品安全法における特定電気用品に関する記述として，誤っているものは。	イ．電気用品の製造の事業を行う者は，一定の要件を満たせば製造した特定電気用品に〈PS E〉の表示を付すことができる。 ロ．電気用品の輸入の事業を行う者は，一定の要件を満たせば輸入した特定電気用品に(PS E)の表示を付すことができる。 ハ．電気用品の販売の事業を行う者は，経済産業大臣の承認を受けた場合等を除き，法令に定める表示のない特定電気用品を販売してはならない。 ニ．電気工事士は，経済産業大臣の承認を受けた場合等を除き，法令に定める表示のない特定電気用品を電気工事に使用してはならない。
5	電気用品安全法における特定電気用品に関する記述として，正しいものは。	イ．電気用品の製造の事業を行う者は，一定の要件を満たせば特定電気用品に(PS E)マークを付すことができる。 ロ．法令に定める表示のない特定電気用品は販売してはならない。 ハ．輸入した特定電気用品には，JISマークを付さなければならない。 ニ．電気工事士は，法令に定める表示のない特定電気用品を一般用電気工作物の電気工事に使用できる。

6	電気用品安全法により特定電気用品の適用を受けるものは。	イ．消費電力 40〔W〕の蛍光ランプ ロ．外径 25〔mm〕の金属製電線管 ハ．定格電流 60〔A〕の配線用遮断器 ニ．消費電力 30〔W〕の換気扇
7	低圧の屋内電路に使用する次のもののうち，特定電気用品の組合せとして，正しいものは。	A：定格電圧 600〔V〕，導体の公称断面積 8〔mm^2〕の3心ビニル絶縁ビニルシースケーブル B：内径 25〔mm〕の可とう電線管 C：定格電圧 100〔V〕，定格消費電力 25〔W〕の換気扇 D：定格電圧 110〔V〕，定格電流 20〔A〕，2極2素子の配線用遮断器 イ．A・B ロ．A・D ハ．B・C ニ．B・D
8	電気用品安全法に定める特定電気用品の適用を受けるものは。	イ．チューブサポート（ネオンがいし） ロ．地中電線路用ヒューム管（内径 150〔mm〕） ハ．22〔mm^2〕用ボルト形コネクタ ニ．600V ビニル絶縁電線（38〔mm^2〕）

第29回テスト 解答と解説

問題1 【正解】(ハ)

電気用品安全法第1条には，次のように示されています。

この法律は，**電気用品**の**製造**，**販売**等を**規制**するとともに，電気用品の安全性の確保につき民間事業者の自主的な活動を促進することにより，**電気用品**による**危険**及び**障害**の発生を**防止**することを目的とする。

問題2 【正解】(イ)

電気用品とは，一般用電気工作物の部分となり，又はこれに接続して用いられる**機械**，**器具**又は**材料**，政令で定める**携帯発電機**，政令で定める**蓄電池**をいいます。また，**特定電気用品**とは，構造又は使用方法その他の使用状況からみて，特に危険又は障害の発生するおそれが多い政令で定められた電気用品をいいます。特定電気用品に付すことが要求されている表示は ⟨PSE⟩ または <PS>E の記号，届出事業者の氏名又は名称，証明書の交付を受けた検査機関の氏名又は名称です。

問題3 【正解】(ハ)

電気用品を輸入して販売する事業を行う者は，輸入した電気用品に，JISマークではなく，⟨PSE⟩ または (PSE) の記号の表示をしなければなりません。

問題4 【正解】(ロ)

電気用品を輸入して販売する事業を行う者も，輸入した電気用品に，⟨PSE⟩ または <PS>E の記号の表示をしなければなりません。<PS>E の記号は電線など ⟨PSE⟩ の記号を記すのが困難となるような用品に用いられます。特定電気用品には (PSE) の記号ではなく ⟨PSE⟩ の記号を記さなくてはなりません。(PSE) 又は (PS)E は特定電気用品以外の電気用品に記します。

問題5 【正解】(ロ)

電気用品の製造の事業を行う者は，一定の要件を満たせば特定電気用品に ⟨PSE⟩ マークを付すことができます。

問題6 【正解】(ハ)

電気用品安全法により，特定電気用品の適用を受けるものは，定格電流60〔A〕の配線用遮断器です。定格電流が100〔A〕以下の配線用遮断器及び漏電遮断器は，特定電気用品の適用を受けます。

特定電気用品の代表的なものは次のようになります。
(a) 定格電圧が100V以上600V以下の電線
  ① 導体の公称断面積が100 mm^2 以下の絶縁電線
  ② 導体の公称断面積が22 mm^2 以下及び線心が7本以下のケーブル
  ③ コード
  ④ 導体の公称断面積が100 mm^2 以下及び線心が7本以下のキャブタイヤケーブル

(b) 交流電路に使用する定格電圧が100V以上300V以下のヒューズ
  ① 温度ヒューズ
  ② 定格電流が1A以上200A以下のヒューズ

(c) 定格電圧が100V以上300V以下の配線器具
  ① タイムスイッチ及びタンブラースイッチ
  ② 定格電流が100A以下の配線用遮断器及び漏電遮断器

(d) 定格電圧が100V以上300V以下の小形単相変圧器及び放電灯用安定器
  ① 定格容量が500V・A以下の家庭機器用変圧器
  ② 定格消費電力が500W以下の蛍光灯用安定器
  ③ 定格消費電力が500W以下の水銀灯用安定器

(e) 定格電圧が100V以上300V以下の電動力応用機器
  ① 定格消費電力が1.5kW以下の電気ポンプ
  ② 電気マッサージ器

(f) 定格電圧が30V以上300V以下の携帯発電機

問題7 【正解】（ロ）
　定格電圧600〔V〕，導体の公称断面積8〔mm²〕の3心ビニル絶縁ビニルシースケーブルと定格電圧110〔V〕，定格電流20〔A〕，2極2素子の配線用遮断器は，特定電気用品の適用を受けます。

問題8 【正解】（ニ）
　600Vビニル絶縁電線（38〔mm²〕）は，特定電気用品の適用を受けます。

第30回テスト　電気工事士法1

	問い	答え
1	電気工事士法の主な目的は。	イ．電気工事に従事する主任電気工事士の資格を定める。 ロ．電気工事の欠陥による災害発生の防止に寄与する。 ハ．電気工事士の身分を明らかにする。 ニ．電気工作物の保安調査の義務を明らかにする。
2	電気工事士の義務又は制限に関する記述として，誤っているものは。	イ．電気工事士は，電気工事の作業に電気用品安全法に定められた電気用品を使用する場合は，同法に定める適正な表示が付されたものを使用しなければならない。 ロ．電気工事士は，電気工事士法で定められた電気工事の作業を行うときは，電気工事士免状を携帯しなければならない。 ハ．電気工事士は，電気工事士法で定められた電気工事の作業を行うときは，電気設備に関する技術基準を定める省令に適合するよう作業を行わなければならない。 ニ．電気工事士は，住所を変更したときは，免状を交付した都道府県知事に申請して免状の書き換えをしてもらわなければならない。

3	電気工事士に課せられた義務または制限に関する記述として，誤っているものは。	イ．一般用電気工作物を対象とした電気工事の作業を行う場合には，電気工事士免状を携帯しなければならない。 ロ．電気工事の施工に当たっては電気設備の技術基準を守らなければならない。 ハ．第二種電気工事士のみの免状で需要設備の最大電力が 500〔kW〕未満の自家用電気工作物の低圧部分の工事ができる。 ニ．電気工事の施工に関して，施工場所を管轄する都道府県知事から報告を求められたら報告しなければならない。
4	電気工事士の義務又は制限に関する記述として，誤っているものは。	イ．電気工事士は，電気工事の作業に電気用品安全法に定められた電気用品を使用する場合は，同法に定める適正な表示が付されたものを使用しなければならないが，その制限は特定電気用品に限られる。 ロ．電気工事士は，電気工事士法で定められた電気工事の作業を行うときは，電気工事士免状を携帯しなければならない。 ハ．電気工事士は，電気工事士法で定められた電気工事の作業を行うときは，電気設備に関する技術基準を定める省令に適合するよう作業を行わなければならない。

		ニ．電気工事士は，氏名を変更したときは，電気工事士免状を交付した都道府県知事に申請して同免状の書き換えをしてもらわなければならない。
5	電気工事士法に基づく手続等に違反しているものは。	イ．電気工事士試験に合格したが，電気工事の作業に従事しないので都道府県知事に免状交付申請をしなかった。 ロ．電気工事士が経済産業大臣に届け出ないで，複数の都道府県で電気工事の作業に従事した。 ハ．電気工事士が住所を変更したが，30日以内に都道府県知事にこれを届け出なかった。 ニ．電気工事士が電気工事士免状を紛失しないよう，これを営業所に保管したまま電気工事の作業に従事した。
6	電気工事士免状に関する記述として，誤っているものは。	イ．免状を汚し再交付の申請をするときは，申請書に当該免状を添えて交付した都道府県知事に提出する。 ロ．免状の返納を命じられた者は，返納を命じた都道府県知事に返納しなければならない。 ハ．免状の交付を受けようとする者は，必要な書類を添えて居住地の市町村長に申請する。 ニ．免状の記載事項とは免状の種類，交付番号及び交付年月日並びに氏名及び生年月日である。

第30回テスト 解答と解説

問題1 【正解】（ロ）

電気工事士法第1条には，次のように定められています。
第1条　この法律は，電気工事の作業に従事する者の**資格及び義務**を定め，もつて電気工事の欠陥による**災害の発生の防止**に寄与することを目的とする。

電気工事士法の主な目的は，電気工事の欠陥による災害発生の防止に寄与することです。

問題2 【正解】（ニ）

電気工事士に課せられた義務または制限に関する規定は，次のようになります。

① 電気工事士は，「**電気設備技術基準**」に適合するように電気工事をしなければならない。
② 電気工事士は，電気工事の作業に従事しているときは，必ず**電気工事士免状**を携帯していなければならない。
③ 電気工事の施工にあたっては**電気用品安全法**に定められた**電気用品**を使用しなければならない。
④ 電気工事の**施工**に関して，施工場所を管轄する**都道府県知事**から報告を求められたら報告しなければならない。
⑤ 免状の**交付**を受けようとする者は，必要な書類を添えて居住地の**都道府県知事**に申請する。
⑥ 免状の**再交付**の申請をするときは，申請書に当該免状を添えて交付した**都道府県知事**に提出する。
⑦ 免状の返納を命じられた者は，返納を命じた**都道府県知事**に返納しなければならない。
⑧ 電気工事士が**氏名**を変更した場合は，免状を交付した**都道府県知事**に申請して免状の書換えをしてもらわなければならない（免状の記載事項は，免状の種類，交付番号及び交付年月日並びに氏名及び生年月日）。

以上により，住所を変更したときの規定はありません。

問題3　【正解】(ハ)

　電気工事士法により，**第二種電気工事士**免状の交付を受けている者は，**一般用電気工作物**の電気工事の作業に従事することができます。
　第一種電気工事士免状の交付を受けている者は，一般用電気工作物に係る電気工事の作業及び需要設備の最大電力が **500〔kW〕未満の自家用電気工作物**の工事ができます。
　ただし，第二種電気工事士免状の交付を受け，かつ，交付後電気工事に関し **3 年以上**の実務経験を有するか，又は指定された**講習を修了**したものは**認定電気工事従事者認定証**の交付を受けることができます。この認定証により最大電力が **500〔kW〕未満**の**自家用電気工作物**の電圧 **600〔V〕以下**で使用する**自家用電気工作物**（電線路に係る工事以外の工事）に係る電気工事を行うことができます。
　一般用電気工作物を再確認すると，爆発性又は引火性のものが存在する場所を除いて，**低圧**で**受電**する需要所で，**小出力発電設備**の**出力**が次のもの以下のものに該当するものをいいます。**高圧**で**受電**する需要所はすべて**自家用電気工作物**となります。小出力発電設備は次のものをいいます。

① **出力 50 kW 未満**の**太陽電池**発電設備。
② **出力 20 kW 未満**の**風力**発電設備。
③ **出力 10 kW 未満**の**水力**発電設備（ダムを伴うものを除く）。
④ **出力 10 kW 未満**の**内燃力**発電設備。
⑤ **出力 10 kW 未満**の**燃料電池**発電設備。

問題4　【正解】(イ)

　電気工事士は，電気工事の作業に電気用品安全法に定められた電気用品を使用する場合は，同法に定める適正な表示が付されたものを使用しなければなりません。その制限は**特定電気用品及び特定電気用品以外の電気用品**となります。
　電気用品を再確認すると，**一般用電気工作物**の部分となり，又はこれに接続して用いられる**機械**，**器具**又は**材料**，政令で定める**携帯発電機**，政令で定める**蓄電池**をいいます。また，**特定電気用品**とは，構造又は使用方法その他の使用状況からみて特に危険又は障害の発生するおそれが多い政令で定められた電気用品をいいます。特定電気用品に付すことが要求されて

いる表示は⟨PSE⟩または＜PS＞Eの記号，届出事業者の氏名又は名称，証明書の交付を受けた検査機関の氏名又は名称です。特定電気用品以外の電気用品に付する記号は，(PSE)又は（PS）Eです。

問題5　【正解】（ニ）

電気工事士法に基づく手続等に違反しているものは，電気工事士免状を営業所に保管したまま電気工事の作業に従事したことです。電気工事士は，電気工事の作業に従事しているときは，必ず**電気工事士免状**を**携帯**していなければなりません。

問題6　【正解】（ハ）

免状の交付を受けようとする者は，必要な書類を添えて居住地の**都道府県知事**に申請しなければなりません。

第31回テスト　電気工事士法2

	問い	答え
1	電気工事士が電気工事士法に違反したとき，電気工事士免状の返納を命ずることができる者は。	イ．経済産業大臣 ロ．経済産業局長 ハ．都道府県知事 ニ．市町村長
2	電気工事士免状を紛失したとき再交付をどこへ申請すればよいか。	イ．紛失した場所を管轄する都道府県知事 ロ．紛失した免状を交付した都道府県知事 ハ．経済産業大臣 ニ．住所地を管轄する経済産業局長
3	電気工事士法において，一般用電気工作物の工事又は作業で，a，bとも電気工事士でなければできないものは。	イ．a：電力量計を取り付ける。 　　b：電動機の端子にキャブタイヤケーブルをねじ止めする。 ロ．a：インターホンに使用する小型変圧器（二次電圧が24〔V〕）の二次側の配線工事をする。 　　b：配電盤を造営材に取り付ける。 ハ．a：電線管にねじを切る。 　　b：アウトレットボックスを造営材に取り付ける。 ニ．a：金属製の電線管をワイヤラス張り壁の貫通部分に取り付ける。 　　b：地中電線用の暗きょを設置する。

4	電気工事士免状の交付を受けている者でなければ、従事できない一般用電気工作物の作業は。	イ．火災感知器用の小形変圧器（二次電圧36〔V〕以下）の二次側配線工事の作業 ロ．電力量計又はヒューズを取り付け、取り外す作業 ハ．電線を支持する柱、腕木を設置し変更する作業 ニ．電線管をねじ切りし、電線管とボックスを接続する作業
5	電気工事士法でa，bともに電気工事士でなければできないものは。	イ．a：がいしに電線を取り付ける作業 　　b：インターホンに使用する小型変圧器（二次側電圧24〔V〕）の二次側配線工事 ロ．a：ソケットにコードを接続する工事 　　b：接地線と接地極を接続する作業 ハ．a：金属管に電線を収める作業 　　b：屋内配線にローゼットを取り付ける工事 ニ．a：ヒューズを取り付ける工事 　　b：埋込みコンセントに電線を接続する作業
6	電気工事士法において、第二種電気工事士免状の交付を受けている者であってもできない工事は。	イ．一般用電気工作物のネオン工事 ロ．自家用電気工作物（500〔kW〕未満の需要設備）の地中電線用の管の設置工事 ハ．自家用電気工作物（500〔kW〕未満の需要設備）の非常用予備発電装置の工事 ニ．一般用電気工作物の接地工事

7	電気工事業の業務の適正化に関する法律に定める内容に，適合していないものは。	イ．一般用電気工事の業務を行う登録電気工事業者は，第一種電気工事士又は第二種電気工事士免状の取得後電気工事に関し3年以上の実務経験を有する第二種電気工事士を，その業務を行う営業所ごとに，主任電気工事士として置かなければならない。 ロ．電気工事業者は，営業所ごとに帳簿を備え，経済産業省令で定める事項を記載し，5年間保存しなければならない。 ハ．登録電気工事業者の登録の有効期限は7年であり，有効期間の満了後引き続き電気工事業を営もうとする者は，更新の登録を受けなければならない。 ニ．一般用電気工事の業務を行う電気工事業者は，営業所ごとに，絶縁抵抗計，接地抵抗計並びに抵抗及び交流電圧を測定することができる回路計を備えなければならない。

第31回テスト 解答と解説

問題1 【正解】(ハ)

電気工事士が電気工事士法に違反したとき，電気工事士免状の**返納**を命ずることができる者は，**都道府県知事**です。

問題2 【正解】(ロ)

電気工事士免状を紛失したときの**再交付申請先**は，紛失した免状を**交付**した**都道府県知事**です。

問題3 【正解】(ハ)

第二種電気工事士でなければ行うことができない工事は，次のようになります。
① **電線相互**を**接続**する作業。
② **がいし**に**電線**を取り付ける作業，又はこれを取り外す作業。
③ **電線を直接造営材**その他の物件（がいしを除く。）に取り付け，又はこれを取り外す作業。
④ **電線管**，線樋，ダクトその他これらに類する物に**電線を収める**作業。
⑤ 配線器具を造営材その他の物件に固定し，又はこれに電線を接続する作業（露出型点滅器又は露出型コンセントを取り換える作業を除く）。
⑥ 電線管を曲げ，若しくはねじ切りし，又は電線管相互若しくは電線管とボックスその他の附属品とを接続する作業。
⑦ 金属製のボックスを造営材その他の物件に取り付け，又はこれを取り外す作業。
⑧ 電線，電線管，線樋，ダクトその他これらに類する物が造営材を貫通する部分に防護装置を取り付け，又はこれを取り外す作業。
⑨ 金属製の電線管，線樋，ダクトその他これらに類する物又はこれらの附属品を，建造物のメタルラス張り，ワイヤラス張り又は金属板張りの部分に取り付ける作業，又はこれらを取り外す作業
⑩ 配電盤を造営材に取り付け，又はこれを取り外す作業。
⑪ 接地線を一般用電気工作物（電圧600〔V〕以下で使用する電気機器を除く。）に取り付け，若しくはこれを取り外し，接地線相互若しくは

接地線と接地極とを接続し，又は接地極を地面に埋設する作業。
⑫　電圧 600〔V〕を超えて使用する電気機器に電線を接続する作業。

第二種電気工事士を必要としない工事は次のようになります。
①　電圧 600V 以下で使用する差込み接続器，ねじ込み接続器，ソケット，ローゼットその他の接続器又は電圧 600V 以下で使用するナイフスイッチ，カットアウトスイッチ，スナップスイッチその他の開閉器にコード又はキャブタイヤケーブルを接続する工事。
②　電圧 600V 以下で使用する電気機器（配線器具を除く）又は電圧 600V 以下で使用する蓄電池の端子に電線（コード，キャブタイヤケーブル及びケーブルを含む。）をねじ止めする工事。
③　電圧 600V 以下で使用する電力量計若しくは電流制限器又はヒューズを取り付け，又は取り外す工事。
④　電鈴，インターホン，火災感知器，豆電球その他これらに類する施設に使用する小型変圧器（二次電圧が 36V 以下のものに限る。）の二次側の配線工事。
⑤　電線を支持する柱，腕木その他これらに類する工作物を設置し，又は変更する工事。
⑥　地中電線用の暗渠又は管を設置し，又は変更する工事。

イ．a：電力量計を取り付ける作業には資格を必要としません。
　　b：電動機の端子にキャブタイヤケーブルをねじ止めする作業には資格を必要としません。
ロ．a：インターホンに使用する小型変圧器（二次電圧が 24〔V〕）の二次側の配線工事をする作業は資格を必要としません。
　　b：配電盤を造営材に取り付ける作業は資格を必要とします。
ハ．a：電線管にねじを切る作業は資格を必要とします。
　　b：アウトレットボックスを造営材に取り付ける作業は資格を必要とします。
ニ．a：金属製の電線管をワイヤラス張り壁の貫通部分に取り付ける作業は資格を必要とします。
　　b：地中電線用の暗きょを設置する作業は資格を必要としません。

電気工事士法 2

問題 4 【正解】（ニ）

イ．火災感知器用の小形変圧器（二次電圧 36〔V〕以下）の二次側配線工事の作業は資格を必要としません。
ロ．電力量計又はヒューズを取り付け，取り外す作業は資格を必要としません。
ハ．電線を支持する柱，腕木を設置し変更する作業は資格を必要としません。
ニ．電線管をねじ切りし，電線管とボックスを接続する作業は資格を必要とします。

問題 5 【正解】（ハ）

イ．a：がいしに電線を取り付ける作業は資格を必要とします。
　　b：インターホンに使用する小型変圧器（二次側電圧 24〔V〕）の二次側配線工事は資格を必要としません。
ロ．a：ソケットにコードを接続する工事は資格を必要としません。
　　b：接地線と接地極を接続する作業は資格を必要とします。
ハ．a：金属管に電線を収める作業は資格を必要とします。
　　b：屋内配線にローゼットを取り付ける工事は資格を必要とします。
ニ．a：ヒューズを取り付ける工事は資格を必要としません。
　　b：埋込みコンセントに電線を接続する作業は資格を必要とします。

問題 6 【正解】（ハ）

　電気工事士法において，第二種電気工事士免状の交付を受けている者であってもできない工事は，自家用電気工作物（500〔kW〕未満の需要設備）の非常用予備発電装置の工事となります。各種工事士免許の工事のできる範囲を示します。

	最大電力 500 kW 未満の自家用電気工作物			一般用電気工作物
資格	第一種電気工事士	認定電気工事士	特種電気工事資格者	第一種電気工事士 第二種電気工事士
作業範囲	自家用電気工作物の電気工事。ただし，特殊電気工事を除く。	電圧 600V 以下の自家用電気工作物に係わる電線路以外の電気工事。	自家用電気工作物のネオンまたは非常用予備発電装置に係る電気工事。	一般用電気工作物の電気工事。

問題7 【正解】(ハ)

電気工事業の業務の適正化に関する法律には，次のようなことが規定されています。

(1) 電気工事業の登録
　電気工事業を営もうとする者は「**電気工事業の業務の適正化に関する法律**」によれば，二以上の都道府県に営業所を設置する場合には，経済産業大臣の，一の都道府県に営業所を設置する場合には，当該営業所の管轄する都道府県の知事の登録を受けなければならないことになっています。登録電気工事業者が引続き電気工事業を営もうとする場合には，**5年**ごとに電気工事業の更新の登録を受けなければなりません。

(2) 電気工事業者に義務づけられている事項
　① 電気工事業者は，営業所及び電気工事の施工場所ごとに定められた事項を記載した標識を掲示しなければならない。
　② 電気工事業者は，営業所ごとに**主任電気工事士**を置かなければならない。
　③ 電気工事業者は，一般用電気工事のみの業務を行う営業所ごとに，**絶縁抵抗計，接地抵抗計**並びに抵抗及び交流電圧を測定することができる**回路計**を備えていなければならない。
　④ 営業所ごとに電気工事に関する事項を記載した帳簿を備えなければならない。また，帳簿は記載の日から**5年間保存**しなければならない。

(3) 主任電気工事士の設置
　一般電気工作物にかかる電気工事の業務を行う，登録された電気工事業者は，その営業者ごとに**第一種**又は**第二種電気工事士**の資格の交付を受けた後の電気工事に関する**実務経験**が**3年**以上の者を主任電気工事士としておかなければなりません。
　登録電気工事業者の登録の有効期限は**5年**です。

第7章
配線図

1. 配線図1～8　（第32回テスト～第39回テスト）
2. 材料選別1～5（第40回テスト～第44回テスト）
　　　（正解・解説は各回の終わりにあります。）

※本試験では，各問題の初めに以下のような記述がございますが，本書では，省略しております。

次の各問には4通りの答え（イ，ロ，ハ，ニ）が書いてある。
それぞれの問いに対して答えを1つ選びなさい。

※　各問題に注釈が無い限り配線図の問題は次に従います。
1．屋内配線の工事は，特記のある場合を除き電灯回路は600Vビニル絶縁ビニルシースケーブル平形（VVF），動力回路は600V架構ポリエチレン絶縁ビニルシースケーブル（CV）を用いたケーブル工事である。
2．屋内配線等の電線の本数，電線の太さ，照明等の回路，その他，問いに直接関係のない部分等は省略又は簡略化してある。
3．漏電遮断器は，すべて定格感度電流30〔mA〕，漏電引外し動作時間が0.1秒以内のものを使用している。
4．選択肢（答え）の写真にあるコンセントは，「一般形（JIS C0303：2000 構内電気設備の配線用図記号）」を使用している。

第32回テスト 配線図1

図は，鉄筋軽量コンクリート造の一部二階建て工場の配線図である。

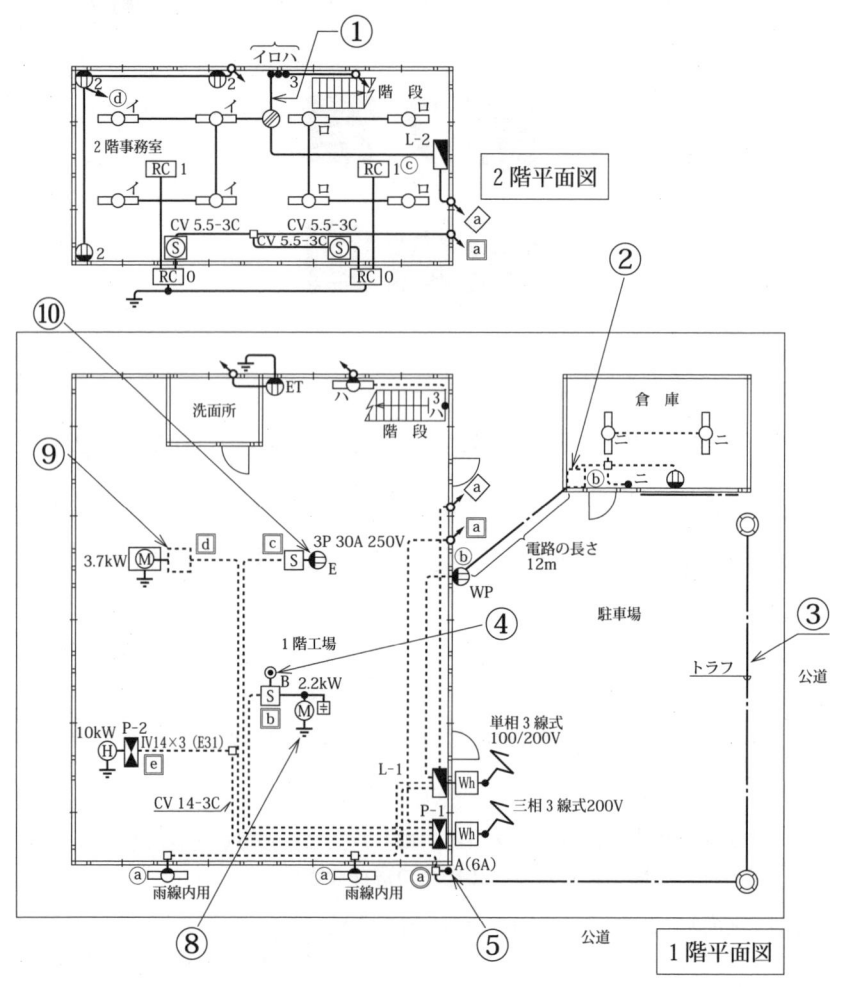

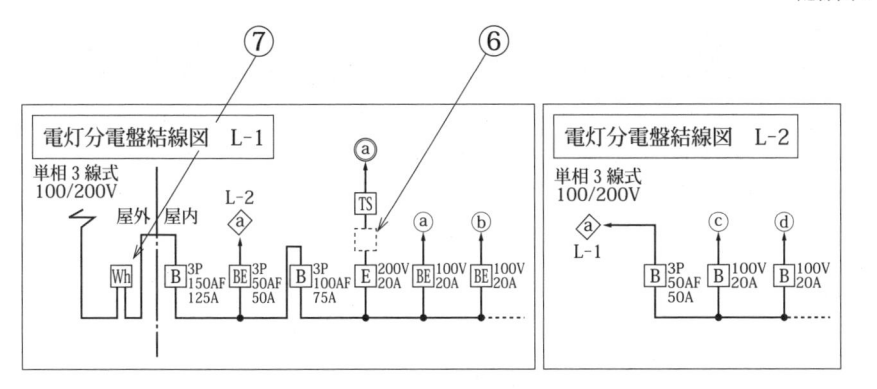

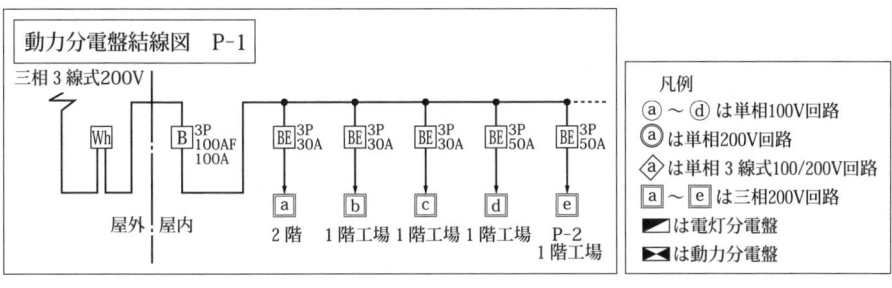

配線図1

第32回テスト問題

電灯分電盤結線図 L-1
単相3線式 100/200V
屋外／屋内
Wh
B 3P 150AF 125A
BE 3P 50AF 50A
B 3P 100AF 75A
E 200V 20A ⓐ TS
BE 100V 20A ⓐ
BE 100V 20A ⓑ

⑦
⑥
L-2 ⓐ

電灯分電盤結線図 L-2
単相3線式 100/200V
L-1 ⓐ
B 3P 50AF 50A
B 100V 20A ⓒ
B 100V 20A ⓓ

動力分電盤結線図 P-1
三相3線式200V
屋外／屋内
Wh
B 3P 100AF 100A
BE 3P 30A ⓐ 2階
BE 3P 30A ⓑ 1階工場
BE 3P 30A ⓒ 1階工場
BE 3P 50A ⓓ 1階工場
BE 3P 50A ⓔ P-2 1階工場

凡例
ⓐ〜ⓓ は単相100V回路
ⓐ は単相200V回路
◇ⓐ は単相3線式100/200V回路
ⓐ〜e は三相200V回路
▬ は電灯分電盤
▬ は動力分電盤

	問い	答え
1	①で示す部分の最少電線本数（心線数）は。	イ．3 ロ．4 ハ．5 ニ．6
2	②で示す部分の引込口開閉器の設置は。ただし，この屋内電路を保護する過負荷保護付漏電遮断器の定格電流は 20〔A〕である。	イ．屋外の電路が地中配線であるから省略できない。 ロ．屋外の電路の長さが 8〔m〕以上なので省略できない。 ハ．過負荷保護付漏電遮断器の定格電流が 20〔A〕なので省略できない。 ニ．屋外の電路の長さが 15〔m〕以下なので省略できる。
3	③で示す部分に使用できる電線は。	イ．引込用ビニル絶縁電線 ロ．架橋ポリエチレン絶縁ビニルシースケーブル ハ．ゴム絶縁丸打コード ニ．屋外用ビニル絶縁電線
4	④で示す図記号の器具の用途は。	イ．電磁開閉器を操作するための押しボタン ロ．過負荷警報を知らせるブザー ハ．通信用のターミナルジャック ニ．運転時に点灯する青色のパイロットランプ
5	⑤で示す図記号の器具の名称は。	イ．タイムスイッチ ロ．リモコンスイッチ ハ．自動点滅器 ニ．熱線式自動スイッチ

6	⑥で示す部分に施設してはならない過電流遮断装置は。	イ．2極にヒューズを取り付けたカバー付ナイフスイッチ ロ．2極2素子の配線用遮断器 ハ．2極にヒューズを取り付けたカットアウトスイッチ ニ．2極1素子の配線用遮断器
7	⑦で示す図記号の計器の使用目的は。	イ．電力を測定する。 ロ．力率を測定する。 ハ．負荷率を測定する。 ニ．電力量を測定する。
8	⑧で示す部分の接地工事の電線の最小太さと，接地抵抗の最大値との組合せで，適切なものは。	イ．1.6〔mm〕100〔Ω〕 ロ．1.6〔mm〕500〔Ω〕 ハ．2.0〔mm〕100〔Ω〕 ニ．2.0〔mm〕500〔Ω〕
9	⑨で示す部分にモータブレーカを取り付けたい。図記号は。	イ．M　　ロ．Ⓜ ハ．S_M　　ニ．B̄
10	⑩で示す図記号の器具の名称は。	イ．漏電遮断器付コンセント ロ．接地極付接地端子付コンセント ハ．接地極付コンセント ニ．接地端子付コンセント

第32回テスト 問題

第32回テスト 解答と解説

問題1 【正解】(ロ)

①の工事は配線が実線「――――」で描かれているので，「**天井隠ぺい配線**」です。配線工事の種類は第13回を参照して下さい。

(1) 電灯の図記号と名称

電灯の図記号と名称を表1に示します。

表1 電灯の図記号と名称

図記号	名称	摘要
○	白熱灯	壁付は ◐ か ○w
⊖	ペンダント	容量はW×灯数 ○₁₀₀×₂
CL	シーリング	水銀灯 H
CH	シャンデリア	メタルハライドランプ M
DL	埋込器具	ナトリウムランプ N
()	引掛シーリング（丸形）	
[ ]	引掛シーリング（角形）	
▭○▭	蛍光灯（天井付き）	容量はW×灯数 ▭○▭ F40×2
▭●▭	壁付蛍光灯	壁付は ▭○▭w でもよい
↗	調光器	

これよりこの部分の照明器具は，2階が天井付き蛍光灯と1階の階段の部分が壁付蛍光灯となります。

(2) 配線に必要な器具の記号

配線に必要な器具の記号を表2に示します。

表2　配線に必要な器具の記号

記号	名称	摘要
●	点滅器	15A以外は●$_{20A}$のように定格電流を傍記する
●$_P$	プルスイッチ	
●$_L$	パイロットランプ（内蔵型）	別置形は●○
●$_3$	3路スイッチ	4路であれば●$_4$のように傍記する
●$_R$	リモコンスイッチ	タイムスイッチは TS
●$_A$	自動点滅器	定格電流は●$_{A(4A)}$のように表す
⊘	VVF用ジョイントボックス	通常のものは □
⚲	立上り	引下げは ⚱
◣	分電盤	配電盤は ⊠　制御盤は ⧖
B	配線用遮断器	モーターブレーカーは Ⓑ か B$_M$
E	漏電遮断器	過負荷保護付は BE
S	開閉器	
⦿$_B$	電磁開閉器用押しボタン	
⦿$_P$	圧力スイッチ	
⦿$_F$	フロートスイッチ	
⦿$_{LF}$	フロートレススイッチ	

　表2より，この部分の工事は蛍光灯イ4灯，ロ4灯，ハ1灯を入切りする回路となります。ハの蛍光灯は，2階と1階で入切できる3路回路となっています。電線の接続はVVF用ジョイントボックスで行います。2階のハの回路の電線は引下げ「⚱」，1階のハの回路の電線は立上り「⚲」となっています。

(3) コンセントの図記号と名称

コンセントの図記号と名称を表3に示します。

表3 コンセントの図記号と名称

図記号	名称	摘要
⊖	コンセント（一般型）	壁側を黒く塗る
⊖T	引掛形	15A 125Vは傍記しない 20A以上は定格電流を傍記する ⊖20A　⊖20A 250V
⊖E	接地極付	
⊖ET	接地端子付	2口以上の場合は口数を傍記する
⊖EL	漏電遮断器付	2口⊖2　3口⊖3 天井付は（⊖），床付は⊖
⊖EET	接地極付接地端子付	
⊖WP	防雨形	
⊖WP EL	漏電遮断器付防雨形	

(4) 主なスイッチと電灯回路の接続図

主なスイッチと電灯回路の接続図は次のようになります。

① 電灯1個を点滅器1個

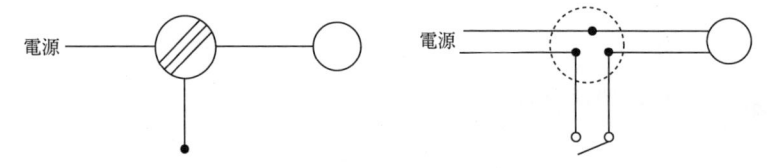

図1　電灯1個を点滅器1個

② 電灯及び点滅器が複数ある回路

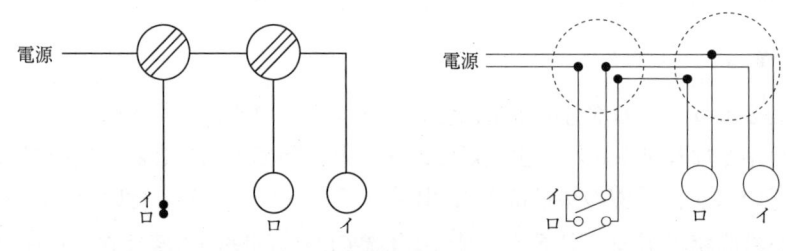

図2　電灯及び点滅器が複数ある回路

③　3路回路

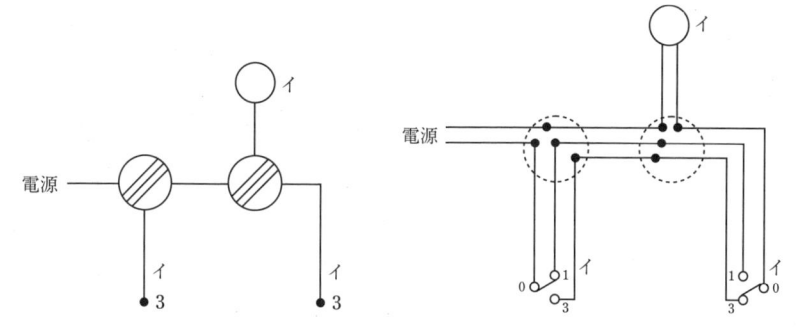

図3　3路回路

④　電灯1個を点滅器1個で送りがある回路

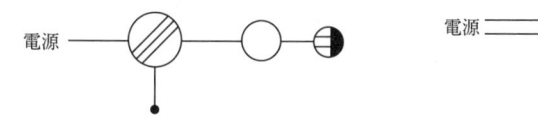

図4　電灯1個を点滅器1個で送りがある回路

⑤　電灯及び点滅器が複数ある回路

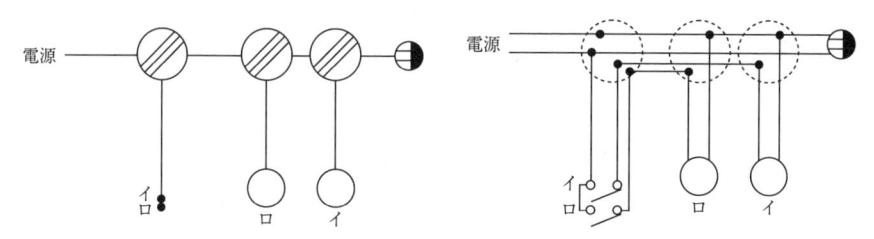

図5　電灯及び点滅器が複数ある回路

⑥　点滅器にコンセントがある回路

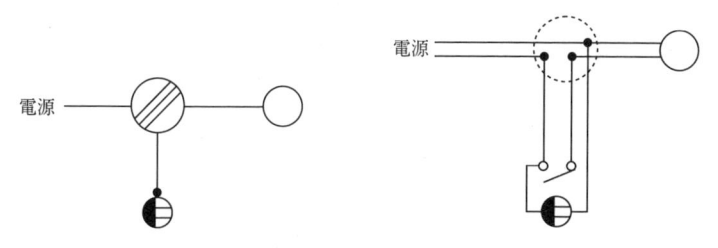

図6　点滅器にコンセントがある回路

⑦　3路回路で送り有り

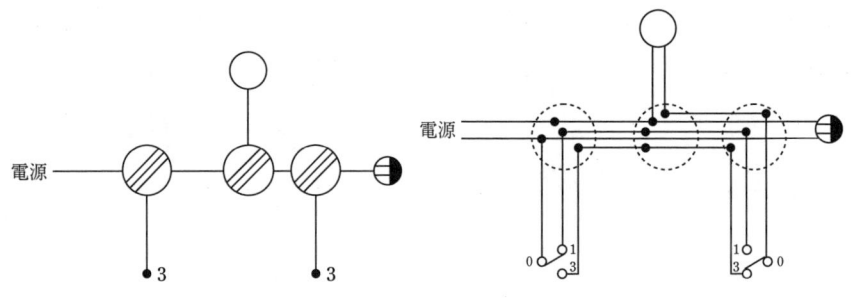

図7　3路回路で送り有り

以上により，①周辺の配線図を描くと図8のようになります。図8より①で示す部分の最少電線本数（心線数）は4本となります。

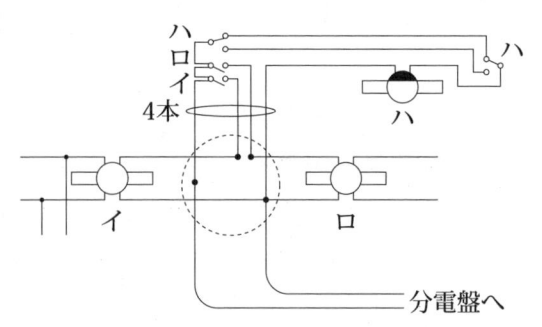

図8　①周辺の配線図

問題2　【正解】（ニ）

　電気設備の技術基準の解釈（以下解釈）第147条「低圧屋内電路の引込口における開閉器の施設」に，低圧屋内電路には，引込口に近い箇所であって，容易に開閉することができる箇所に開閉器を施設することが規定されていますが，低圧屋内電路の使用電圧が**300V以下**であって，他の屋内電路（定格電流が15A以下の過電流遮断器又は定格電流が**15Aを超え20A以下の配線用遮断器**で保護されているものに限る。）に接続する長さ**15m以下の電路**から電気の供給を受ける場合には，省略できます。
　②部分は，過負荷保護付漏電遮断器の定格電流は20〔A〕で，電路長さが12〔m〕なので省略できます。

-222-

問題3 【正解】（ロ）

③の「━・━・━・━」で示す配線工事は**地中配線**です。地中配線に使用できる電線は，**ケーブル**のみになっています。ケーブルに接続されている負荷は,「屋外灯」の記号となっています。③のところに記されている「トラフ」は，地中に埋設されるケーブルを保護するために使用されます。

問題4 【正解】（イ）

④で示す図記号の器具の名称は**電磁開閉器用押しボタン**で，用途は電磁開閉器を操作するための押しボタンです。

電磁開閉器用押しボタン

問題5 【正解】（ハ）

⑤で示す図記号の器具の名称は，**自動点滅器**です。周囲の明るさにより照明器具を入切りします。一般にこのような**電磁開閉器用押しボタン**はボタンを押している時のみ接点が閉じる構造となっています。このような動作とすることで複雑な運転動作を自動制御することが可能となります。電工1種の学習をするようになれば出てくる大変重要な構造です。

自動点滅器

問題6 【正解】（ニ）

⑥で示す部分に施設してはならない過電流遮断装置は，2極1素子の配線用遮断器です。この配線は単相3線式の200V回路なので**接地が2線**と

もとられていません。そこで回路をすべて開路できる構造のものでなければなりません。2極2素子の配線用遮断器を使用します。

問題7 【正解】(ニ)

⑦で示す図記号の計器の名称は**電力量計**です。使用目的は電力量を測定します。外部工事で使用する図記号を表4に示します。

表4 外部工事で使用する図記号

記号	名称	適用
⌐	受電点	引込点の記号としてもよい
Wh	箱入り電力量計	箱入りでないものは Wh
▮●	押しボタン	壁付きは例のように壁側を塗る。チャイムにも使用される
◎	屋外灯	100〔W〕の水銀灯の場合には ◎H100 のように傍記する
RC₀	ルームエアコン室外ユニット	屋内ユニットは RC₁
⏚	接地極	必要に応じて接地極の目的等を傍記する

問題8 【正解】(ロ)

電圧は200Vなので接地工事は**D種接地工事**となります。0.1秒で動作する漏電遮断器が**設置**されているので，D種接地工事の電線の最小太さは**1.6〔mm〕**，接地抵抗の最大値は**500〔Ω〕**です。漏電遮断器が設置されていない場合の接地抵抗の最大値は規定により，**100 Ω**となります。

問題9 【正解】(ニ)

モータブレーカの図記号は「B」となります。「イ」は**マンホール**を表します。四角が丸であれば**電動機**を表します。「ハ」は**開閉器**を表します。

問題10 【正解】(ハ)

⑩で示す図記号の器具の名称は，三相用の**接地極付コンセント**です。写真の接地極付コンセントは，「15A／20A兼用 125V1口コンセント」，写真の接地端子付コンセントは，「15A 125V1口コンセント」，写真の接地極付接地端子付コンセントは，「15A 125V1口コンセント」です。

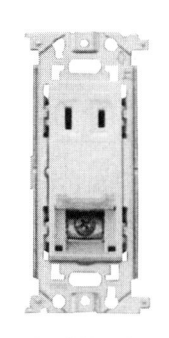

接地極付　　　　　接地端子付　　　　　接地極付接地端子付

第33回テスト 配線図2

図は木造2階建住宅の配線図である。

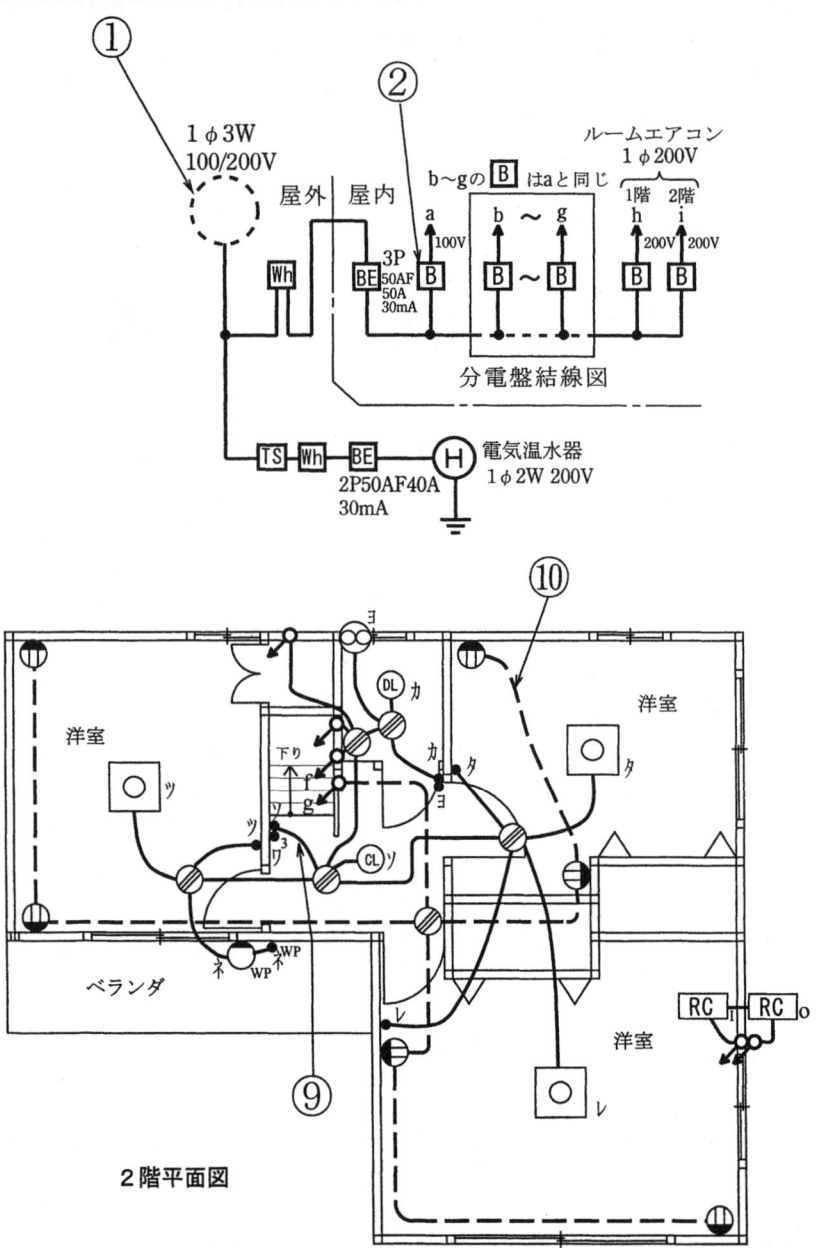

2階平面図

配線図2

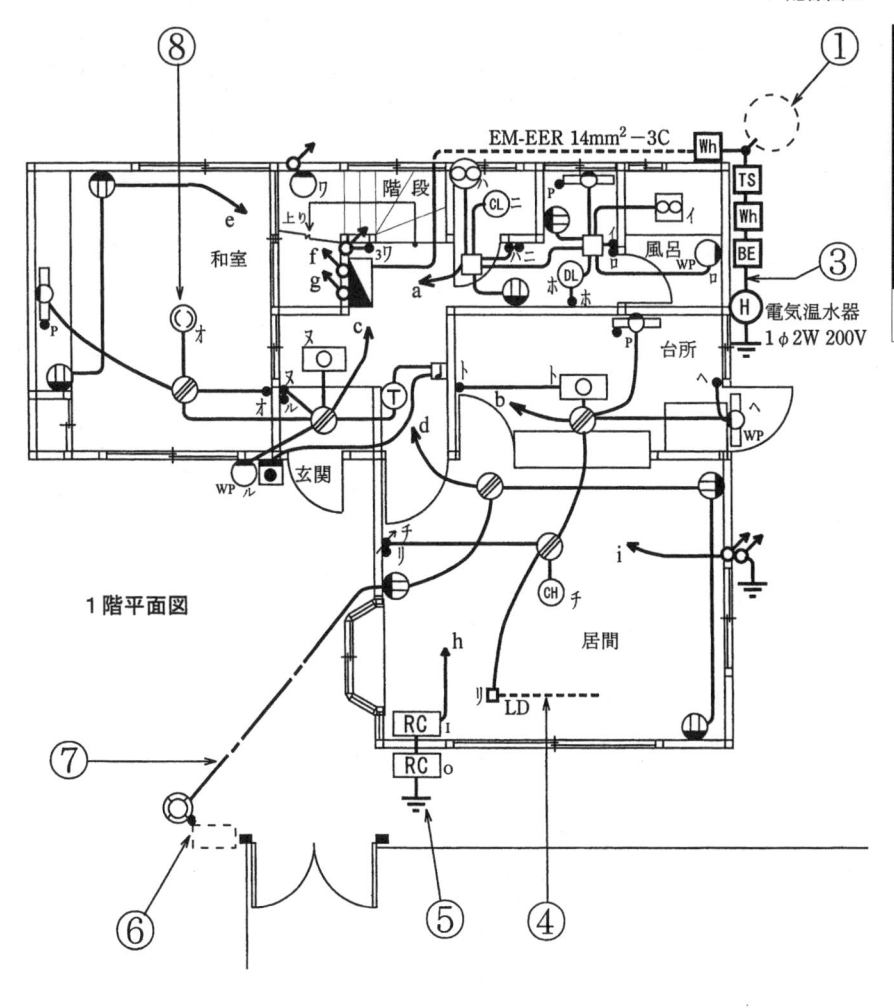

第33回テスト 問題

1階平面図

	問い	答え
1	①の部分の受電点として，正しい図記号は。	イ． ロ． ハ． ニ．
2	②の部分の配線用遮断器の定格電流の最大値〔A〕は。	イ．15 ロ．20 ハ．30 ニ．40
3	③の部分の電路と大地間との絶縁抵抗〔MΩ〕の最小限度の値は。	イ．0.1 ロ．0.2 ハ．0.4 ニ．1.0
4	④の部分の図記号の器具は。	イ．金属管 ロ．金属線ぴ ハ．ライティングダクト ニ．フロアダクト
5	⑤の部分の接地工事の接地抵抗の最大値〔Ω〕は。	イ．10 ロ．100 ハ．300 ニ．500
6	⑥の部分は屋外灯の自動点滅器である。図記号の傍記表示として，正しいものは。	イ．P(3A) ロ．A(3A) ハ．L(3A) ニ．T(3A)

7	⑦の部分の，屋内電路の分岐点からの配線の長さ〔m〕の最大は。	イ．4 ロ．8 ハ．12 ニ．16
8	⑧の部分の図記号の名称は。	イ．ペンダント ロ．天井コンセント ハ．引掛シーリング ニ．埋込器具
9	⑨の部分の最少電線本数は。	イ．3 ロ．4 ハ．5 ニ．6
10	⑩の部分の図記号の名称は。	イ．天井隠ぺい配線 ロ．露出配線 ハ．天井ふところ内配線 ニ．床隠ぺい配線

第33回テスト　解答と解説

問題1　【正解】（イ）

①の部分の**受電点**として，正しい図記号は「⌒」となります。

問題2　【正解】（ロ）

②の部分の配線用遮断器の定格電流の最大値〔A〕は，配線用遮断器に接続されているコンセント容量が **15**〔A〕なので，第7回・コンセント回路の施設の解説より **20**〔A〕となります。

問題3　【正解】（イ）

③の部分の電路と大地間との絶縁抵抗〔MΩ〕の最小限度の値は，大地間電圧が **100**〔V〕なので **0.1**〔MΩ〕となります。使用する電圧は 200〔V〕ですが，単相3線 200/100V の配電方式は大地間電圧が 100〔V〕なので，注意が必要です。

問題4　【正解】（ハ）

「-----------」は**露出配線**を表しています。配管記号の種類は次のような記号を用います。

配管記号の種類

記号	配管の種類	記号	配管の種類
E	鋼製電線管（ねじなし電線管）	PF	合成樹脂製可とう電線管（PF管）
CD	合成樹脂製可とう電線管（CD管）	F2	2種金属製可とう電線管
F	フロアダクト	MM1	1種金属線ぴ
MM2	2種金属線ぴ	VE	硬質塩化ビニル電線管
VP	硬質塩化ビニル管	FEP	波付硬質合成樹脂管

④の部分の図記号はこの表にはありませんが，④の部分の図記号「LD」は**ライティングダクト**を表しています。「□」はフィードインボックスを表します。

-230-

ライティングダクトの図記号

問題5 【正解】（ニ）

⑤の部分の接地工事は電圧が200〔V〕なので**D種接地工事**となりますが，**0.1秒**で動作する漏電遮断器が**接地**されているので，D種接地工事の接地抵抗の最大値は**500**〔Ω〕です。

問題6 【正解】（ロ）

自動点滅器の図記号は「●$_A$」，定格電流は「●$_{A(3A)}$」のように表します。

問題7 【正解】（ロ）

「解釈」に，低圧の**屋外配線**の**開閉器**及び**過電流遮断器**は，屋内電路用のものと**兼用**しないことと規定されています。ただし，屋内電路用の配線用遮断器の定格電流が **20**〔A〕以下のときは，**屋外配線**の長さが屋内電路の分岐点から **8**〔m〕以下の場合には**兼用**できることになっています。

問題8 【正解】（ハ）

⑧の部分の図記号の名称は，引掛シーリングです。

問題9 【正解】（ロ）

⑨の部分の結線は図のようになります。

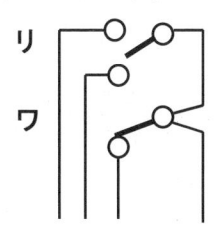

問題10 【正解】（ニ）

「**━ ━ ━ ━**」は**床隠ぺい配線**を表しています。**露出配線**は「--------------」なので混同しないようにして下さい。

第34回テスト 配線図3

図は木造2階建住宅の1階部分の配線図である。

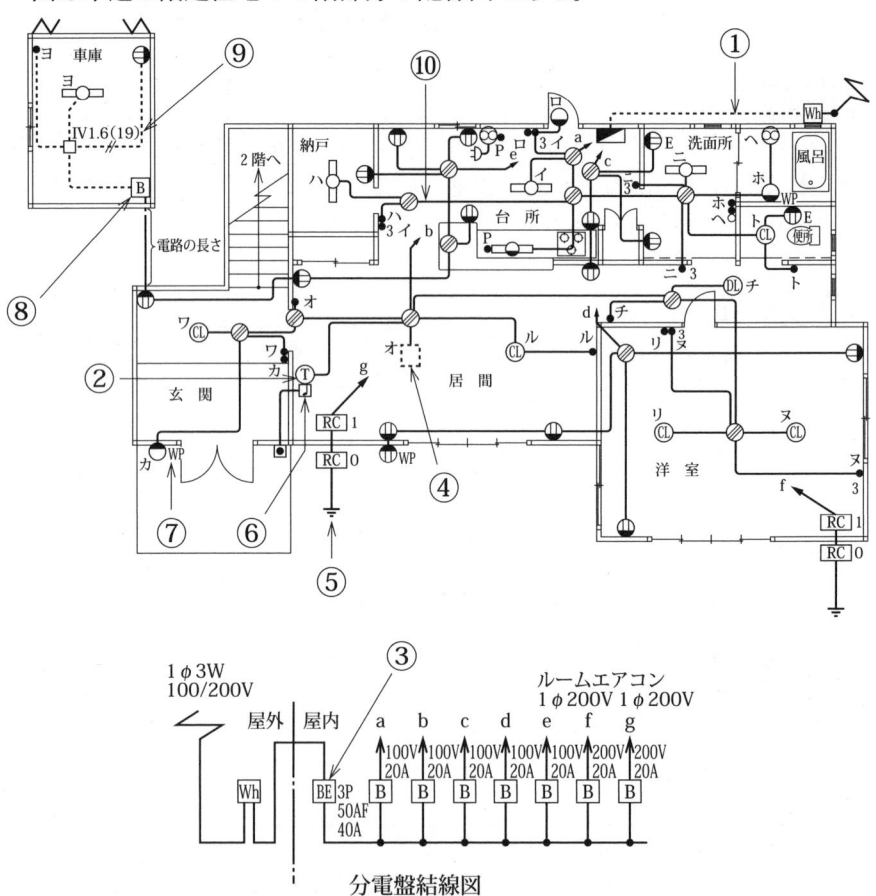

分電盤結線図

	問い	答え
1	①の部分の工事方法で施工できない工事方法は。	イ．がいし引き工事 ロ．金属管工事 ハ．ケーブル工事 ニ．合成樹脂管工事

2	②の部分の図記号の器具は。	イ．ベルトランス ロ．電話 ハ．埋込器具 ニ．タイムスイッチ
3	③の部分の図記号の配線器具は。	イ．漏電遮断器（過負荷保護付） ロ．カットアウトスイッチ ハ．モータブレーカ ニ．配線用遮断器
4	④の部分に照明器具としてシャンデリヤを取り付けたい。図記号は。	イ．㏄H　　　ロ．⊖ ハ．DL　　　ニ．CL
5	⑤の部分に施す接地線（軟銅線）の最小太さ〔mm〕は。	イ．1.2　　　ロ．1.6 ハ．2.0　　　ニ．2.6
6	⑥の部分の図記号の器具は。	イ．スピーカ　ロ．ブザー ハ．チャイム　ニ．ベル
7	⑦の部分の傍記「WP」の意味は。	イ．露出形　ロ．接地極付 ハ．埋込形　ニ．防水形（防雨形）
8	⑧の部分の引込口開閉器が省略できる場合の、住宅と車庫との間の電路の長さの最大値〔m〕は。	イ．5 ロ．10 ハ．15 ニ．20
9	⑨の部分の図記号で示す工事の種類は。	イ．合成樹脂管工事 ロ．可とう電線管工事 ハ．金属管工事 ニ．金属線ぴ工事
10	⑩の部分の最少電線本数（心線数）は。	イ．3　　　　ロ．4 ハ．5　　　　ニ．6

第34回テスト 解答と解説

問題1 【正解】(ロ)

①の部分でできる工事の種類は，低圧引込線の取付点から引込口に至る屋側電線路なので**金属管工事（木造以外の造営物に限る）**，**合成樹脂管工事**，**ケーブル工事**（鉛被ケーブル，アルミ被ケーブル又はMIケーブルを使用する場合は，木造以外の造営物に施設すること），**がいし引き工事（展開した場所に限る）及びバスダクト工事**で行わなければなりません。

問題2 【正解】(イ)

②の部分の図記号の器具は，**ベルトランス**となります。「T」は小型トランスの図記号ですが，チャイムと一緒にあるのでベルトランスとするのが適当です。電話（加入電話）は「Ⓣ」，埋込器具は「DL」，タイムスイッチは「TS」となります。

問題3 【正解】(イ)

③の部分の図記号の配線器具は，**漏電遮断器（過負荷保護付）**となります。開閉器は「S」，モータブレーカは「B か B_M」，配線用遮断器は「B」となります。漏電遮断器のみは「E」です。

問題4 【正解】(イ)

シャンデリヤの図記号は「CH」です。「⊖」はペンダント，「DL」は埋込器具，「CL」シーリングとなります。

問題5 【正解】(ロ)

⑤の部分に施す接地工事は 300 V 以下の回路なので**D種接地工事**です。接地線（軟銅線）の最小太さ〔mm〕は，**1.6〔mm〕**となります。

問題6 【正解】(ハ)

⑥の部分の図記号の器具は，**チャイム**です。

配線図3

問題7　【正解】（ニ）

⑦の部分の傍記「WP」は，**防水形（防雨形）**の照明器具を表しています。

白熱灯　防湿・防雨形　　　　蛍光灯ブラケット
　　　　　　　　　　　　　　　防湿・防雨形

問題8　【正解】（ハ）

⑧の部分の**引込口開閉器**が省略できる場合の，住宅と車庫との間の電路の長さの最大値〔m〕は，規定により **15〔m〕**です。

問題9　【正解】（ハ）

傍記が（19）のように数字のみの場合は薄鋼電線管を使用した**露出金属管工事**となります。**IV1.6**は，**1.6〔mm〕**のIVを使用することを表しています。他の工事は次のように表します。

合成樹脂管工事　　　　　　　　　：「IV1.6（VE16）」，
2種金属製可とう電線管工事：「IV1.6（F217）」
1種金属線ぴ工事　　　　　　　　：「IV1.6（MM1）」

問題10　【正解】（ロ）

⑩の部分の結線は下図のようになります。

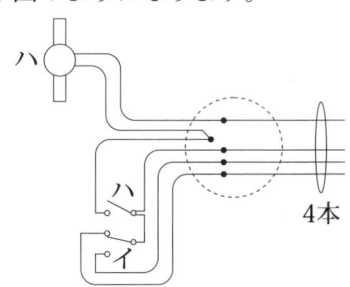

4本

第35回テスト　配線図4

図は鉄筋コンクリート造集合住宅の1戸部分の配線図である。

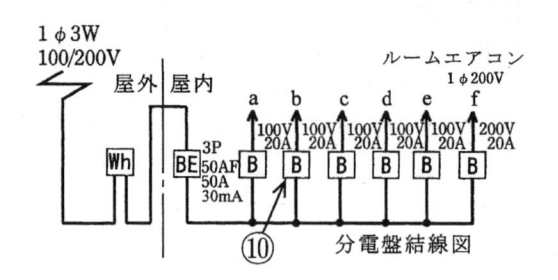

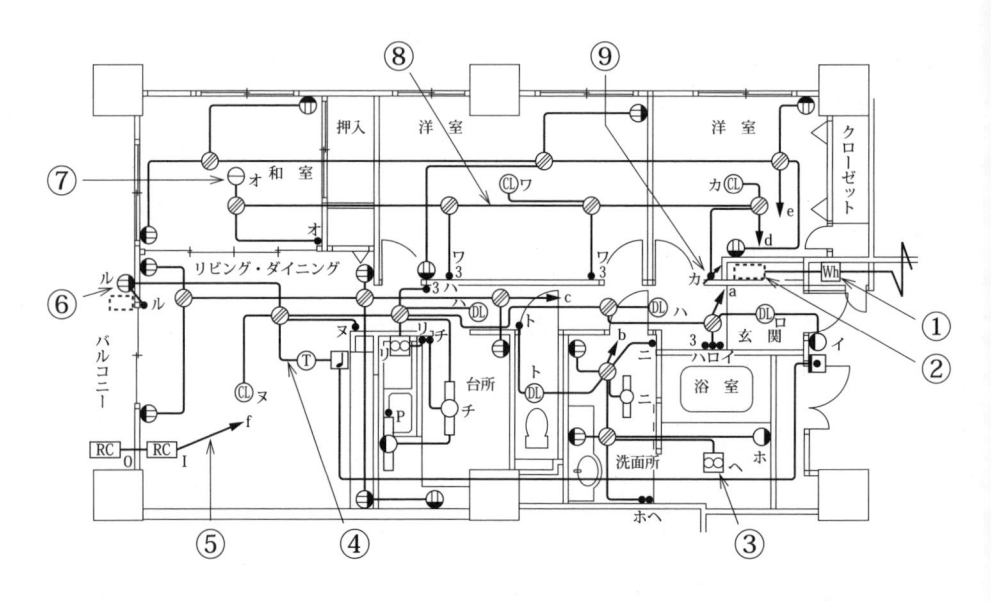

	問い	答え	
1	①の部分の図記号の名称は。	イ．変流器　　　ハ．開閉器	ロ．電力量計　　ニ．漏電警報器
2	②の部分に分電盤を取り付ける図記号は。	イ．□（白）　　　ハ．◨（半黒）	ロ．◧（黒蝶）　　ニ．⊠

-236-

3	③の部分の図記号の名称は。	イ．換気扇　　ロ．ベルトランス ハ．調光器　　ニ．チャイム
4	④の部分に使用できる電線（軟銅線）の最小太さ〔mm〕は。	イ．0.8　　　　ロ．1.2 ハ．1.6　　　　ニ．2.0
5	⑤の部分に合成樹脂製可とう管を使用して工事を行う。正しい図記号は。	イ．　　　　　　　　　　ロ． 2.0　E 2.0(E19)　　2.0　E 2.0(VE16) ハ．　　　　　　　　　　ニ． 2.0　E 2.0(PF16)　　2.0　E 2.0(CD16)
6	⑥の部分は防雨形（防水形）コンセントである。図記号の傍記は。	イ．WP　　　　ロ．H ハ．EX　　　　ニ．LK
7	⑦の部分に白熱電球を取り付ける。電球線として使用できる電線とその最小太さの組合せで，適切なものは。	イ．ビニルコード　　0.75〔mm²〕 ロ．ビニル絶縁電線　1.6〔mm〕 ハ．ゴムキャブタイヤコード 　　　　　　　　　　0.5〔mm²〕 ニ．袋打ゴムコード　0.75〔mm²〕
8	⑧の部分の最少電線本数（心線数）は。	イ．3　　　　　ロ．4 ハ．5　　　　　ニ．6
9	⑨の部分の図記号の器具は。	イ．素通し ロ．立上がり ハ．リモコンスイッチ ニ．調光器
10	⑩の部分の図記号の器具を用いる目的は。	イ．過電流と地絡電流とを遮断する。 ロ．過電流を遮断する。 ハ．地絡電流を遮断する。 ニ．不平衡電圧を遮断する。

第35回テスト　解答と解説

問題1　【正解】（ロ）

①の部分の図記号の名称は，**箱入り電力量計**です。

問題2　【正解】（ハ）

▢ は，OA盤を表します。▶◀ は制御盤を表しますが，2種電工の試験では電灯分電盤 ▬ と区別するために動力分電盤を表すようにしています。

問題3　【正解】（イ）

③の部分の図記号の名称は，**換気扇**です。

問題4　【正解】（ロ）

④の部分の回路はチャイムですが，小型トランスが20Aの配電用遮断器に接続されているので使用できる電線（軟銅線）の最小太さは **1.6〔mm〕** です。

問題5　【正解】（ハ）

合成樹脂製可とう管を使用して工事は「PF」となります。**E2.0** とあるのは2.0〔mm〕のアース線を同じ管に収めることを表しています。

2.0　E 2.0(PF16)　　左記のようになっていれば，16〔mm〕合成樹脂製可とう管（PF管）に2.0〔mm〕IV線2本と2.0〔mm〕アース線としてIV線1本を収めることになります。

2.0　E 2.0(E19)　　これは，19〔mm〕のねじなし電線管に2.0〔mm〕IV線3本と2.0〔mm〕アース線としてIV線1本を収めることになります。

2.0　E 2.0(VE16)　　これは，16〔mm〕の硬質塩化ビニル電線管に2.0〔mm〕IV線2本と2.0〔mm〕アース線としてIV線1本を収めることになります。

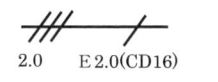

配線図 4

```
///  /
2.0   E2.0(CD16)
```
これは，16〔mm〕の合成樹脂製可とう電線管（CD管）に 2.0〔mm〕IV 線 3 本と 2.0〔mm〕アース線として IV 線 1 本です。CD 管は屋内工事に使用しません。

問題 6 【正解】（イ）

⑥の部分は**防雨形**（防水形）コンセントです。図記号の傍記は「WP」となります。「H」は**医療用**，「EX」は**防爆形**，「LK」は**抜け止め形**です。

問題 7 【正解】（ニ）

⑦の部分に白熱電球を取り付ける電球線として使用できる電線とその最小太さの組合せで，適切なものは，**0.75〔mm²〕以上のゴムコード又はキャブタイヤコード**などです。**防湿コード以外のゴムコードは乾燥した場所に施設する場合に限ります。**

問題 8 【正解】（ロ）

⑧の部分は図のようになります。

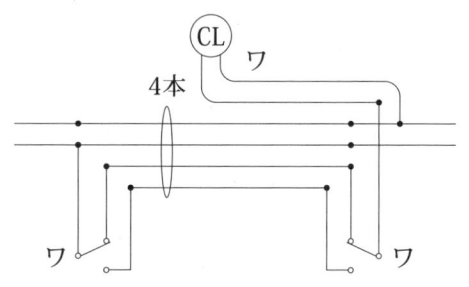

（図：CL、4本、ワ）

問題 9 【正解】（ニ）

⑨の部分の図記号の器具は，**調光器**です。素通しは「♂↗」，立上がりは「♂↗」，リモコンスイッチは「●R」となります。

問題 10 【正解】（ロ）

⑩の部分の図記号は**配線用遮断器**なので，器具を用いる目的は**過電流**を遮断します。過電流と地絡電流とを遮断するものは「BE」，地絡電流を遮断するものは「E」です。

第36回テスト 配線図5

図は木造平屋住宅の配線図です。

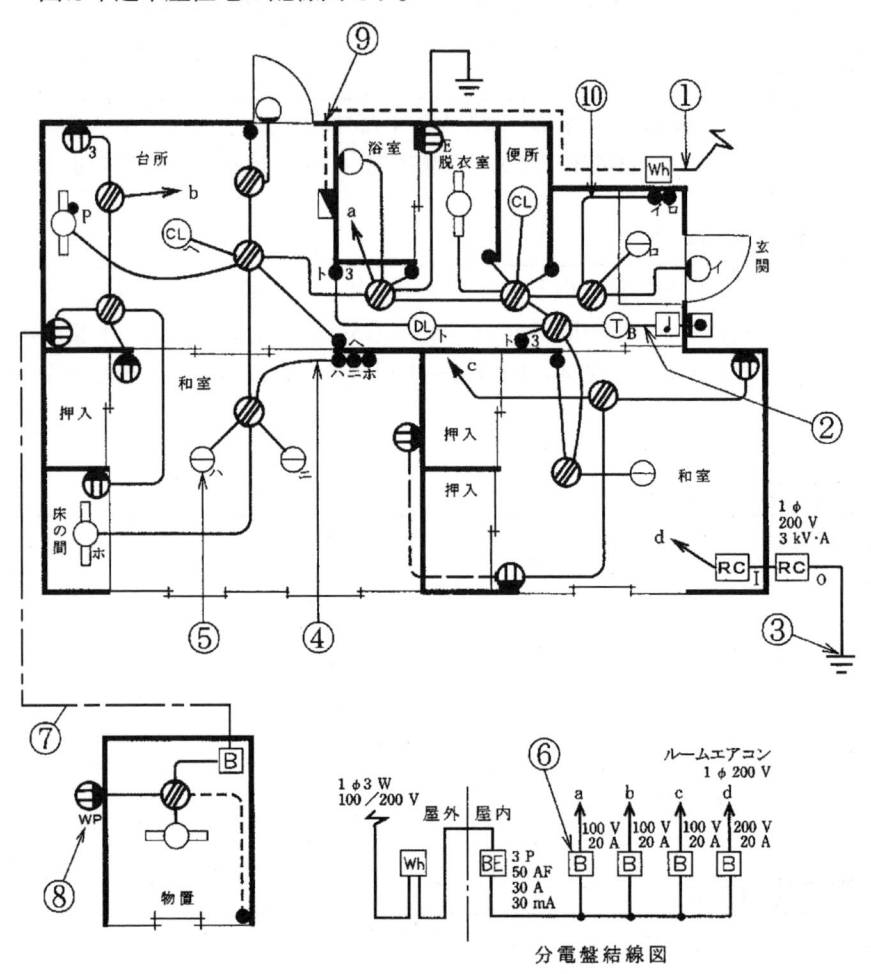

第36回テスト 問題

配線図 5

	問い	答え
1	①の部分の引込線取付点の地上高さの最低値〔m〕は。ただし，技術上やむを得ない場合で交通に支障がない場合とする。	イ．2.0 ロ．2.5 ハ．3.5 ニ．4.0
2	②の部分の小勢力回路で使用できる軟銅線(ケーブルを除く)の最小太さ〔mm〕は。	イ．0.8 ロ．1.2 ハ．1.6 ニ．2.0
3	③の部分に施す接地工事の種類は。	イ．A種接地工事 ロ．B種接地工事 ハ．C種接地工事 ニ．D種接地工事
4	④の部分の図記号の配線方法は。	イ．地中埋設配線 ロ．床隠ぺい配線 ハ．露出配線 ニ．天井隠ぺい配線
5	⑤の部分の図記号の器具は。	イ．埋込器具 ロ．シャンデリア ハ．ペンダント ニ．引掛シーリング
6	⑥の部分の図記号の器具は。	イ．モータブレーカ ロ．漏電遮断器 ハ．配線用遮断器 ニ．カットアウトスイッチ
7	⑦の部分の電路で物置の引込口に開閉器が省略できないのは，こう長が何メートルを超える場合か。	イ．10 ロ．15 ハ．20 ニ．25

8	⑧の部分の図記号の傍記「WP」の意味は。	イ．防雨形 ロ．屋外形 ハ．接地極付 ニ．露出形
9	⑨のメタルラス張りの壁を貫通する部分の防護管として，適切なものは。	イ．金属管 ロ．合成樹脂管 ハ．金属製可とう電線管 ニ．金属線ぴ
10	⑩の部分の最少電線本数（心線数）は。	イ．2 ロ．3 ハ．4 ニ．5

第36回テスト 解答と解説

問題1 【正解】(ロ)

①の部分の**引込線取付点**の地上高さの最低値は，技術上やむを得ない場合で，交通に支障がない場合**2.5〔m〕**となります。通常は**4〔m〕**です。

問題2 【正解】(イ)

②の部分の**小勢力回路**で使用できる軟銅線（ケーブルを除く）の最小太さは，**0.8〔mm〕**となります。**小勢力回路**は，電磁開閉器の操作回路又は呼鈴若しくは警報ベル等に接続する電路であって，最大使用電圧が**60 V以下**の回路をいいます。家庭用の電圧は最低でも100 Vなので，60 V以下にするために変圧器が必要になりますが，その変圧器に要求されるものとして，

　イ．絶縁変圧器であること。
　ロ．1次側の対地電圧は，300 V以下であること。
が求められます。

問題3 【正解】(ニ)

③の部分に施す接地工事の種類は，電圧が300〔V〕以下なので，**D種接地工事**となります。接地抵抗は，地絡が生じた場合に**0.5秒以内**に電路を自動的に遮断する場合は**500 Ω以下**ですが，遮断する装置を施設しない場合は**100 Ω以下**です。

問題4 【正解】(ニ)

④の部分の図記号の配線方法は，天井隠ぺい配線です。架空電線も同じ図記号ですが，内部と外部では明らかに区別できるので問題はありません。地中埋設配線は「—・—・—・—」，床隠ぺい配線は「— — — —」，露出配線は「-------------」です。

問題5 【正解】(ハ)

⑤の部分の図記号の器具は，**ペンダント**です。埋込器具は「DL」，シャンデリアは「CH」，引掛シーリングは「○」(丸形)か「()」(角形)」です。

問題6 【正解】(ハ)

⑥の部分の図記号の器具は**配線用遮断器**です。モータブレーカは「B」か「B_M」，漏電遮断器は「E」，カットアウトスイッチ(開閉器)は「S」です。

問題7 【正解】(ロ)

⑦の部分の配線用遮断器の容量は 20A です。規定では，低圧屋内電路の使用電圧が 300V 以下であって、他の屋内電路（定格電流が 15A 以下の過電流遮断器又は定格電流が 15A を超え 20A 以下の配線用遮断器で保護されているものに限る。）に接続する長さ 15m 以下の電路から電気の供給を受ける場合には，省略できます。以上により，電路で物置の引込口に開閉器が省略できないのは，こう長が **15〔m〕**を超える場合です。

問題8 【正解】(イ)

⑧の部分の図記号の傍記「**WP**」の意味は，**防雨形**です。
記号より，壁付きの1口の防雨形コンセントであることがわかります。

問題9 【正解】(ロ)

⑨の**メタルラス張り**の壁を貫通する部分の防護管として，適切なものは**絶縁性**がある管が必要なので，**合成樹脂管**となります。メタルラス張り等の金属製の壁を貫通する場合の規定として，電線が直にメタルラス張り等と接触しないような施工法が求められます。そこで合成樹脂管のような絶縁性の材料で電線を保護します。工事方法が合成樹脂管工事のように絶縁性の管を使用する工事であってもプルボックスなどの金属製の配線用器具は電気的にメタルラス張り等と接続しないような施工法が求められます。

問題10 【正解】(ロ)

⑩の部分の配線図は,「イ」の壁付き白熱灯と「ロ」のペンダントを一ヶ所で入り切りするので,下図のようになります。

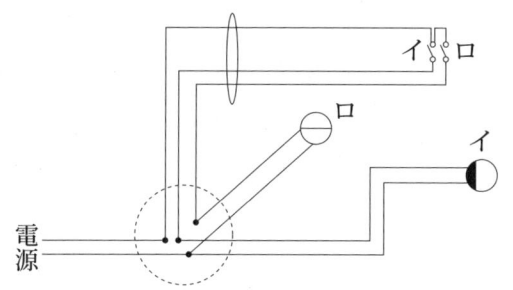

第37回テスト　配線図6

図は木造2階建住宅の1階部分の配線図である。

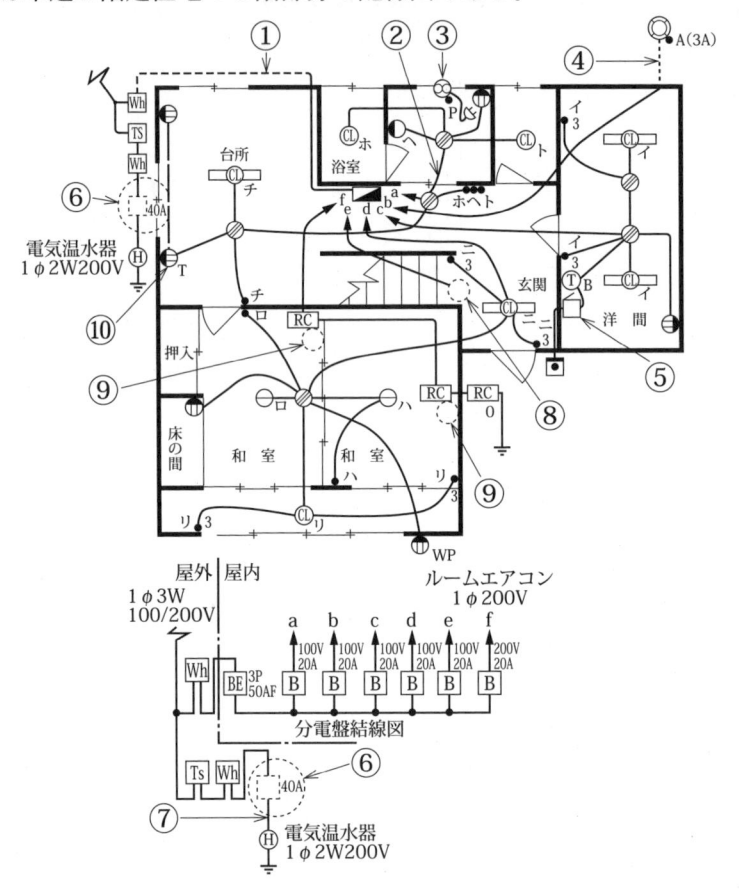

	問い	答え
1	①の部分の工事方法で施工できない工事方法は。	イ．金属管工事 ロ．合成樹脂管工事 ハ．ビニル外装ケーブル工事 ニ．がいし引き工事

-246-

配線図6

2	②の部分の最少電線本数（線心数）は。	イ．3　　　　ロ．4 ハ．5　　　　ニ．6
3	③の部分の図記号の器具は。	イ．地震感知器 ロ．換気扇 ハ．ヒータ ニ．握り押しボタン
4	④の部分に使用できる電線は。	イ．ビニルコード ロ．ビニルキャブタイヤコード ハ．屋外用ビニル絶縁電線 ニ．ビニル外装ケーブル
5	⑤の部分の図記号の器具は。	イ．チャイム ロ．ベル ハ．ブザー ニ．リモコンスイッチ
6	⑥の部分に過負荷保護付漏電遮断器を取り付ける。正しい図記号は。	イ．　S　　　　ロ．　BE　 ハ．　B　　　　ニ．　B̸
7	⑦の部分の深夜電力利用の温水器に至る電線（VVR）の，⑥の過電流素子付き漏電遮断器の定格電流40〔A〕から定まる最小太さは。	イ．直径 1.6〔mm〕 ロ．直径 2.0〔mm〕 ハ．直径 2.6〔mm〕 ニ．断面積 8〔mm^2〕
8	⑧の部分は2階への立上り配線である。正しい図記号は。	イ．　　　　ロ． ハ．　　　　ニ．
9	⑨の部分において屋内ユニットの図記号で傍記する記号は。	イ．I　　　　ロ．B ハ．O　　　　ニ．R
10	⑩の部分の図記号（コンセント）の種類は。	イ．抜け止め形　ロ．引掛形 ハ．防雨形　　　ニ．防爆形

第37回テスト 解答と解説

問題1 【正解】（イ）

①の部分の工事方法で施工できない工事方法は，金属管工事となります。**低圧屋側電線路**を**金属管工事**により施工する場合は，**木造以外**の造営物に施設することが規定されています。

問題2 【正解】（ハ）

②の部分の配線図は，次のようになります。

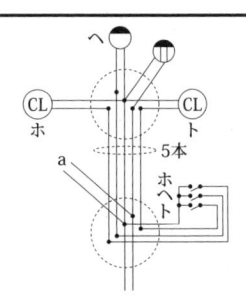

問題3 【正解】（ロ）

③の部分の図記号の器具は**換気扇**です。地震感知器は「EQ」，ヒータは「H」，握り押しボタンは「●」です。

問題4 【正解】（ニ）

④の部分の工事は**地中配線**なので，使用できる電線は**ケーブル**のみです。

問題5 【正解】（ハ）

⑤の部分の図記号の器具は**ブザー**です。**チャイム**は「♪」，ベルは「□」，リモコンスイッチは「●R」です。

問題6 【正解】（ハ）

⑥の部分に**過負荷保護付漏電遮断器**を取り付ける場合の正しい図記号は「BE」となります。「S」は**開閉器**，「B」は**配線用遮断器**，「B」は**モーターブレーカー**です。

問題7 【正解】（ニ）

⑥の過電流素子付き漏電遮断器の定格電流は40〔A〕なので，電線の許容電流は40〔A〕以上必要です。使用するのは電線（VVR）なので，**電流減少係数**を考慮しなければなりません。単相2線式なので，同一管内の電線数は3以下を適用すれば，電流減少係数は0.7となります。40÷0.7＝54〔A〕以上の電線は，表より，断面積8.0〔mm²〕のより線となります。

電線と許容電流

導体	（直径 mm）	（公称断面積 mm²）	許容電流〔A〕
単線	1.6		27
	2.0		35
	2.6		48
より線		5.5	49
		8.0	61

電流減少係数

同一管内の電線数	電流減少係数
3以下	0.70
4	0.63
5又は6	0.56

問題8 【正解】（ニ）

⑧の立上りは「♂」となります。「💡」は調光器，「♂」は素通し，「♀」は引下げです。

問題9 【正解】（イ）

⑨の部分において，屋内ユニットの図記号で傍記する記号は「Ｉ」です。

問題10 【正解】（ロ）

⑩の部分の図記号（コンセント）の種類は**引掛形**です。抜け止め形は「⊖LK」，防雨形は「⊖WP」，防爆形は「⊖EX」です。

第38回テスト　配線図7

図は木造平屋建住宅の配線図である。

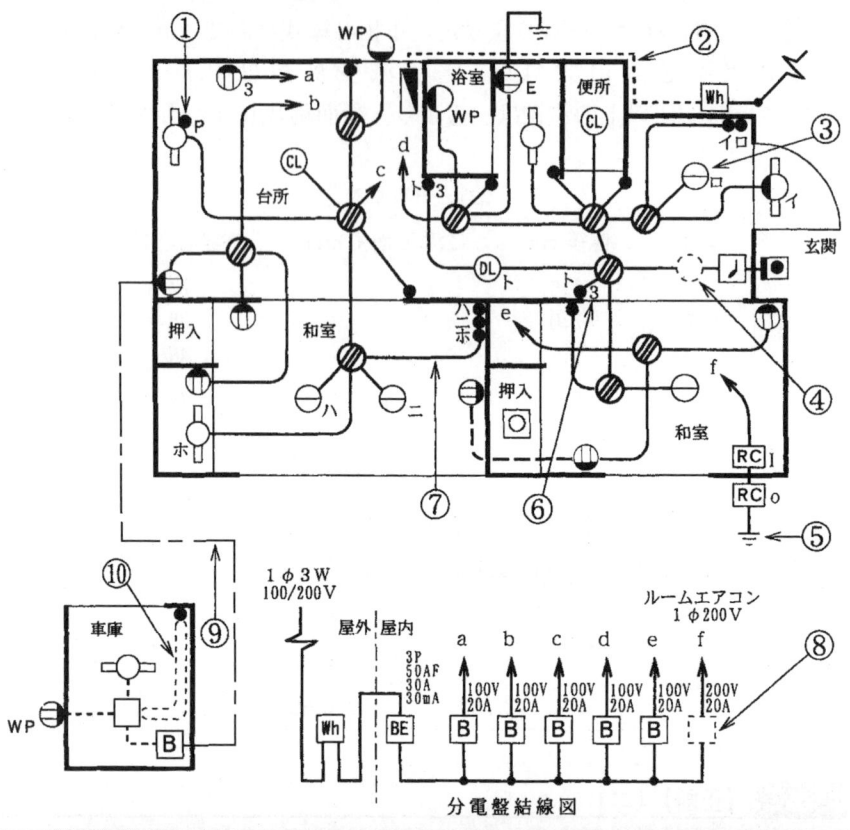

	問い	答え
1	①の部分の図記号●ₚが示す器具の名称は。	イ．プルスイッチ ロ．ペンダントスイッチ ハ．パイロットランプ ニ．リモコンスイッチ
2	②の部分でできる工事の種類は。	イ．金属可とう電線管工事 ロ．金属線ぴ工事 ハ．金属管工事 ニ．合成樹脂管工事

3	③の部分に白熱電球を取り付ける。使用できるコードと最小断面積の組合せとして，正しいものは。	イ．丸打ちゴムコード 0.75〔mm²〕 ロ．袋打ちゴムコード 0.5〔mm²〕 ハ．ビニルキャブタイヤコード 0.75〔mm²〕 ニ．ビニルコード 1.25〔mm²〕
4	④の部分にベル変圧器を取り付ける。図記号は。	イ． ㋣$_R$　ロ． ㋣$_F$　ハ． ㋣$_B$　ニ． ㋣$_N$
5	⑤の部分の接地抵抗値が500〔Ω〕であるとき，電路に設置する漏電遮断器の動作時間の最大値〔秒〕は。	イ．0.1 ロ．0.5 ハ．1 ニ．2
6	⑥の部分の傍記「3」の意味は。	イ．定格電流3〔A〕　ロ．3路用 ハ．3極用　　　　　ニ．3口用
7	⑦の部分の最少電線本数（心線数）は。	イ．3　　　　　ロ．4 ハ．5　　　　　ニ．6
8	⑧の部分に施設してはならない過電流遮断装置は。	イ．2極2素子の過負荷保護付漏電遮断器 ロ．2極にヒューズを取り付けたカバー付ナイフスイッチ ハ．2極1素子の配線用遮断器 ニ．2極2素子の配線用遮断器
9	⑨の部分の電路で車庫の引込口開閉器が省略できる長さの最大値〔m〕は。	イ．3　　　　　ロ．5 ハ．10　　　　ニ．15
10	⑩の_____部分を金属管工事による露出配線としたい。この場合の図記号は。	イ． ──//── 1.6 (F₂17)　　ロ． ──//── 1.6 (VE16) ハ． ──//── 1.6 (PF16)　　ニ． ──//── 1.6 (19)

第38回テスト 問題

配線図 7

第38回テスト 解答と解説

問題1 【正解】(イ)

①の部分の図記号●ₚが示す器具の名称は，**プルスイッチ**です。パイロットランプは「●ᴸ」，リモコンスイッチは「●ᴿ」です。

問題2 【正解】(ニ)

②の部分でできる工事の種類は，低圧引込線の取付点から引込口に至る屋側電線路なので，**金属管工事**（木造以外の造営物に限る），**合成樹脂管工事**，**ケーブル工事**（鉛被ケーブル，アルミ被ケーブル又はMIケーブルを使用する場合は，木造以外の造営物に施設すること），**がいし引き工事**（展開した場所に限る）**及びバスダクト工事**で行わなければなりません。

問題3 【正解】(イ)

③の部分に白熱電球を取り付ける電球線として使用できる電線と，その最小太さの組合せで適切なものは，**0.75〔mm²〕以上のゴムコード又はキャブタイヤコード**などです。防湿コード以外のゴムコードは，乾燥した場所に施設する場合に限ります。

問題4 【正解】(ハ)

④の部分のベル変圧器の図記号は「Tᴮ」です。「Tᴿ」はリモコン変圧器，「Tꜰ」は蛍光灯用安定器，「Tɴ」はネオン変圧器です。

問題5 【正解】(ロ)

⑤の部分の接地工事は300〔V〕以下なので，**D種接地工事**です。D種接地工事の接地抵抗値は100〔Ω〕以下ですが，電路に設置する漏電遮断器の動作時間が0.5秒以下の場合は，抵抗値が500〔Ω〕以下とすることができます。

問題6 【正解】(ロ)

⑥の部分の図記号はスイッチなので，傍記「3」は，**3路スイッチ**を表

します。

問題7 【正解】（ロ）

⑦の部分の配線図は下図のようになります。

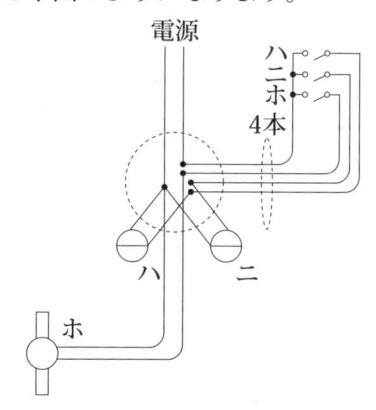

問題8 【正解】（ハ）

⑧の部分は，単相3線式の200V回路なので，**2極1素子の配線用遮断器**は施設してはなりません。2極同時に遮断する必要があります。

問題9 【正解】（ニ）

⑨の部分の電路で，車庫の引込口開閉器が省略できる長さの最大値は **15〔m〕**となります。

問題10 【正解】（ニ）

金属管工事による**露出配線**の図記号は「――//―― 1.6 (19)」です。「――//―― 1.6 (F₂17)」は**2種金属製可とう電線管**，「――//―― 1.6 (VE16)」は**硬質塩化ビニル電線管**，「――//―― 1.6 (PF16)」は**合成樹脂可とう電線管**です。

第39回テスト　配線図8

図は木造平屋建住宅の配線図である。

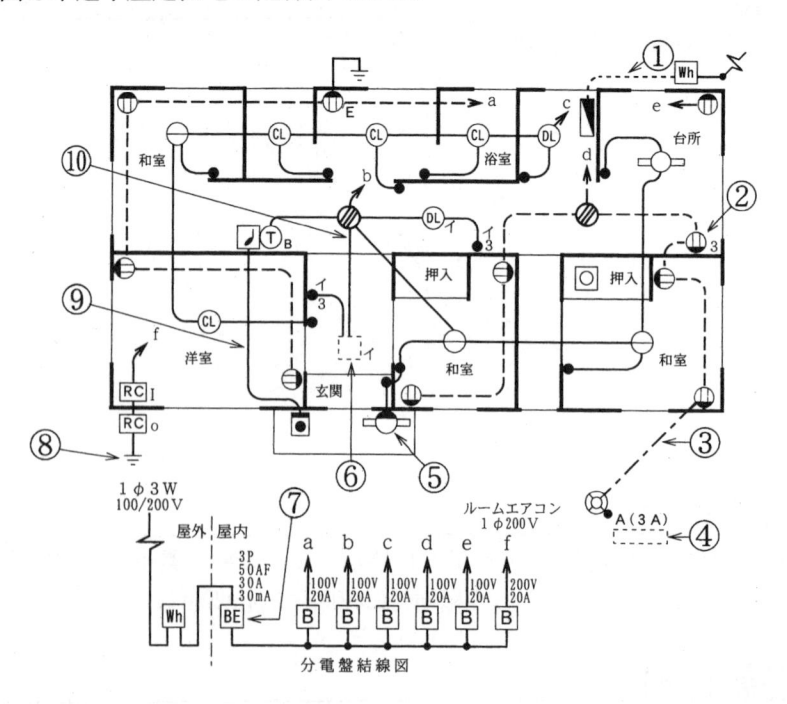

	問い	答え
1	①の部分の架空引込線取付点から引込口までの施工方法で，適切なものは。	イ．鉛被ケーブル工事 ロ．ポリエチレン外装ケーブル工事 ハ．MIケーブル工事 ニ．金属管工事
2	②の部分の器具の名称は。	イ．防水形3口コンセント ロ．3極コンセント ハ．壁付3極コンセント ニ．壁付3口コンセント
3	③の部分の配線方法は。	イ．天井隠ぺい配線　　ロ．露出配線 ハ．地中埋設配線　　　ニ．架空配線

4	④の部分の外灯は，100〔W〕の水銀灯である。その図記号の傍記表示として，正しいものは。	イ．F100 ロ．N100 ハ．H100 ニ．M100
5	⑤の照明器具をメタルラス張りの壁に取り付ける場合で，適切な工事方法は。	イ．器具の金属製部分とメタルラスが電気的に接続しているので，メタルラス部分にD種接地工事を施す。 ロ．器具の金属製部分とメタルラスとを電気的に接続して取り付ける。 ハ．器具の金属製部分とメタルラスが電気的に接続しているので，この金属製部分にD種接地工事を施す。 ニ．器具の金属製部分とメタルラスとを電気的に接続しないように取り付ける。
6	⑥の部分の電灯を埋込器具にしたい。図記号は。	イ． ─ ロ． CL ハ． CH ニ． DL
7	⑦の部分の図記号の示す器具を用いる目的は。	イ．地絡電流のみ遮断する。 ロ．短絡電流のみ遮断する。 ハ．不平衡電流を遮断する。 ニ．過電流と地絡電流を遮断する。
8	⑧の部分の接地線(軟銅線)の太さと，接地抵抗値との組合せとして，不適切なものは。	イ．1.2〔mm〕 10〔Ω〕 ロ．1.6〔mm〕 10〔Ω〕 ハ．2.0〔mm〕 100〔Ω〕 ニ．1.6〔mm〕 100〔Ω〕
9	⑨の部分の小勢力回路で使用できる電圧の最大値〔V〕は。	イ．12　　ロ．24 ハ．48　　ニ．60
10	⑩の部分の最少電線本数(心線数)は。	イ．3　　ロ．4 ハ．5　　ニ．6

第39回テスト 解答と解説

問題1 【正解】(ロ)

①の部分でできる工事の種類は，低圧引込線の取付点から引込口に至る屋側電線路なので，**金属管工事**（木造以外の造営物に限る），**合成樹脂管工事，ケーブル工事**（鉛被ケーブル，アルミ被ケーブル又はMIケーブルを使用する場合は，木造以外の造営物に施設すること），**がいし引き工事**（展開した場所に限る）**及びバスダクト工事**で行わなければなりません。

問題2 【正解】(ニ)

②の部分の器具の名称は，**壁付3口コンセント**です。

問題3 【正解】(ハ)

③の部分の配線方法は**地中埋設配線**です。**天井隠ぺい配線**は「――――――」，**露出配線**は「-------------」，**架空配線**は「――――――」です。天井隠ぺい配線と同じですが，屋内と屋外で区別できるので問題はありません。

問題4 【正解】(ハ)

④の部分の100〔W〕の水銀灯で，その図記号の傍記表示は「○H100」です。「○F100」は**床付**，「○M100」は**メタルハライドランプ**，「○N100」は**ナトリウムランプ**です。

問題5 【正解】(ニ)

⑤の照明器具を**メタルラス張り**の壁に取り付ける場合で，適切な工事方法は，器具の金属製部分とメタルラスとを**電気的に接続しないように**取り付けることです。

問題6 【正解】(ハ)

⑥の部分の埋込器具の図記号は「DL」です。「─」はペンダント，「CL」はシーリング，「CH」はシャンデリアです。

問題7 【正解】（ニ）

⑦の部分の図記号は，**過負荷保護付漏電遮断器**なので，用いる目的は**過電流**と**地絡電流（漏電電流）**を遮断することです。

問題8 【正解】（イ）

⑧の部分の接地工事は 300〔V〕以下なので，**D種接地工事**になります。規定により，接地線（軟銅線）の太さは **1.6〔mm〕**以上，接地抵抗値は **100〔Ω〕**以下となります。

問題9 【正解】（ニ）

⑨の部分の**小勢力回路**で使用できる電圧の最大値は，規定により **60〔V〕**となります。

問題10 【正解】（ロ）

⑩の部分の回路図は，次のようになります。

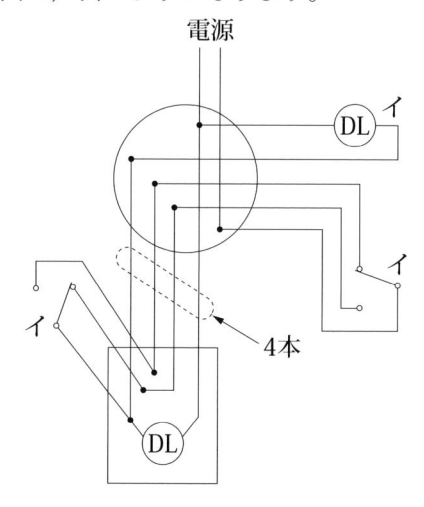

第40回テスト　材料選別1

図は，鉄筋コンクリート造の集合住宅共用部の部分的配線図である。

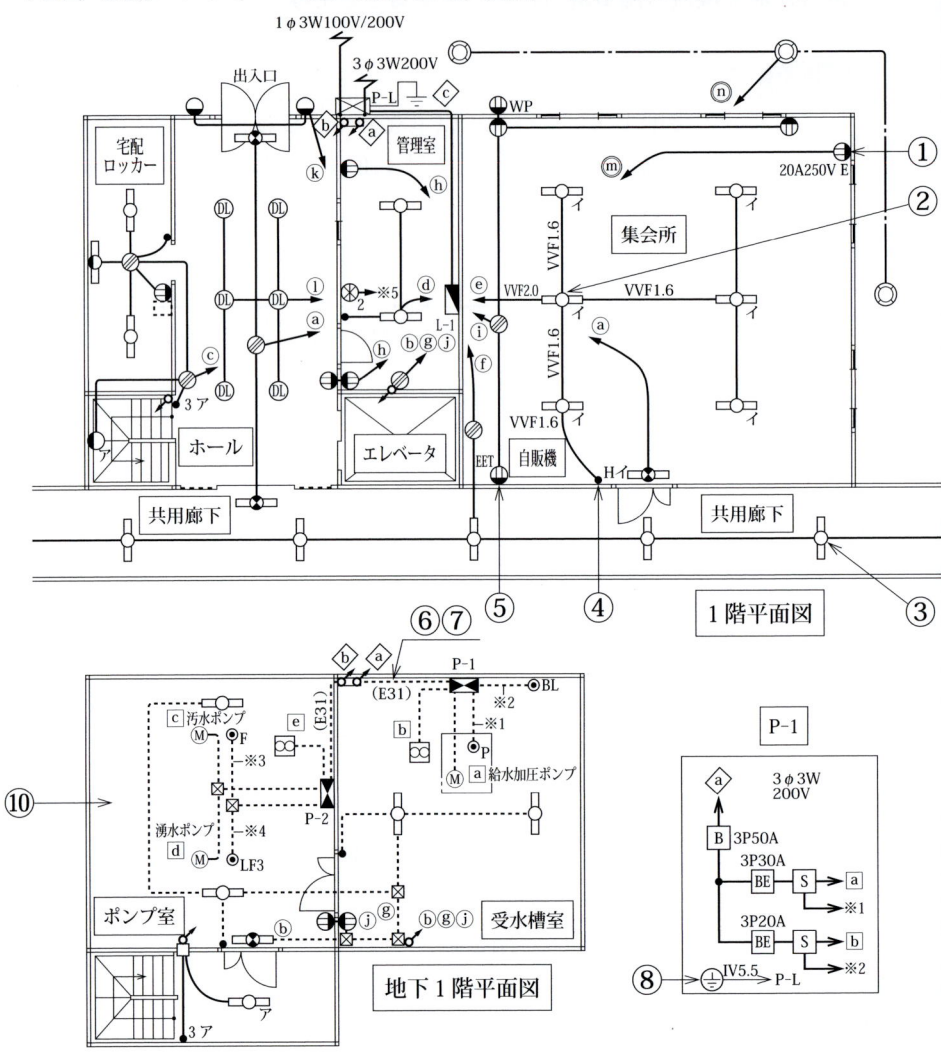

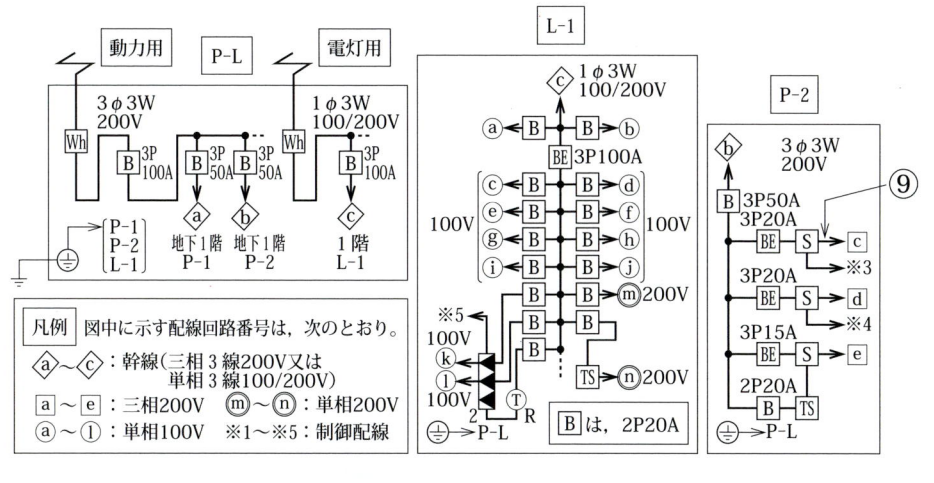

材料選別1

第40回テスト 問題

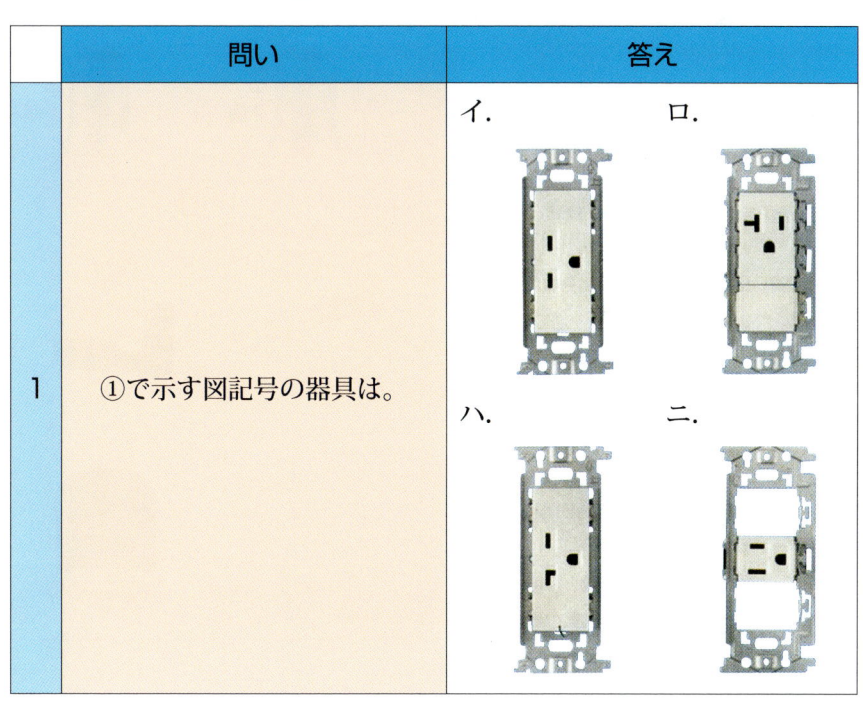

	問い	答え
1	①で示す図記号の器具は。	イ. ロ. ハ. ニ.

2	②で示す部分の天井内のジョイントボックス内において，接続をすべて圧着接続とする場合，使用するリングスリーブの種類と最少個数の組合せで，適切なものは。 ただし，照明器具「イ」への配線は，VVF1.6-2C とする。	イ. 小 3個 / 中 1個　　ロ. 小 1個 / 中 2個 ハ. 小 2個 / 中 2個　　ニ. 小 2個 / 中 1個
3	③で示す図記号の器具は。	イ．　　ロ． ハ．　　ニ．

材料選別1

第40回テスト 問題

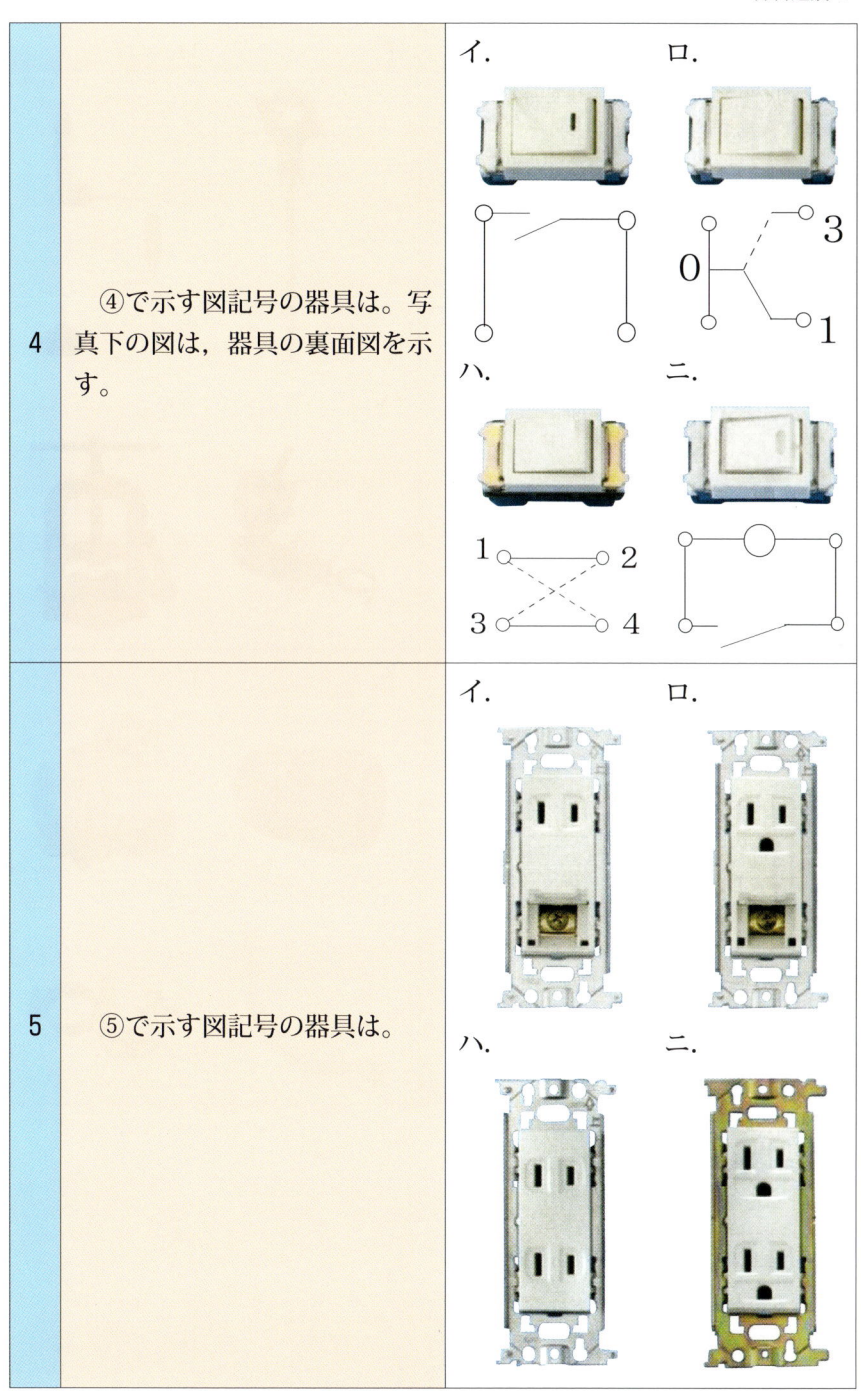

4	④で示す図記号の器具は。写真下の図は，器具の裏面図を示す。	イ. ロ. ハ. ニ.
5	⑤で示す図記号の器具は。	イ. ロ. ハ. ニ.

6	⑥で示す部分の工事において，使用されない工具は。	イ. ハ.	ロ. ニ.
7	⑦で示す部分の工事において，使用されることのないものは。	イ. ハ.	ロ. ニ.

材料選別1

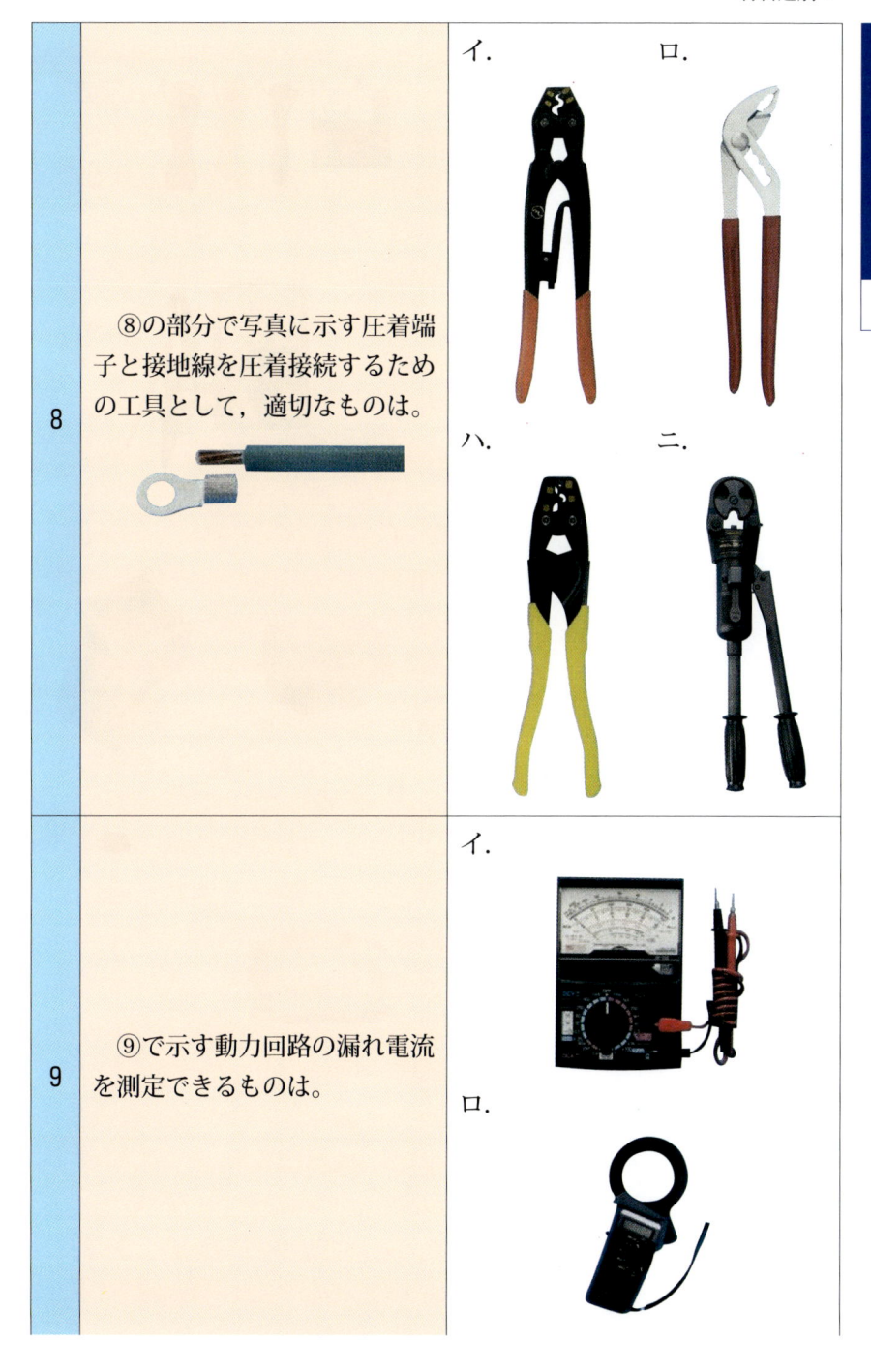

第40回テスト 問題

| 8 | ⑧の部分で写真に示す圧着端子と接地線を圧着接続するための工具として，適切なものは。 | イ. ロ. ハ. ニ. |

| 9 | ⑨で示す動力回路の漏れ電流を測定できるものは。 | イ. ロ. |

ハ.

ニ.

| 10 | ⑩で示す地下1階のポンプ室内で使用しないものは。 | イ. ロ. ハ. ニ. |

材料選別1

第40回テスト 解答と解説

問題1 【正解】(ハ)

①で示す図記号の器具は，**20 A 250 V 接地極付コンセント**なので，「ハ」となります。「イ」は **15 A 250 V 接地極付コンセント**，「ロ」は **20 A 125 V 接地極付コンセント**，「ニ」は **15 A 125 V 接地極付コンセント**となります。

問題2 【正解】(ニ)

②で示す部分の結線図は，次のようになります。数値が無い電線は **1.6〔mm〕**です。

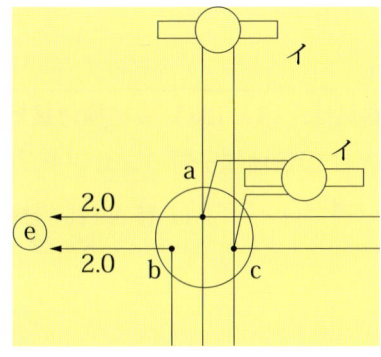

リングスリーブで電線同士を接続する場合，使用するリングスリーブの種類は，電線の太さと本数により定まります。ジョイントボックス内の複線図が描けて，使用するスリーブの種類を選定することが求められます。表に電線の太さ及び本数と使用するスリーブの種類を示します。

電線の太さと本数		スリーブの種類
1.6〔mm〕	2～4〔本〕	小
	5～6〔本〕	中
2.0〔mm〕	2〔本〕	小
	3～4〔本〕	中
1.6〔mm〕(1～2〔本〕) + 2.0〔mm〕(1〔本〕)		小
1.6〔mm〕(3～5〔本〕) + 2.0〔mm〕(1〔本〕)		中
1.6〔mm〕(1～3〔本〕) + 2.0〔mm〕(2〔本〕)		

図のａの部分は **1.6〔mm〕**が **3 本**，**2.0〔mm〕**が **1 本**なので，**中**のスリーブ，図のｂの部分は **1.6〔mm〕**が **1 本**，**2.0〔mm〕**が **1 本**なので，**小**のスリーブ，図のｃの部分は **1.6〔mm〕**が **3 本**なので，**小**のスリーブとなります。

問題 3　【正解】（イ）

③で示す図記号の器具は，**蛍光灯（天井付き）**です。「ロ」は**防雨形壁付白熱灯**「◯WP」，「ハ」は**ペンダント**「◯」，「ニ」は**埋込器具**「DL」です。

問題 4　【正解】（ニ）

④で示す図記号の器具は，**位置表示内蔵スイッチ**です。「イ」は**単極スイッチ**，「ロ」は **3 路スイッチ**，「ハ」は **4 路スイッチ**です。

問題 5　【正解】（ロ）

⑤で示す図記号の器具は，**15 A 125 V 接地極付接地端子付コンセント**です。「イ」は **15 A 125 V 1 口接地端子付コンセント**「◯ET」，「ハ」は **15 A 125 V 2 口コンセント**「◯2」，「ニ」は **15 A 125 V 接地極付 2 口コンセント**「◯2E」です。

問題 6　【正解】（イ）

⑥で示す部分の工事は**（E31）**となっているので，**ネジ無し金属管工事**となります。ゆえに，使用されることのないものは，**ねじきり器**となります。

問題 7　【正解】（イ）

⑦で示す部分の工事において，使用されない工具は施工が**ネジ無し金属管工事**なので，「イ」の **PF 管用ボックスコネクタ**です。

問題 8　【正解】（イ）

⑧の部分の電線は IV5.5 なので，**圧着端子用圧着工具**です。「ニ」の**手動油圧式圧着器**は 14〔mm^2〕以上の太い電線を圧着する場合に用います。「ハ」は柄が黄色いので，**リングスリーブ用圧着工具**です。**圧着端子用圧着工具は柄が赤色**なので注意が必要です。

問題 9 【正解】（ロ）

⑨で示す動力回路の漏れ電流を測定できるものは，クランプメーターです。「イ」は回路計，「ハ」は接地抵抗計，「ニ」は絶縁抵抗計です。

問題 10 【正解】（ハ）

⑩で示す地下 1 階のポンプ室内で使用しないものは，「ハ」のリモコンスイッチです。「ニ」はフロートスイッチ「●F」です。水位によりポンプの入切を自動的に行います。

第41回テスト　材料選別2

木造2階建て住宅の配線図である。

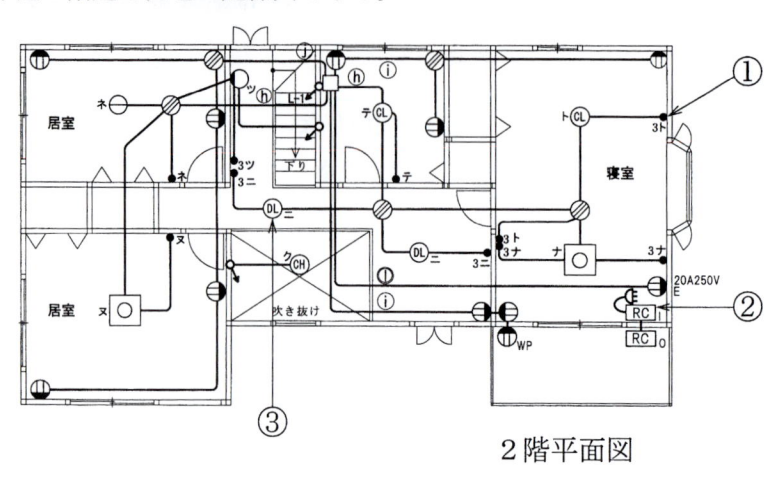

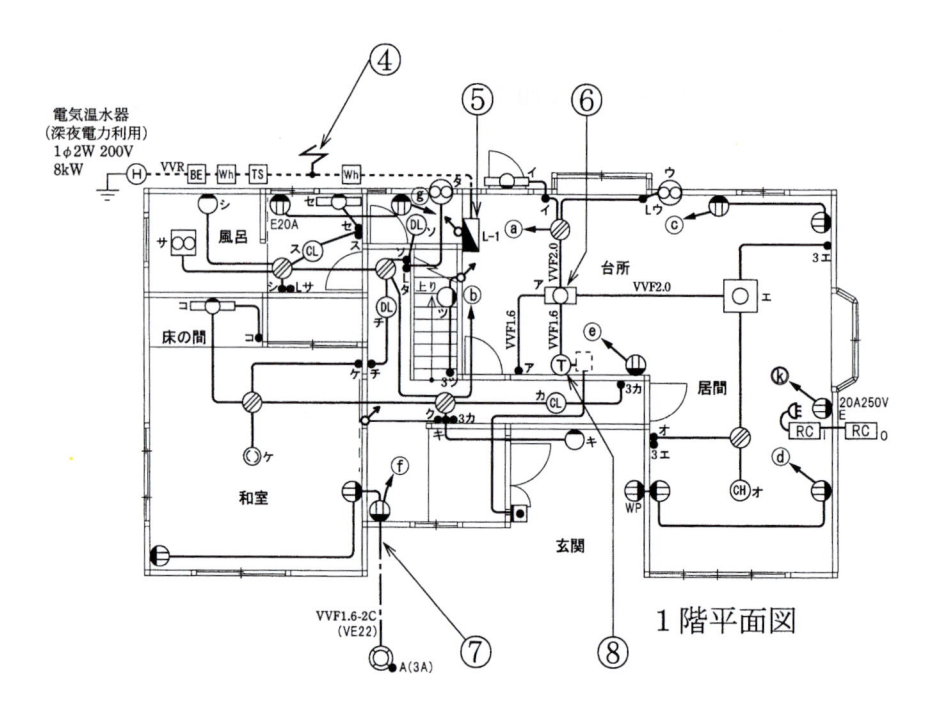

2階平面図

1階平面図

材料選別2

第41回テスト 問題

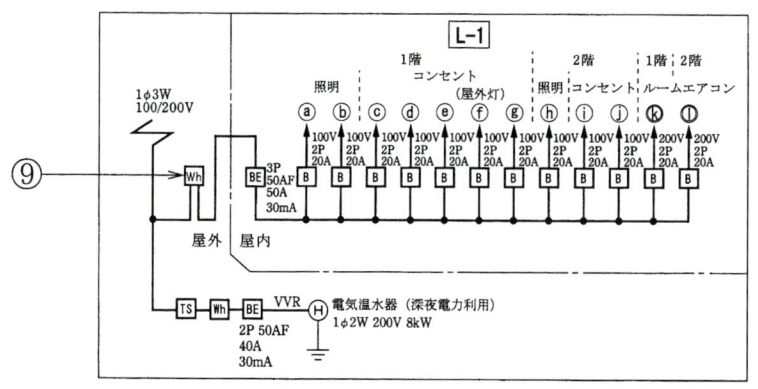

	問い	答え
1	①で示す図記号の器具は。写真下の図は，器具の裏面図を示す。（写真の器具は一般形のものである。）	イ． ロ． ハ． ニ．
2	②で示す機器の絶縁抵抗値を測定するものは。	イ． ロ． ハ．

- 269 -

		ニ.
3	③で示す図記号の器具は。	イ. ロ. ハ. ニ.
4	④で示す部分でDV線を引き留める場合に使用するものは。	イ. ロ. ハ. ニ.
5	⑤で示す部分に使用する適切なものは。	イ. ロ.

材料選別 2

第41回テスト 問題

		ハ.
		ニ.
6	⑥で示す部分の天井内のジョイントボックス内において，接続をすべて圧着接続とする場合，使用するリングスリーブの種類と最少個数の組合せで，適切なものは。ただし，ジョイントボックス部分を経由する電線は，その部分ですべて接続箇所を設け，照明器具「ア」への配線は，VVF1.6-2Cとする。	イ. 小1個 / 中2個　ロ. 中1個 / 大2個　ハ. 小2個 / 中1個　ニ. 小2個 / 大1個
7	⑦で示す部分の配線工事で一般に使用されない工具は。	イ. ロ.

-271-

		ハ. ニ.
8	⑧で示す図記号の器具は。	イ. ロ. ハ. ニ.
9	⑨で示す図記号の計器は。	イ. ロ. ハ. ニ.

材料選別2

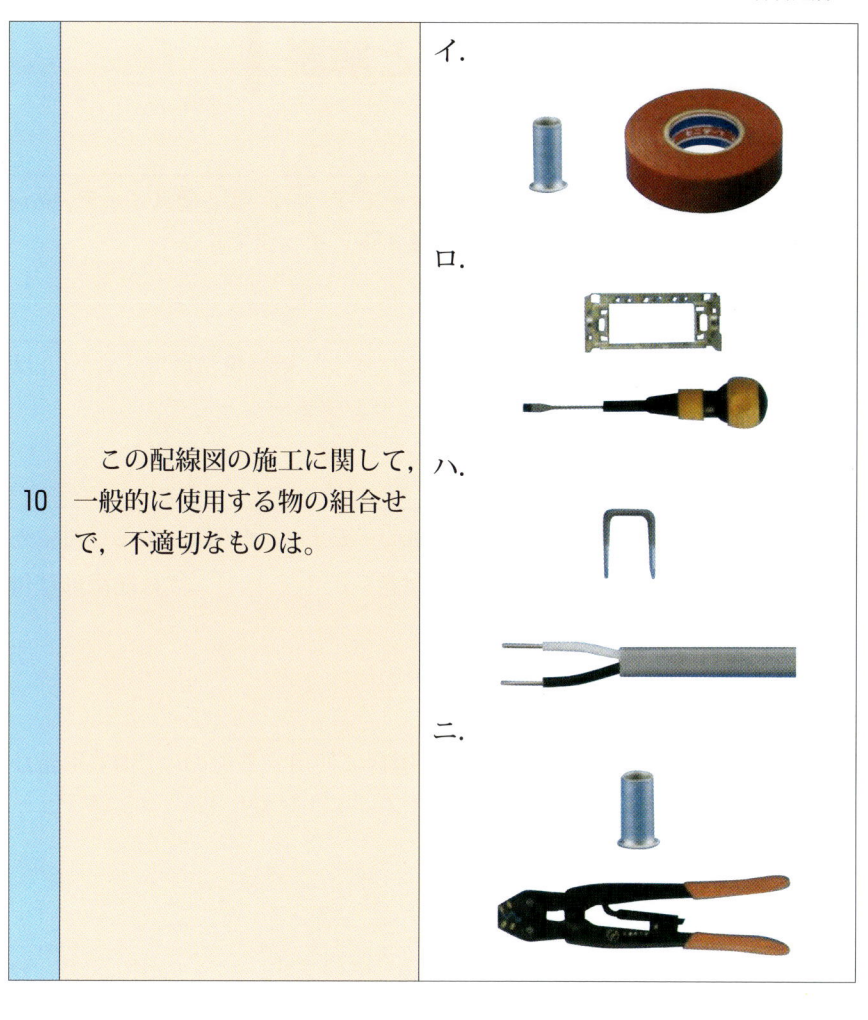

第41回テスト 問題

10 この配線図の施工に関して，一般的に使用する物の組合せで，不適切なものは。

イ．

ロ．

ハ．

ニ．

第41回テスト 解答と解説

問題1 【正解】(ロ)

①で示す図記号の器具は，3路スイッチです。「イ」は**2極スイッチ**，「ハ」は**4路スイッチ**，「ニ」は**位置表示内蔵3路スイッチ**です。

問題2 【正解】(ハ)

②で示す機器の絶縁抵抗値を測定するものは，**絶縁抵抗計**です。「イ」は**接地抵抗計**，「ロ」は**回路計**，「ニ」は**クランプメーター**です。

問題3 【正解】(ロ)

③で示す図記号の器具は**埋込器具**「DL」です。「イ」は**防雨形壁付蛍光灯**「▭○▭ WP」，「ハ」は**蛍光灯（天井付き）**「▭○▭」，「ニ」は**防雨形壁付白熱灯**「◐ WP」です。

問題4 【正解】(ハ)

④で示す部分でDV線を引き留める場合に使用するものは，**DV引留がいし**です。「イ」は**エントランスキャップ**，「ロ」は**がいし**，「ニ」は**チューブサポート**です。

問題5 【正解】(ニ)

⑤で示す部分の図記号は，**分電盤**を表しています。L−1の図により，**分岐回路は12回路**あるので，適切な分電盤は「ニ」となります。「ロ」も分電盤ですが，分岐回路が4回路なので，適当ではありません。

問題6 【正解】(イ)

⑥で示す部分の配線図は，次の図のようになります。数値の無い電線は1.6〔mm〕です。図のaの部分は1.6〔mm〕が2本，2.0〔mm〕が2本なので，**中のスリーブ**，図のbの部分は1.6〔mm〕が2本なので，**小のスリーブ**，図のcの部分は1.6〔mm〕が2本，2.0〔mm〕が2本なので，**中のスリーブ**となります。

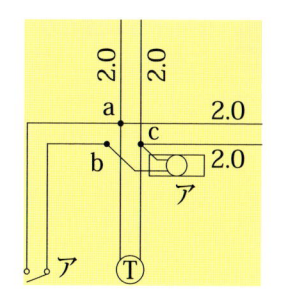

問題7　【正解】（イ）

⑦で示す部分の配線工事は「VE」になるので，硬質塩化ビニル電線管による地中配線です。「イ」で示す工具はパイプレンチで，金属管工事に使用されます。

問題8　【正解】（イ）

⑧で示す図記号は小型トランスです。「ロ」は低圧コンデンサ，「ハ」はタイマー，「ニ」はサーマル付電磁開閉器です。

問題9　【正解】（ニ）

⑨で示す図記号は「箱入り電力量計」なので「ニ」となります。「イ」は電力計，「ロ」は周波数計，「ハ」は電流計です。

問題10　【正解】（ニ）

リングスリーブ用の圧着工具は，柄が黄色なので「ニ」が不適切です。圧着端子用圧着工具は，柄が赤色なので注意が必要です。

第42回テスト　材料選別3

図は木造3階建ての配線図である。

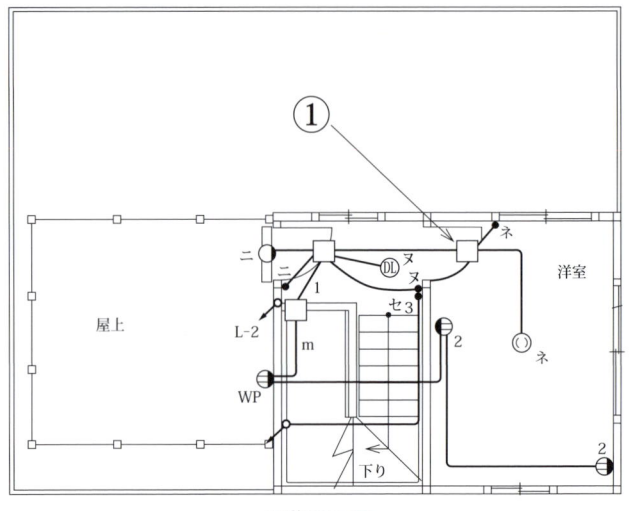

3階平面図

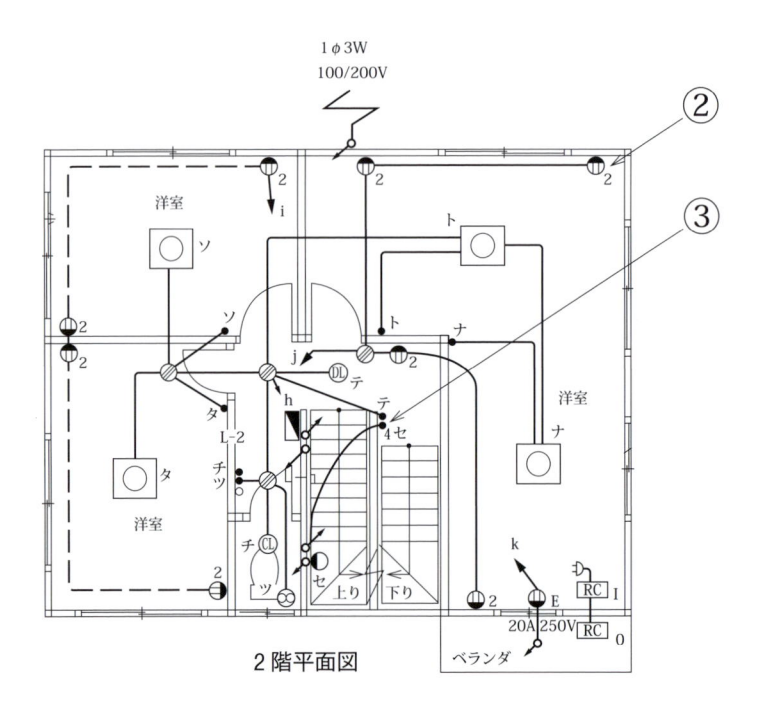

2階平面図

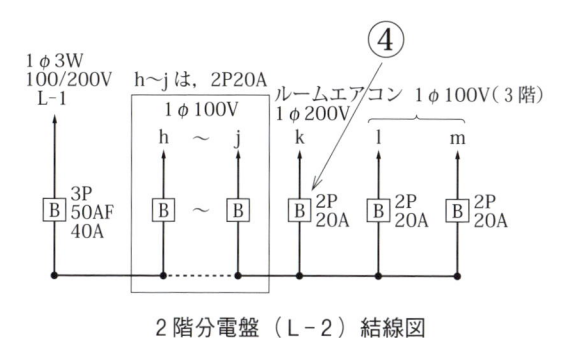

材料選別3

2階分電盤（L-2）結線図

- 1φ3W 100/200V L-1
- h～jは、2P20A 1φ100V
- ルームエアコン 1φ100V（3階）
- 1φ200V
- h ～ j k l m
- 3P 50AF 40A
- 2P 20A（各）

1階平面図

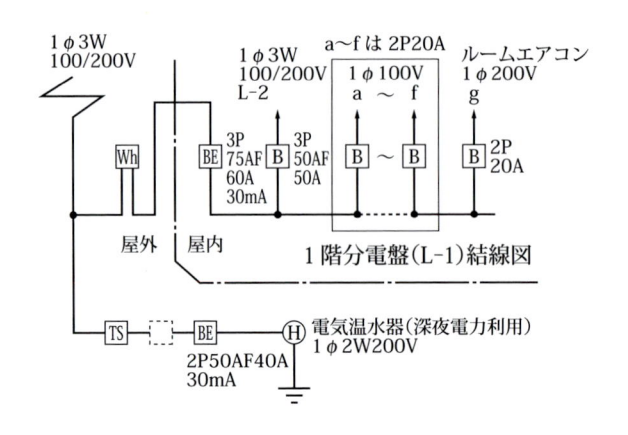

```
              1φ3W        a～fは 2P20A
              100/200V    1φ100V     ルームエアコン
   1φ3W       L-2         a ～ f      1φ200V
   100/200V                            g
          3P      3P
      BE  75AF  B 50AF  B ～ B    B  2P
      Wh  60A     50A                 20A
          30mA

   屋外   屋内      1階分電盤(L-1)結線図

      TS     BE    H  電気温水器(深夜電力利用)
            2P50AF40A   1φ2W200V
            30mA
```

	問い	答え
1	①で示す図記号のジョイントボックスは。	イ. ロ. ハ. ニ.

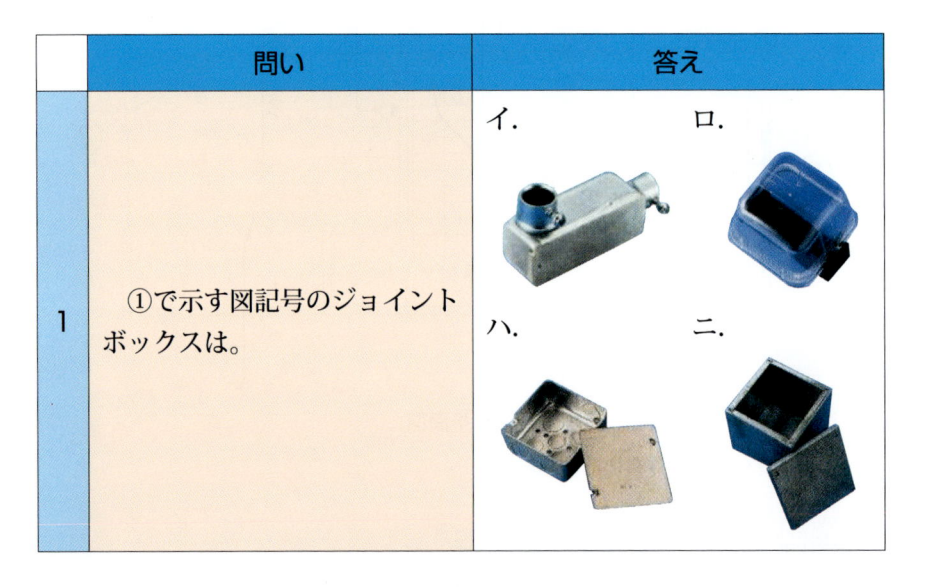

材料選別3

第42回テスト 問題

2	②で示す図記号の器具は。	イ.  ロ.（←漏電ブレーカ） 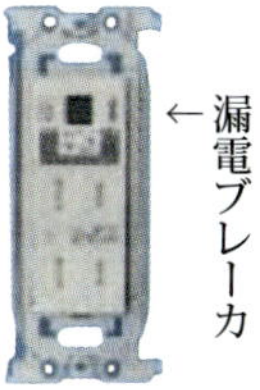 ハ.  ニ. 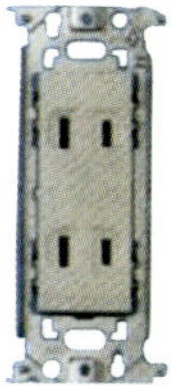
3	③で示す図記号の器具は。写真下の図は，器具の裏面図を示す。	イ. 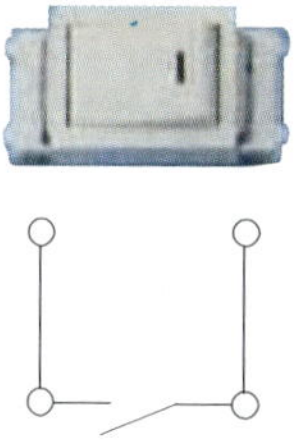 ロ. 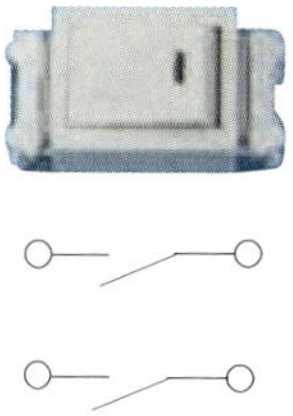 ハ. 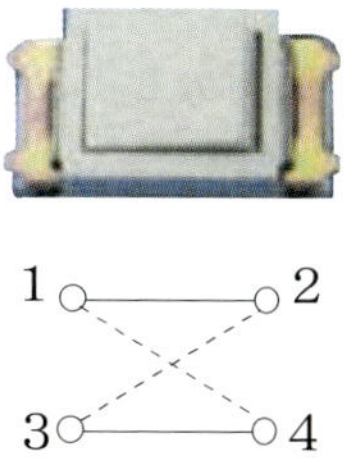 ニ. 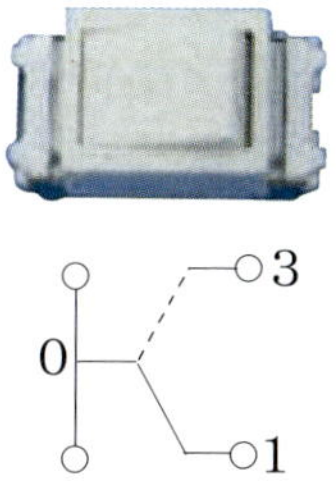

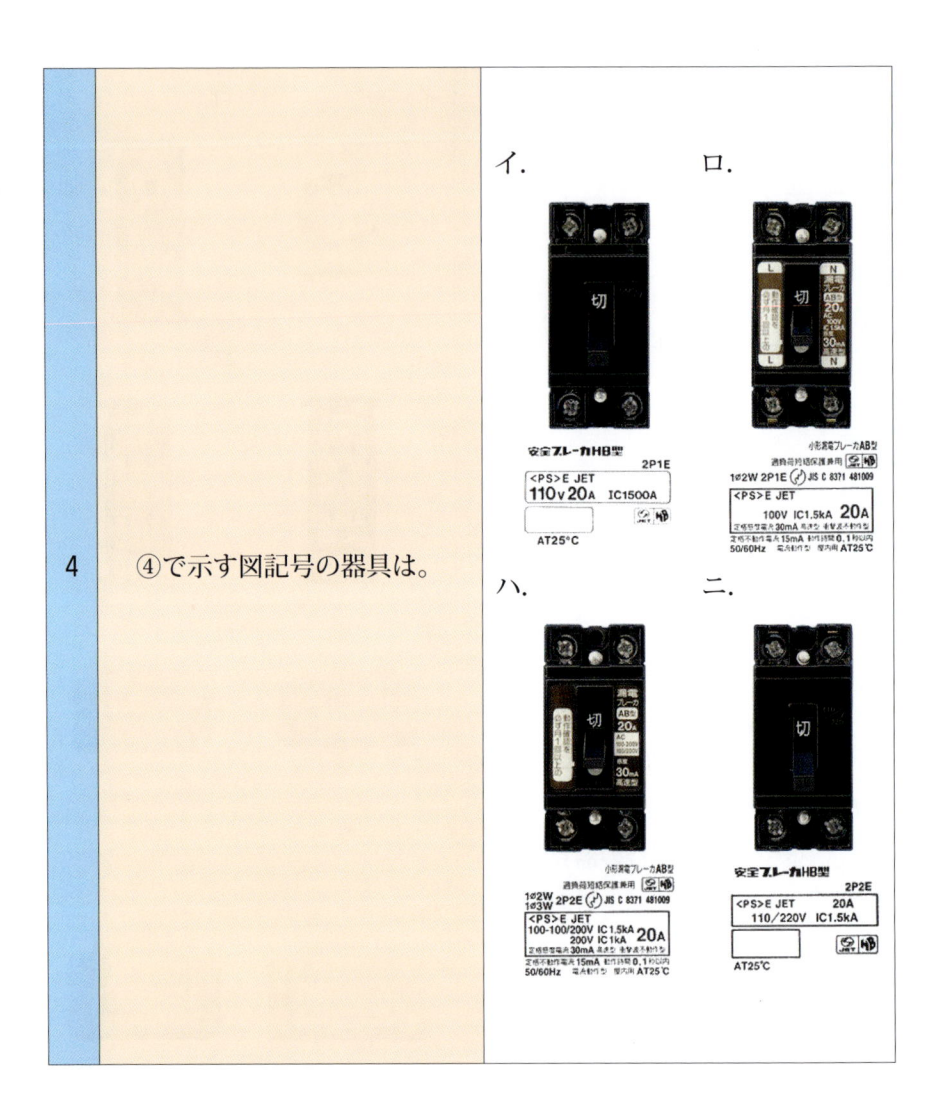

4 ④で示す図記号の器具は。

イ.

安全ブレーカHB型
2P1E
<PS>E JET
110v 20A IC1500A
AT25℃

ロ.

小形漏電ブレーカAB型
過負荷短絡保護兼用
1φ2W 2P1E JIS C 8371 481009
<PS>E JET
100V IC1.5kA 20A
定格不動作電流 15mA 動作時間 0.1秒以内
50/60Hz 電流動作 屋内用 AT25℃

ハ.

小形漏電ブレーカAB型
過負荷短絡保護兼用
1φ2W
1φ3W 2P2E JIS C 8371 481009
<PS>E JET
100-100/200V IC1.5kA
200V IC1kA 20A
定格不動作電流 15mA 動作時間 0.1秒以内
50/60Hz 電流動作 屋内用 AT25℃

ニ.

安全ブレーカHB型
2P2E
<PS>E JET 20A
110/220V IC1.5kA
AT25℃

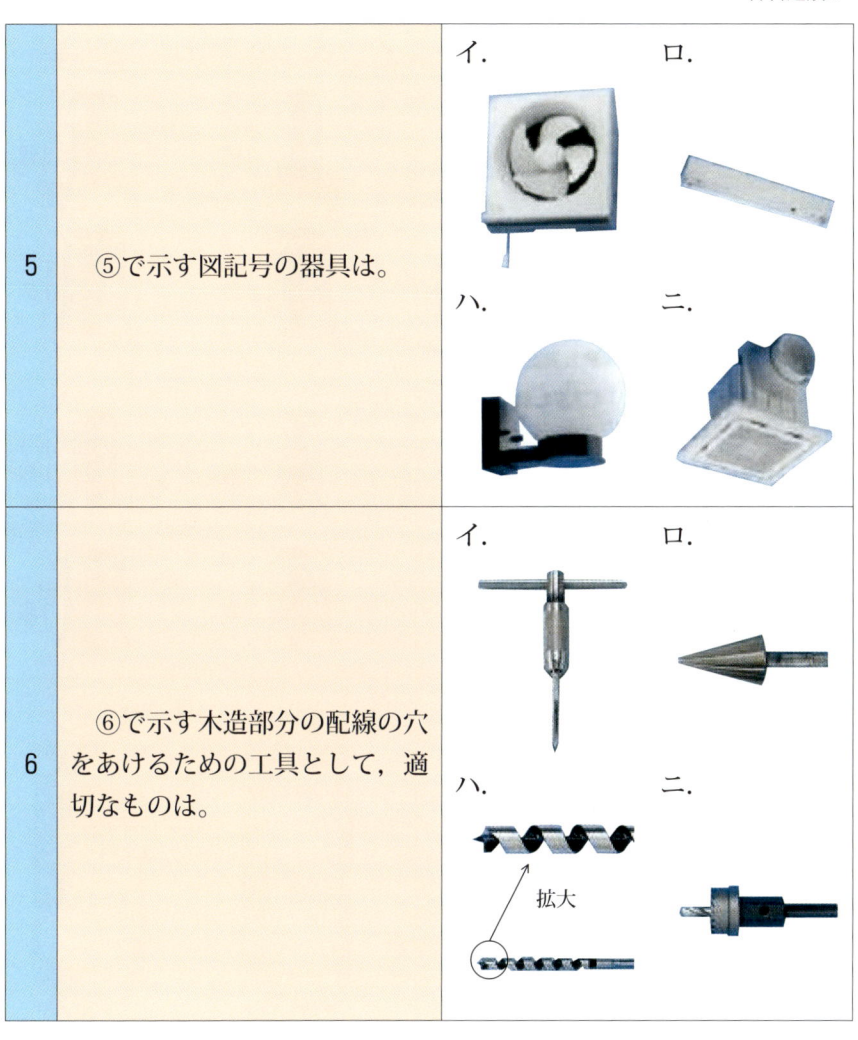

材料選別3

第42回テスト 問題

5	⑤で示す図記号の器具は。	イ. ロ. ハ. ニ.
6	⑥で示す木造部分の配線の穴をあけるための工具として，適切なものは。	イ. ロ. ハ. ニ. 拡大

7	⑦で示すジョイントボックス内の接続をすべて圧着接続とする場合，使用するリングスリーブの種類と最少個数の組合せで，適切なものは。	イ. 小 2個 / 中 2個　　ロ. 小 3個 / 中 1個　　ハ. 小 3個 / 中 2個　　ニ. 小 1個 / 中 3個
8	⑧で示す図記号の器具は。	イ. ロ. ハ. ニ.

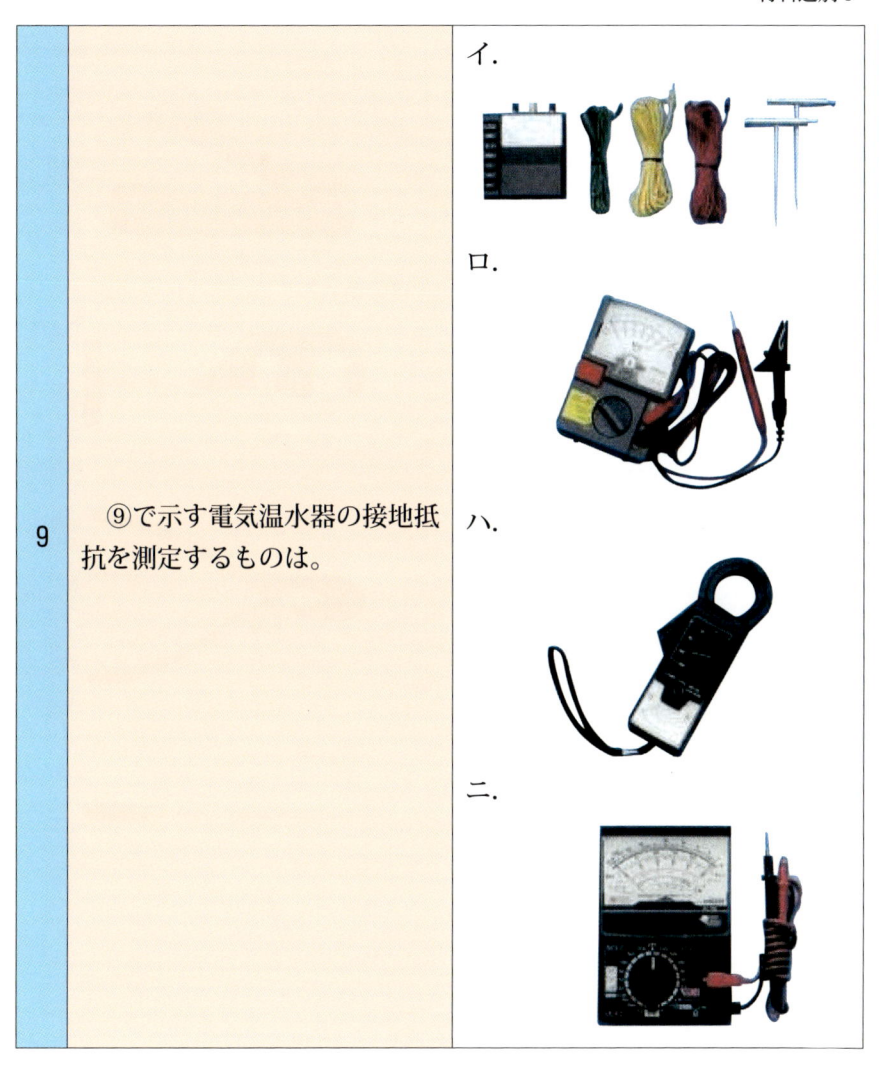

第42回テスト 問題

材料選別3

| 9 | ⑨で示す電気温水器の接地抵抗を測定するものは。 |

イ.

ロ.

ハ.

ニ.

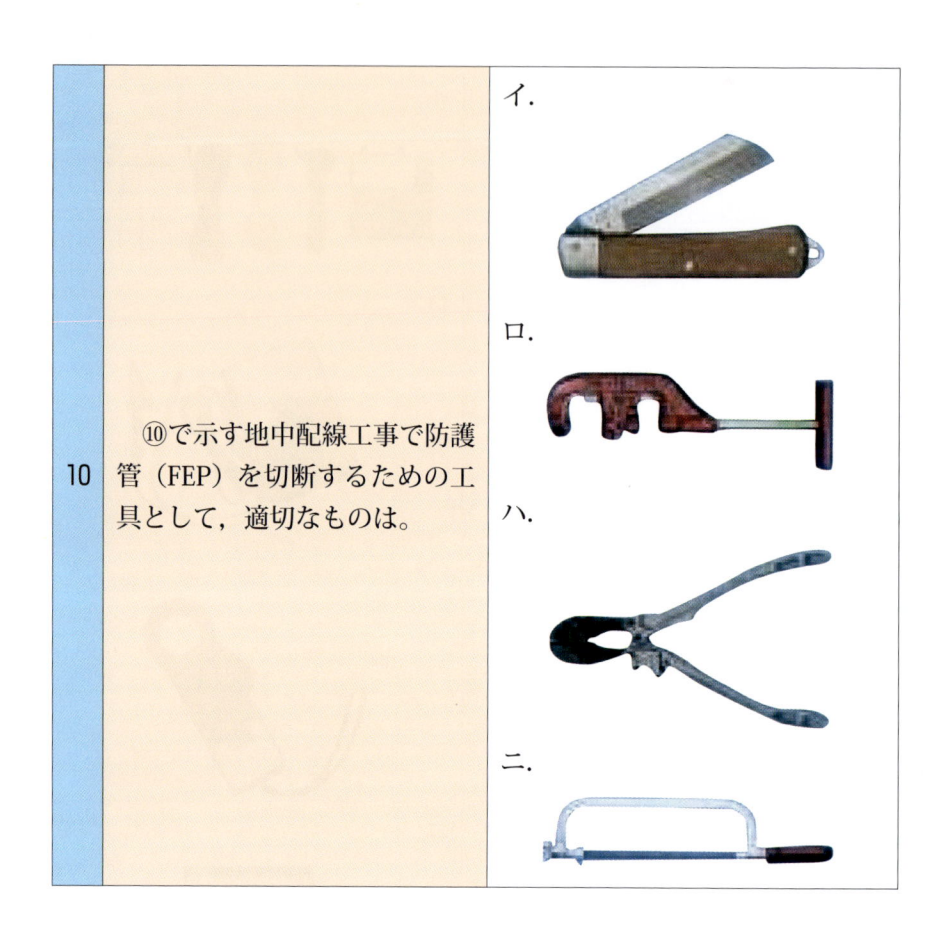

| 10 | ⑩で示す地中配線工事で防護管（FEP）を切断するための工具として，適切なものは。

イ．

ロ．

ハ．

ニ．

材料選別 3

第 42 回テスト 解答と解説

問題 1 【正解】(ハ)

①で示す図記号のジョイントボックスは，「ハ」のアウトレットボックスです。「イ」はユニバーサル，「ロ」は端子無しジョイントボックス，「ニ」はプルボックスです。アウトレットボックスは露出金属管工事などに使用され，電線の接続，スイッチ類の取り付けなどに使用されています。同じような形状したボックスにコンクリートボックスがありますが，ボックスに付いているツバが内向きのものがアウトレットボックス，外向きのものがコンクリートボックスです。間違えないようにしましょう。アウトレットボックスに器具などを取り付ける場合に使用するのがボックスカバーです。塗りしろカバーと形状が似ているので注意が必要です。端子無しジョイントボックスは主に VVF などのケーブル工事の露出配線に使用される場合が多いです。プルボックスは主に金属管工事で管が交差，屈折するする場所で電線の引き入れを容易にする場合に用いられます。

問題 2 【正解】(ニ)

②で示す図記号の器具は，15 A 125 V 2 口コンセントです。「イ」は 15 A 125 V 2 口フロアコンセント「⬤$_2$」，「ロ」は 15 A 125 V 2 口漏電遮断器付コンセント「⊖$_{2EL}$」，「ハ」は 15 A 125 V 2 口接地極付コンセント「⊖$_{2E}$」です。

問題 3 【正解】(ハ)

③で示す図記号の器具は，4 路スイッチ「⬤$_4$」です。「イ」は単極スイッチ「⬤」，「ロ」は 2 極スイッチ「⬤$_{2P}$」，「ニ」は 3 路スイッチ「⬤$_3$」です。

問題 4 【正解】(ニ)

分岐回路の施設において，非接地側の電路の各極に開閉器及び過電流遮断器を設置しなければなりません。ゆえに，単相 3 線式 200 V の分岐回路に施設する配線用遮断器は，2 極 2 素子（2P2E）の配線用遮断器が必要です。「イ」は 2 極 1 素子の配線用遮断器，「ロ」は 2 極 1 素子の漏電遮断器，

「ハ」は2極2素子の漏電遮断器です。

問題5　【正解】（ニ）

⑤で示す図記号の器具は，**天井付の換気扇**です。「イ」は**壁付き換気扇**「⊗」，「ロ」は**天井付蛍光灯**「▭○▭」，「ハ」は**防雨形壁付き白熱灯**「⊖WP」です。

問題6　【正解】（ハ）

⑥で示す木造部分の配線の穴をあけるための工具として適切なものは，**木工用ドリルビット**です。「イ」は**タップセット**，「ロ」は**リーマ**，「ニ」は**ホルソ**です。タップセットは金属板に開けた小さな穴にネジの溝を切るために用いられます。リーマはクリックボールに取り付けて切断した金属管の内側のバリをとって滑らかにし電線の被覆を傷つけるのを防止します。ホルソは金属板にドリルビットよりも大きな穴をあける場合にもちいられます。ノックアウトパンチャも同じような用途です。

問題7　【正解】（ロ）

⑦で示す部分の配線図は，次の図のようになります。数値の無い電線は1.6〔mm〕です。図のaの部分は1.6〔mm〕が1本，2.0〔mm〕が1本なので，**小のスリーブ**，図のbの部分は1.6〔mm〕が3本，2.0〔mm〕が1本なので，**中のスリーブ**，図のcの部分は1.6〔mm〕が3本なので，**小のスリーブ**，図のdの部分は1.6〔mm〕が2本なので，**小のスリーブ**となります。

ゆえに，使用するリングスリーブの種類と最少個数の組合せは，**小**が3個，**中**が1個になります。

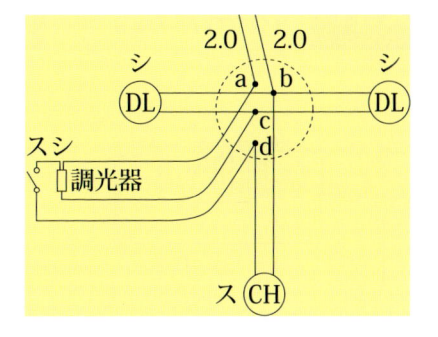

問題8 【正解】(ロ)

⑧で示す図記号は，調光器です。「イ」は**位置表示灯内蔵スイッチ**「ハ」は**コードスイッチ**，「ニ」は**ペンダントスイッチ**です。

問題9 【正解】(イ)

接地抵抗を測定するものは「イ」の**接地抵抗計**です。「ロ」は**絶縁抵抗計**，「ハ」は**クランプメータ**，「ニ」は**回路計**です。絶縁抵抗計は電路の絶縁が規定された値であるかを調べるために用いられます。クランプメータは回路の電流を測定したり電路の漏れ電流を測定する場合に使用します。回路計は電路の電圧を測定したり電路の導通，断線を調べるために使用されます。

問題10 【正解】(ニ)

防護管（FEP）を切断するための工具として適切なものは，**金切りのこ**です。「イ」は**電工ナイフ**，「ロ」は**パイプカッタ**，「ハ」は**ボルトクリッパ**です。

第43回テスト　材料選別4

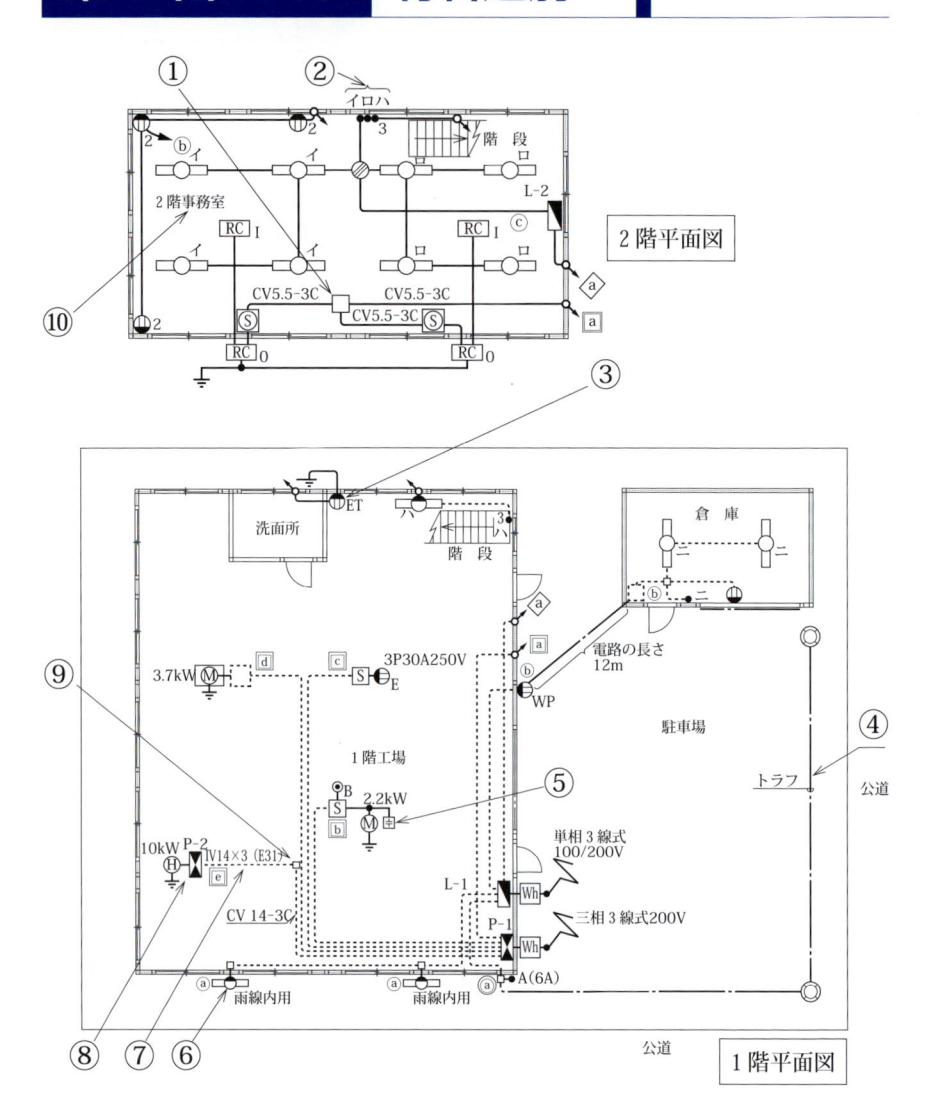

2階平面図

1階平面図

第43回テスト 問題

材料選別 4

電灯分電盤結線図 L-1
単相3線式 100/200V

屋外　屋内

Wh ─ B 3P 150AF 125A ─ BE 3P 50AF 50A ─ BE 3P 100AF 75A ─ E 200V 20A ─ BE 100V 20A ─ BE 100V 20A

ⓐ → TS
ⓐ → L-2
ⓐ　ⓑ

電灯分電盤結線図 L-2
単相3線式 100/200V

Ⓐ ← L-1

B 3P 50AF 50A ─ B 100V 20A ─ B 100V 20A

ⓒ　ⓓ

動力分電盤結線図 P-1
三相3線式200V

屋外　屋内

Wh ─ B 3P 100AF 100A ─ BE 3P 30A ─ BE 3P 30A ─ BE 3P 30A ─ BE 3P 50A ─ BE 3P 50A

ⓐ 2階　ⓑ 1階工場　ⓒ 1階工場　ⓓ 1階工場　ⓔ P-2 1階工場

凡例
- ⓐ～ⓓ は単相100V回路
- ⓐ は単相200V回路
- Ⓐ は単相3線式100/200V回路
- ⓐ～ⓔ は三相200V回路
- ▬ は電灯分電盤
- ✕ は動力分電盤

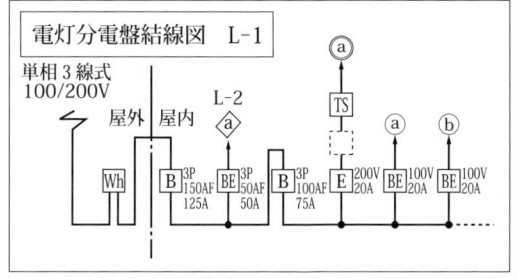

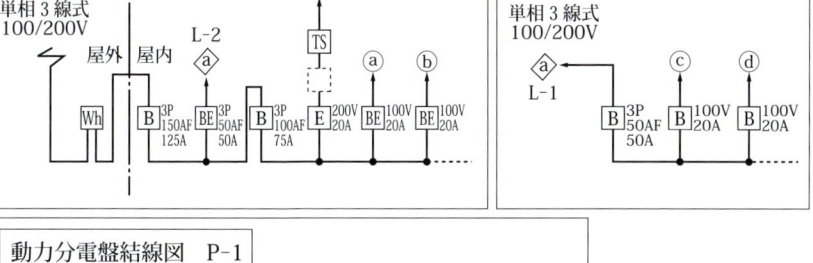

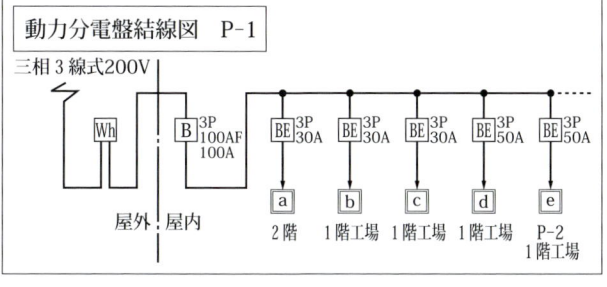

	問い	答え
1	①で示すジョイントボックス内の接続をすべて圧着接続とする場合，使用するリングスリーブの種類と必要個数の組合せで，適切なものは。	イ．小 6個　ロ．中 3個　ハ．大 3個　ニ．小 3個
2	②で示す点滅器の取付け工事に使用する材料として，不適切なものは。	イ．　ロ．

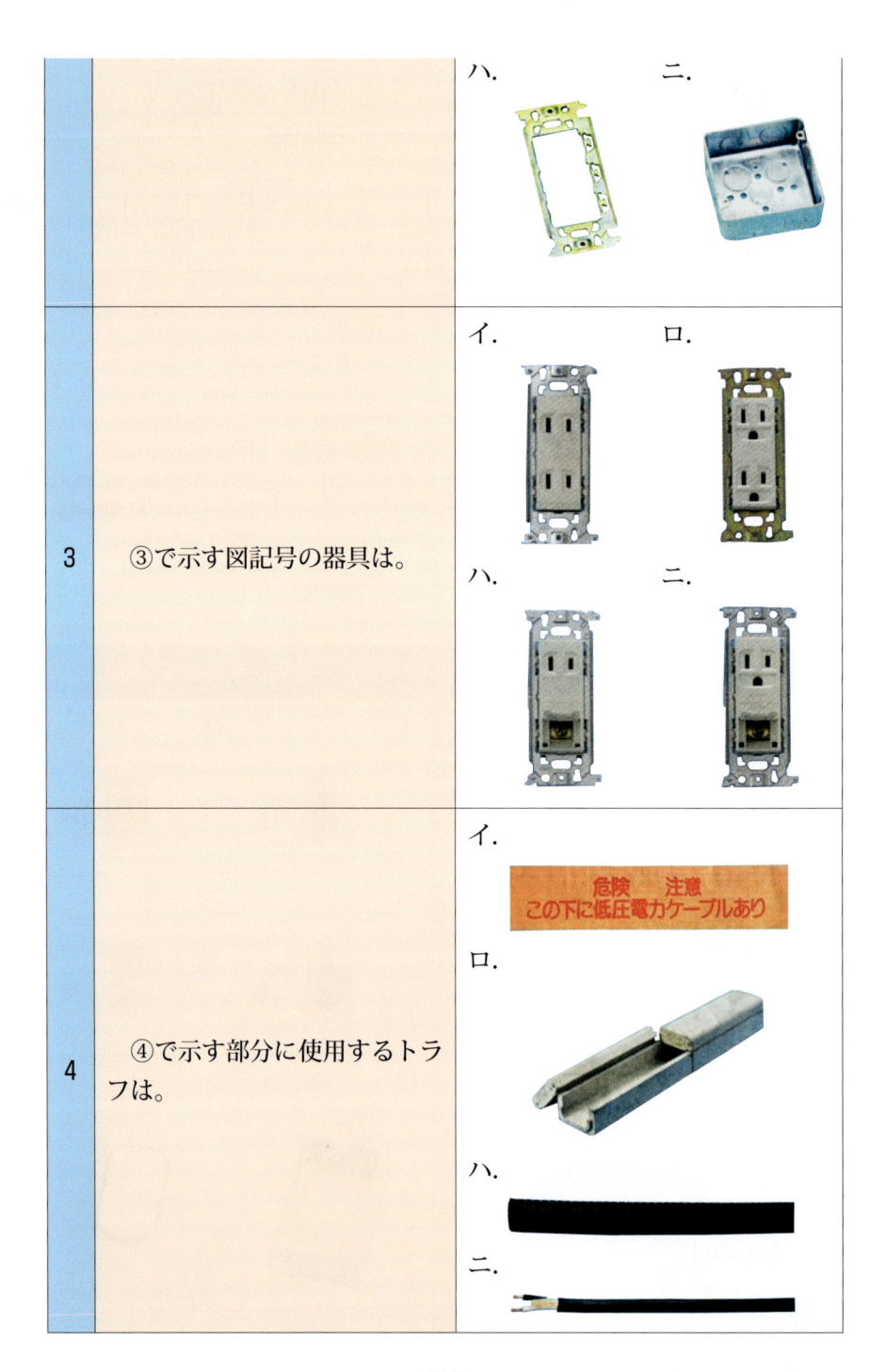

		ハ.　　　　　　ニ.
3	③で示す図記号の器具は。	イ.　　　　　　ロ. ハ.　　　　　　ニ.
4	④で示す部分に使用するトラフは。	イ. ロ. ハ. ニ.

材料選別 4

第43回テスト 問題

| 5 | ⑤で示す図記号の器具は。 | イ. ロ. ハ. ニ. |

| 6 | ⑥で示す図記号の屋外の雨線内で使用する照明器具は。 | イ. ダウンライト　ロ. 蛍光灯　ハ. 白熱灯 防湿・防雨形　ニ. 蛍光灯ブラケット 防湿・防雨形 |

| 7 | ⑦で示す部分を金属管工事で行う場合, 管の支持に用いる材料は。 | イ. ロ. |

-291-

		ハ.	ニ.
8	⑧で示す動力分電盤に電線管用の穴をあけるのに用いる工具は。	イ. ロ. ハ. ニ.	
9	⑨で示すボックス内の電線相互の圧着接続に用いる工具は。	イ. ロ. ハ. ニ.	

| 10 | ⑩で示す2階事務室の明るさ（照度）を測定するものは。 |

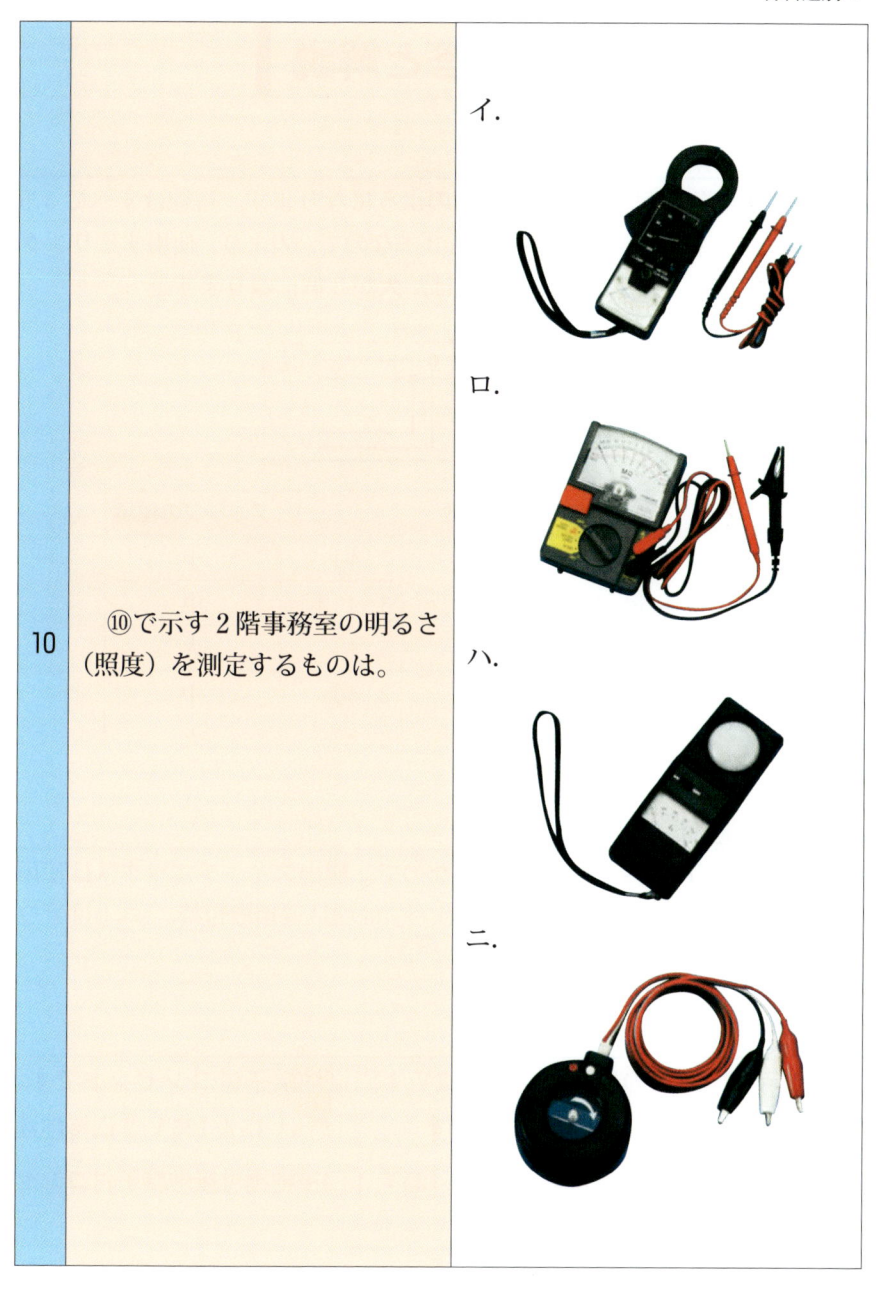

イ.

ロ.

ハ.

ニ.

第43回テスト 解答と解説

問題1 【正解】（ハ）

①で示す部分の配線図は，次の図のようになります。電線はすべて5.5〔mm²〕です。接続箇所は3箇所とも3本なので，表より，使用するリングスリーブの種類と最少個数の組合せは，**大**が3個になります。

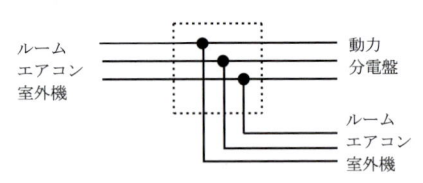

電線の太さと本数		スリーブの種類
2.0〔mm〕又は3.5〔mm²〕	2〔本〕	小
	3〜4〔本〕	中
	5〔本〕	大
2.6〔mm〕又は5.5〔mm²〕	2〔本〕	中
	3〔本〕	大

問題2 【正解】（イ）

②で示す部分の配線は**隠ぺい配線**なので，**露出スイッチボックス**は使用しません。「ロ」は**ぬりしろカバー**，「ハ」は**埋込連用取付枠**，「ニ」は**アウトレットボックス**です。

問題3 【正解】（ハ）

③で示す図記号の器具は **15 A 125 V 1口接地端子付コンセント**です。「イ」は 15 A 125 V 2口コンセント「$\ominus_2$」，「ロ」は 15 A 125 V 2口接地極付コンセント「$\ominus_{2E}$」，「ニ」は 15 A 125 V 1口接地極付接地端子付コンセント「$\ominus_{EET}$」です。

問題4 【正解】（ロ）

④で示す部分に使用するトラフは「ロ」です。「イ」は**ケーブル標識シー**

ト，「ハ」は地中ケーブル防護管，「ニ」は 600 V 架橋ポリエチレン絶縁ビニルシースケーブルです。

問題 5　【正解】（イ）

⑤で示す図記号の器具は，**低圧進相コンデンサ**です。「ロ」は**ネオントランス**，「ハ」は**配線用遮断器**，「ニ」は**サーマル付電磁開閉器**です。

問題 6　【正解】（ニ）

⑥で示す図記号の屋外の雨線内で使用する照明器具は，蛍光灯の記号なので，「ニ」となります。「イ」は**埋込器具**「⒟⒧」，「ロ」は**天井付蛍光灯**「▭◯▭」，「ハ」は**防雨形壁付き白熱灯**「◒WP」です。

問題 7　【正解】（ロ）

⑦で示す部分は露出工事なので，金属管の支持に用いる材料は**パイラック**です。「イ」は**ネジなしボックスコネクタ**，「ハ」は**ユニバーサル**，「ニ」は**ネジなし防水型カップリング**です。

問題 8　【正解】（イ）

⑧で示す動力分電盤に電線管用の穴をあけるのに用いる工具は「イ」の**ノックアウトパンチャ**です。「ロ」は**ディスクグラインダー**，「ハ」は**高速切断機**，「ニ」は**油圧ケーブルカッタ**です。

問題 9　【正解】（イ）

⑨で示すボックス内の電線相互の圧着接続に用いる工具は，IV14mm^2 の太い電線が使用されているので，**手動式油圧式圧着器**を使用します。「ロ」は**ケーブルカッタ**，「ハ」は**パイプカッタ**，「ニ」は**ボルトクリッパ**です。

問題 10　【正解】（ハ）

⑩で示す2階事務室の明るさ（照度）を測定するものは「ハ」の**照度計**です。「イ」は**クランプメータ**，「ロ」は**絶縁抵抗計**，「ニ」は**検相器**です。

第44回テスト　材料選別5

図は鉄筋軽量コンクリート造店舗平屋の配線図である。

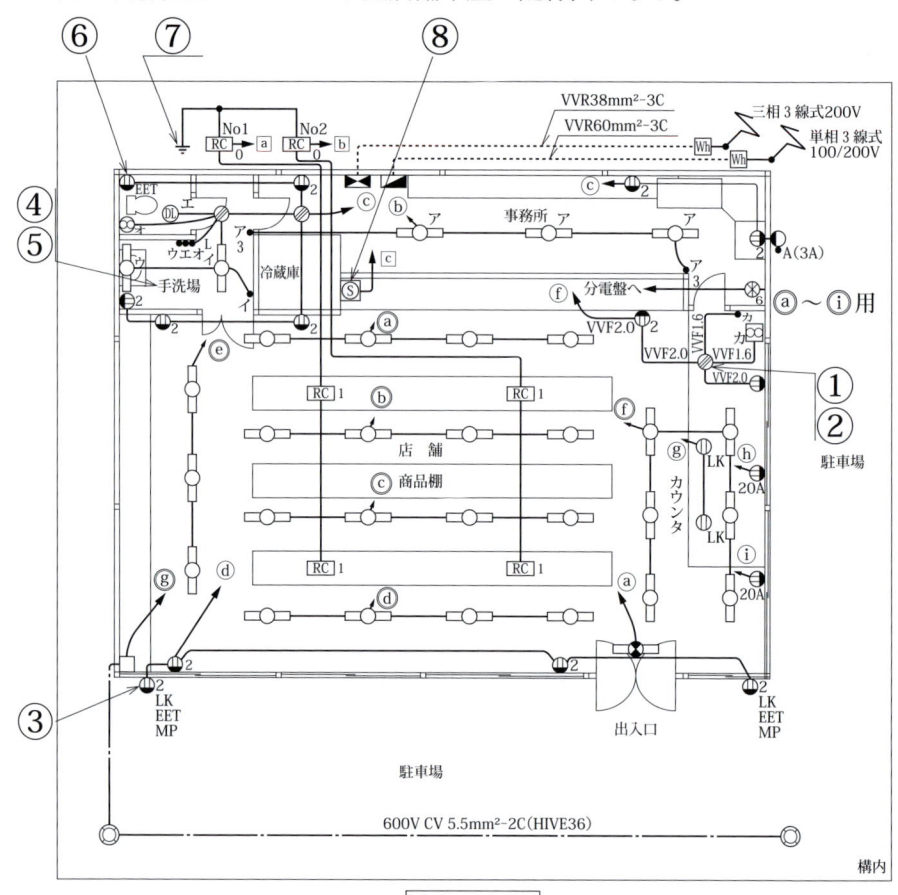

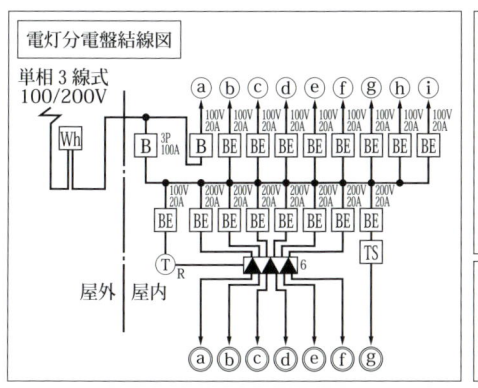

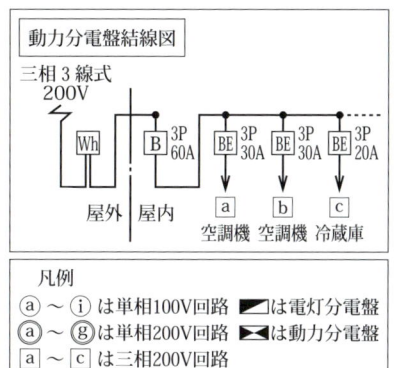

材料選別 5

第44回テスト 問題

電灯分電盤結線図
単相3線式 100/200V

動力分電盤結線図
三相3線式 200V

凡例
ⓐ ～ ⓘ は単相100V回路　◢は電灯分電盤
ⓐ ～ ⓖ は単相200V回路　✕は動力分電盤
ⓐ ～ ⓒ は三相200V回路

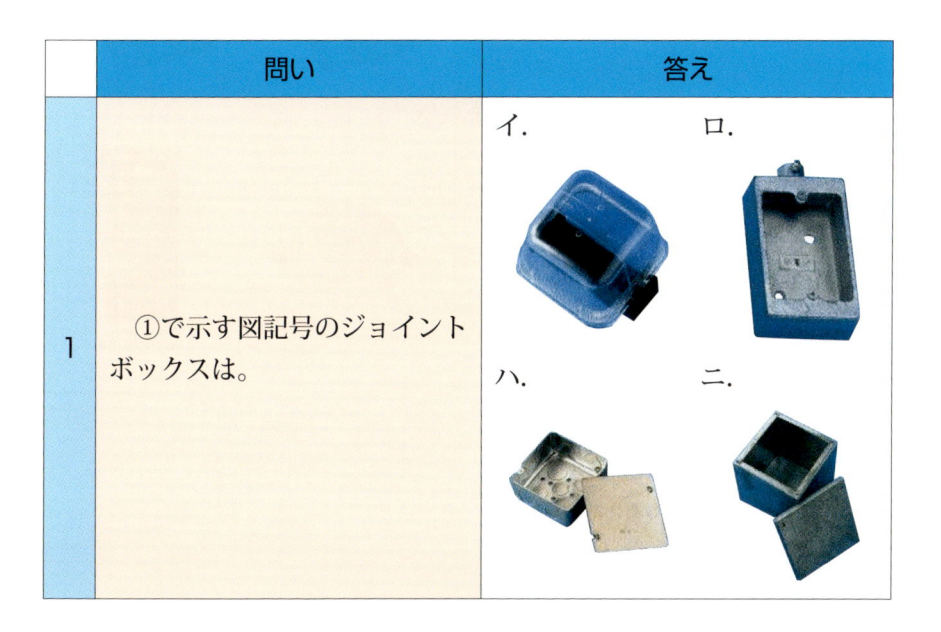

問い	答え
1　①で示す図記号のジョイントボックスは。	イ.　ロ.　ハ.　ニ.

- 297 -

2	②で示すジョイントボックス内の接続をすべて圧着接続とする場合，使用するリングスリーブの種類と最少個数の組合せで，適切なものは。 ただし，ジョイントボックスを経由する電線は，すべて接続箇所を設けるものとする。	イ．小 1個／中 3個　ロ．小 2個／中 1個 ハ．小 3個／中 1個　ニ．小 1個／中 2個	
3	③で示す図記号の配線器具は。	イ．ロ．ハ．ニ．	

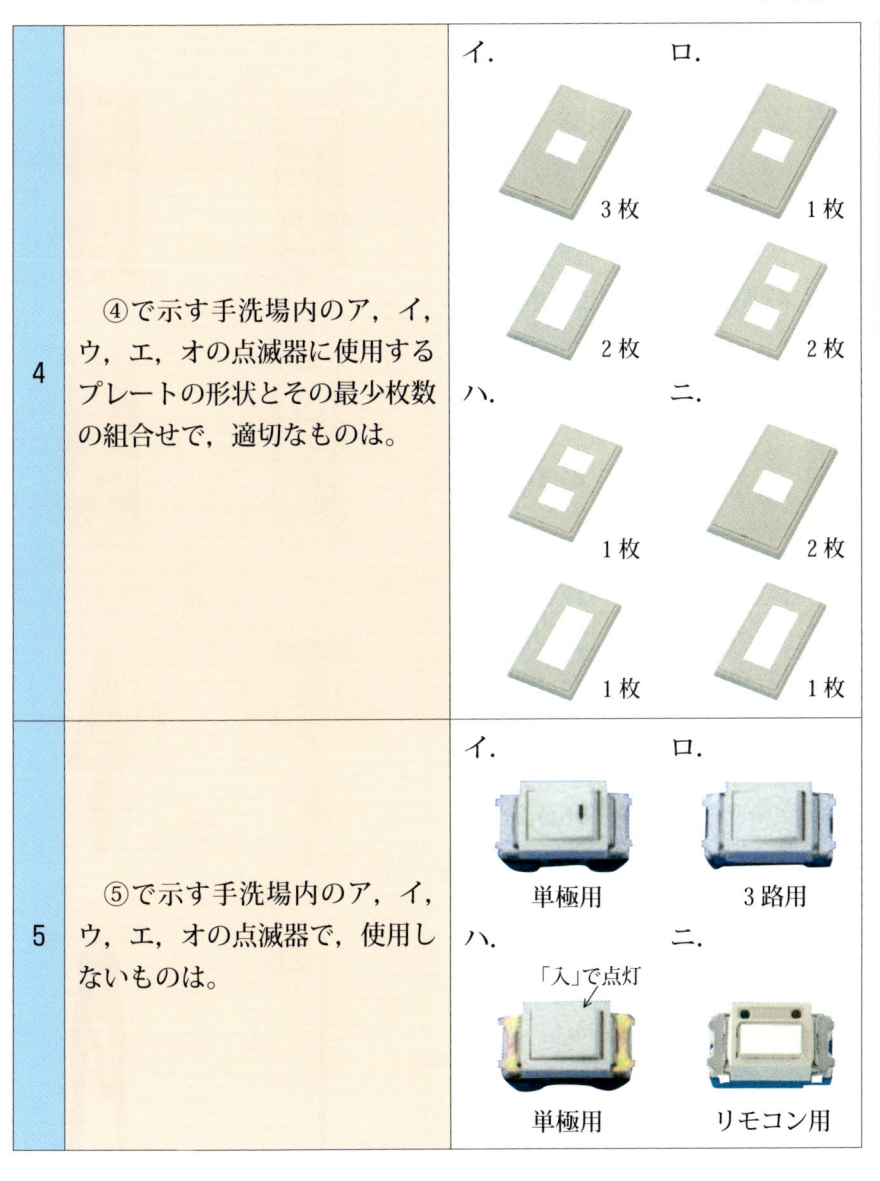

材料選別 5

第44回テスト 問題

| 4 | ④で示す手洗場内のア，イ，ウ，エ，オの点滅器に使用するプレートの形状とその最少枚数の組合せで，適切なものは。 | イ. 3枚　ロ. 1枚　2枚　2枚　ハ. 1枚　ニ. 2枚　1枚　1枚 |

| 5 | ⑤で示す手洗場内のア，イ，ウ，エ，オの点滅器で，使用しないものは。 | イ. 単極用　ロ. 3路用　ハ. 「入」で点灯 単極用　ニ. リモコン用 |

-299-

6	⑥で示す図記号の配線器具は。	イ. ロ. ハ. ニ.
7	⑦で示す部分に接地工事を施すとき，用いないものは。	イ. ロ. ハ. ニ.

材料選別 5

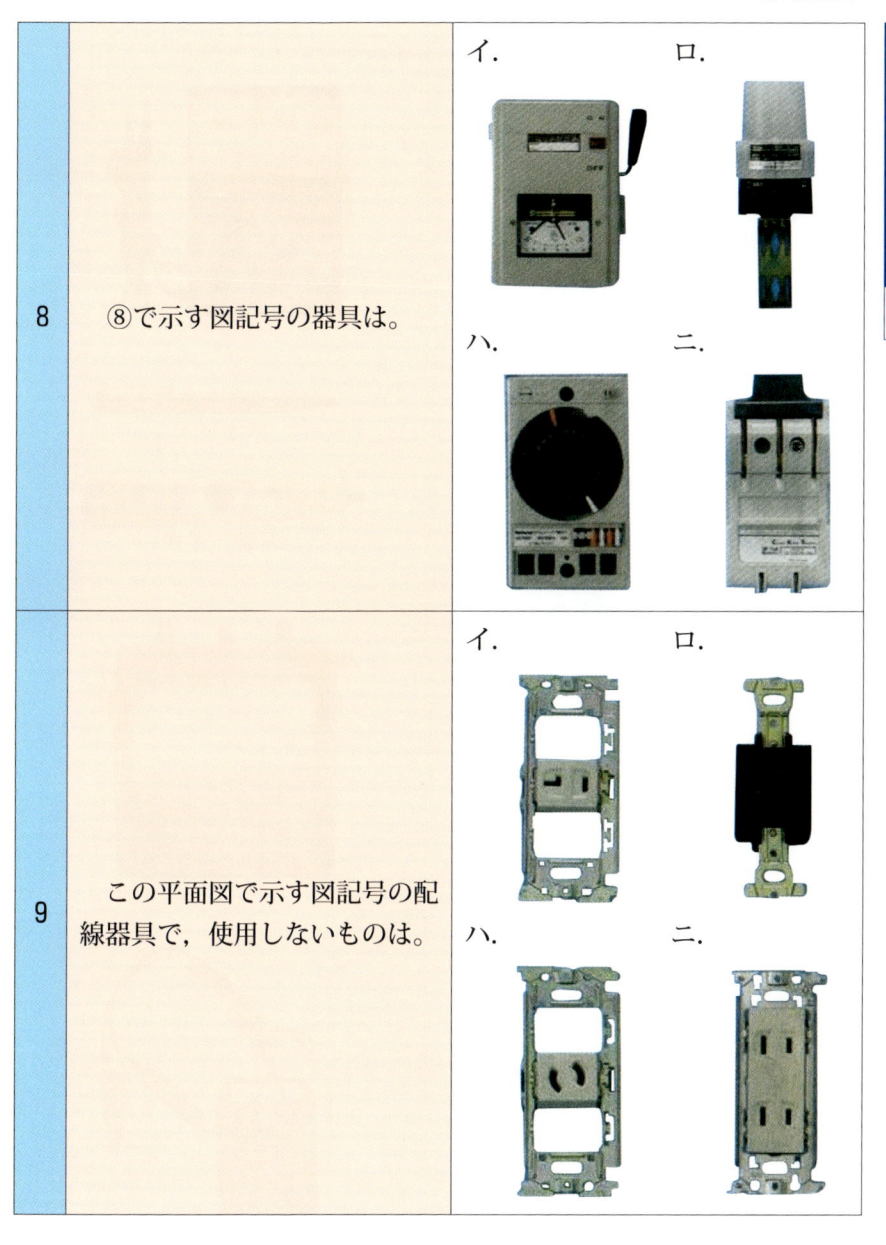

第44回テスト 問題

8	⑧で示す図記号の器具は。	イ. ロ. ハ. ニ.
9	この平面図で示す図記号の配線器具で，使用しないものは。	イ. ロ. ハ. ニ.

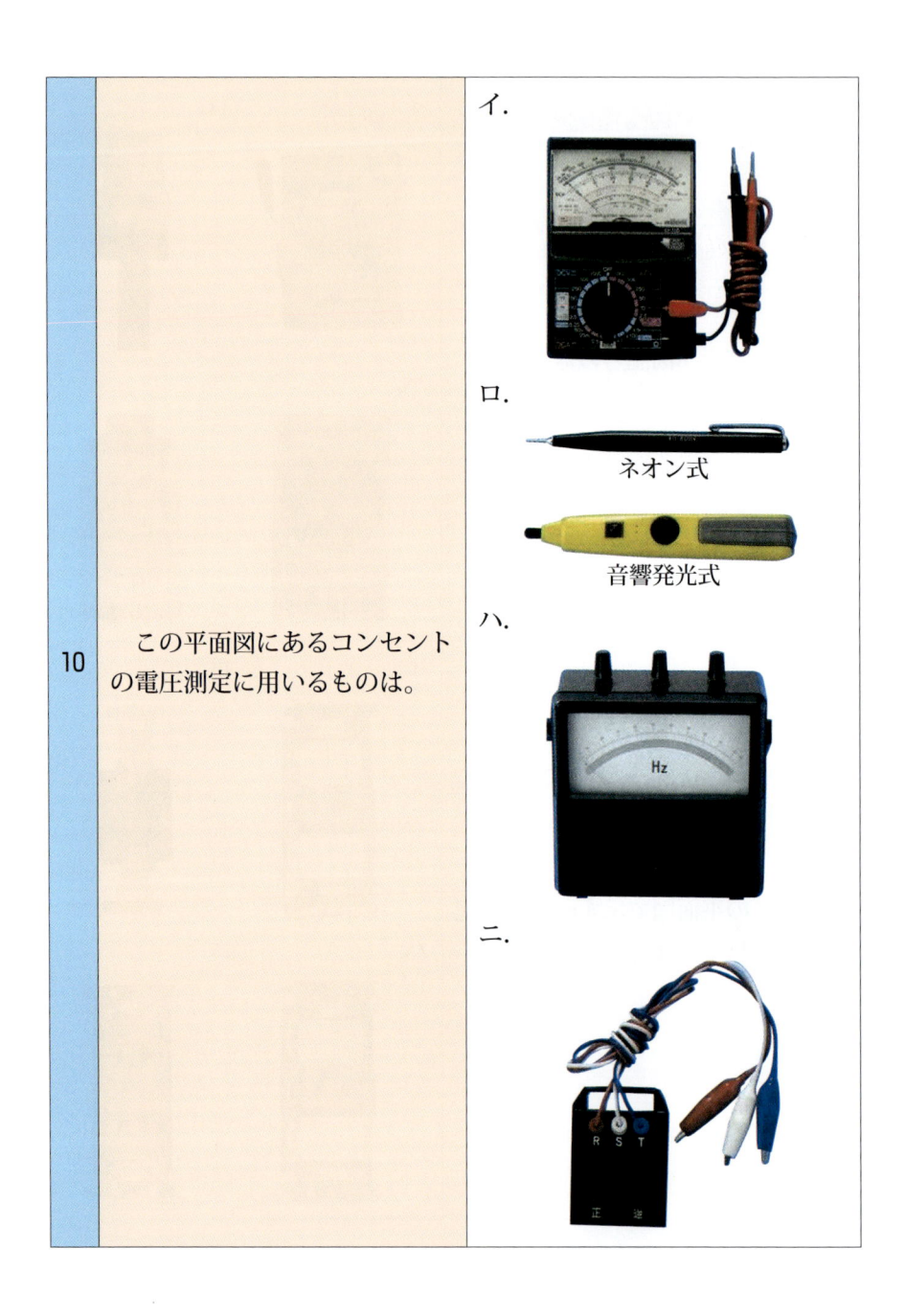

10　この平面図にあるコンセントの電圧測定に用いるものは。

イ．

ロ．
ネオン式

音響発光式

ハ．

ニ．

第44回テスト 解答と解説

問題1 【正解】（イ）

①で示す図記号のジョイントボックスは，**VVF用ジョイントボックス**（端子なし）を表します。「ロ」は**金属管用露出スイッチボックス**，「ハ」は**金属製アウトレット**「□」，「ニ」は**プルボックス**「⊠」です。

問題2 【正解】（ニ）

②で示す部分の配線図は，次のようになります。数値の無い電線は1.6〔mm〕です。図のaの部分は1.6〔mm〕が1本，2.0〔mm〕2本なので，**中**のスリーブ，図のbの部分は1.6〔mm〕が2本なので，**小**のスリーブ，図のcの部分は1.6〔mm〕が1本，2.0〔mm〕2本なので，**中**のスリーブ，となります。ゆえに，使用するリングスリーブの種類と最少個数の組合せは，**小**が1個，**中**が2個になります。

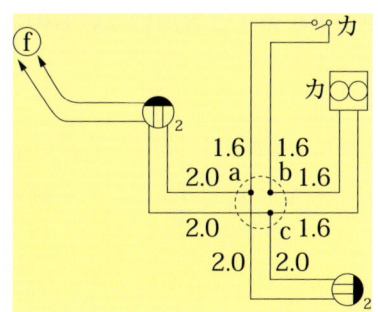

問題3 【正解】（イ）

③で示す図記号は「⊖₂,LK,EET,WP」となっており，**15 A 125 V　2口抜け止め接地極付接地端子付防雨形**なので「イ」となります。「ロ」は**15 A 125 V　1口抜け止め防雨形**「⊖LK,WP」，「ハ」は**シーリング**「CL」，「ニ」は**15 A 125 V　2口コンセント**「⊖₂」です。

問題4 【正解】（ニ）

④で示す手洗場内の「アは●」で**単極スイッチ1個**，「イは●3」で**3路**

-303-

スイッチ1個を使用するので，1口用のプレートをそれぞれ使用します。「ウ，エ，オは●●●L」で単極スイッチ2個，確認表示灯内蔵スイッチ1個を内蔵するので，3口用のプレートを使用します。

問題5 【正解】（ニ）

問題4の結果より，［ニ］のリモコンスイッチ「●R」は使用しません。

問題6 【正解】（ニ）

⑥で示す図記号の図記号「⊖EET」は，15 A 125 V 1口接地極付接地端子付コンセントを表します。「イ」は 15 A 125 V 2口コンセント「⊖2」，「ロ」は 15 A 125 V 2口接地極付コンセント「⊖2,E」，「ハ」は 15 A 125 V 1口接地端子付コンセント「⊖ET」です。

問題7 【正解】（ロ）

⑦で示す部分に接地工事を施すとき用いないものは「ロ」のリーマです。

問題8 【正解】（イ）

⑧で示す図記号の器具は，電流計付開閉器を表します。「ロ」は自動点滅器「●A」，「ハ」はタイムスイッチ「TS」，「ハ」はカバー付ナイフスイッチ「S」です。

問題9 【正解】（ロ）

「ロ」は三相200V接地極付コンセントなので，この平面図には使用しません。「イ」は 20 A 125 V 1口コンセント「⊖2」，「ハ」は 15 A 125 V 1口抜け止めコンセント「⊖LK」，「ハ」は 15 A 125 V 2口コンセント「⊖」です。

問題10 【正解】（イ）

この平面図にあるコンセントの電圧測定に用いるものは，「イ」の回路計です。「ロ」は低圧用検電器，「ハ」は周波数計，「ニ」は検相器です。

第8章
電気理論と配電理論

> 1. 電気理論1～3（第45回テスト～第47回テスト）
> 2. 配電理論1～3（第48回テスト～第50回テスト）
> 　（正解・解説は各回の終わりにあります。）

> ※本試験では，各問題の初めに以下のような記述がございますが，本書では，省略しております。
>
> **次の各問には4通りの答え（イ，ロ，ハ，ニ）が書いてある。それぞれの問いに対して答えを1つ選びなさい。**
>
> 　数学・理論が苦手な方は，この章を学習しなくとも第6章までを十分に学習すれば合格は可能です。時間のない受験者の方はご自身の判断に従って下さい。

第45回テスト　電気理論1

	問い	答え
1	図のような回路で，端子 ab 間の合成抵抗〔Ω〕は。 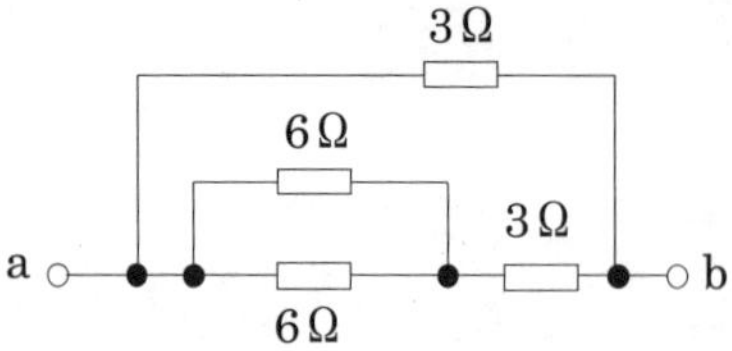	イ. 1 ロ. 2 ハ. 3 ニ. 4
2	図のような直流回路で，a－b 間の電圧〔V〕は。 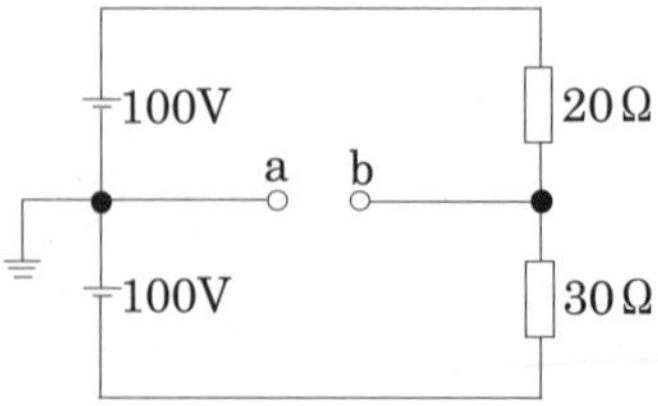	イ. 10 ロ. 20 ハ. 30 ニ. 40
3	図のような回路で，スイッチ S を閉じたとき，a，b 端子間の電圧〔V〕は。 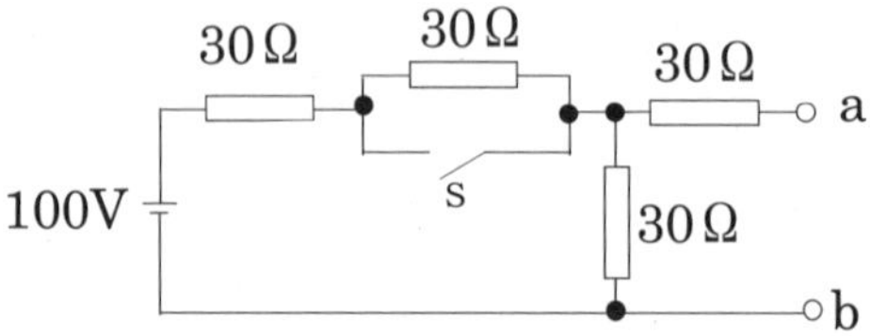	イ. 30 ロ. 40 ハ. 50 ニ. 60
4	図のような回路で，電流計Ⓐの指示値〔A〕は。 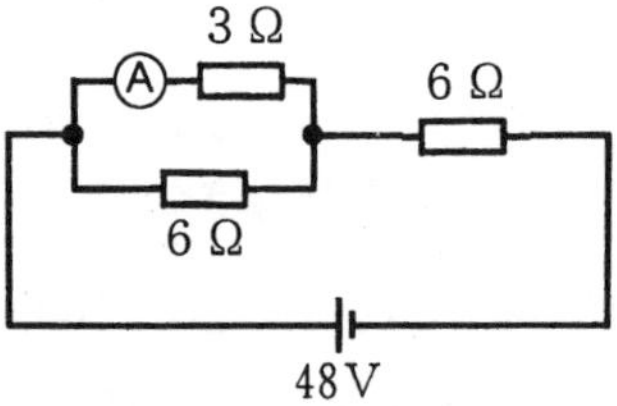	イ. 2 ロ. 4 ハ. 6 ニ. 8

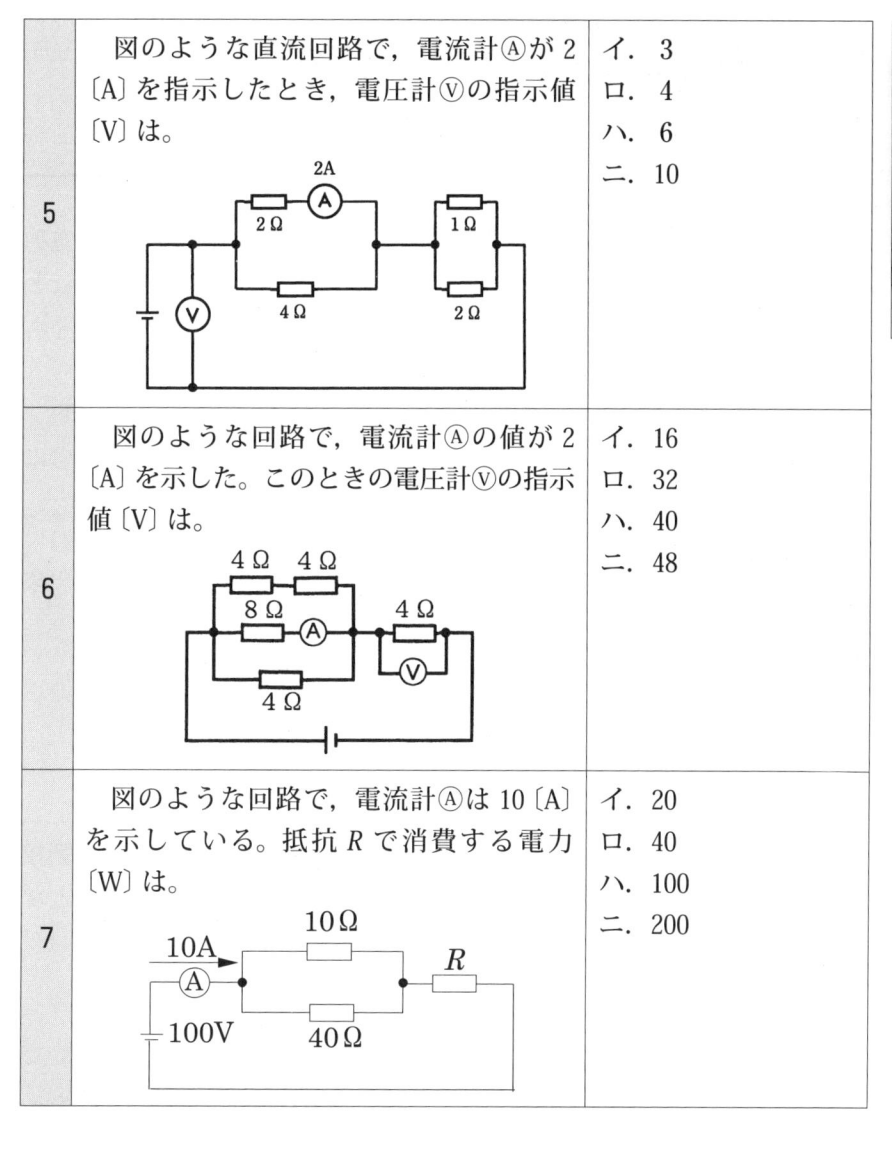

5	図のような直流回路で，電流計Ⓐが 2〔A〕を指示したとき，電圧計Ⓥの指示値〔V〕は。	イ．3 ロ．4 ハ．6 ニ．10
6	図のような回路で，電流計Ⓐの値が 2〔A〕を示した。このときの電圧計Ⓥの指示値〔V〕は。	イ．16 ロ．32 ハ．40 ニ．48
7	図のような回路で，電流計Ⓐは 10〔A〕を示している。抵抗 R で消費する電力〔W〕は。	イ．20 ロ．40 ハ．100 ニ．200

第45回テスト 解答と解説

問題1 【正解】(ロ)

(1) 抵抗の直列接続

　図1の抵抗 R_1〔Ω〕と抵抗 R_2〔Ω〕が，2個接続されている状態を**直列接続**といい，これは図2のように一つの抵抗 R〔Ω〕として取り扱うことが出来ます。このときの操作を，抵抗を合成するといい，端子間 ab から見た合成抵抗 R〔Ω〕は，

$$R = R_1 + R_2 \text{〔Ω〕} \quad \cdots\cdots\cdots\cdots (1)$$

で計算することができます。抵抗が3個以上直列に接続されている場合には，そのまま加え合わせれば求めることが出来ます。

$$R = R_1 + R_2 + R_3 + R_4 + R_5 \cdot \cdot \cdot \cdot \cdot \cdot \text{〔Ω〕} \quad \cdots\cdots (2)$$

　また，交流回路でも抵抗分については，同じように計算することが出来ます。

```
a o—[R₁]—[R₂]—o b          a o—[R]—o b
   図1  直列接続              図2  合成抵抗
```

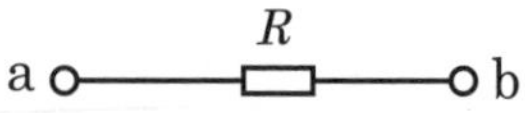

(2) 抵抗の並列接続

　図3の抵抗 R_1〔Ω〕と抵抗 R_2〔Ω〕が2個接続されている状態を**並列接続**といい，これも図2のように一つの抵抗 R〔Ω〕として取り扱うことが出来ます。端子間 ab から見た合成抵抗 R〔Ω〕は，

$$R = \frac{R_1 R_2}{R_1 + R_2} \text{〔Ω〕} \quad \cdots\cdots\cdots\cdots (3)$$

となるので，確実に暗記しておきましょう。「**和分の積**」と覚えるといいでしょう。抵抗が3個以上並列に接続されている場合には，初めに2個の抵抗を和分の積で求めて，それと残りの抵抗に対して順次適用していけば，求めることが出来ます。

$$R_{12} = \frac{R_1 R_2}{R_1 + R_2} \text{〔Ω〕}$$

$$R_{13} = \frac{R_{12} R_3}{R_{12} + R_3} \text{〔Ω〕} \quad \cdots\cdots\cdots\cdots (4)$$

また，同じ抵抗値である**2個の抵抗の並列接続**は，

$$R = \frac{R_1 \cdot R_1}{R_1 + R_1} = \frac{R_1 \cdot R_1}{2R_1} = \frac{R_1}{2} \quad \cdots\cdots (5)$$

となって元の**抵抗値の1/2**となります。同じ抵抗値3個ならば，

$$R = \frac{R_1 \times \dfrac{R_1}{2}}{R_1 + \dfrac{R_1}{2}} = \frac{\dfrac{R_1 \cdot R_1}{2}}{\dfrac{3R_1}{2}} = \frac{2R_1 \cdot R_1}{2 \times 3R_1} = \frac{R_1}{3} \quad \cdots\cdots (6)$$

となって元の**抵抗値の1/3**となります。これも合わせて覚えておきましょう。

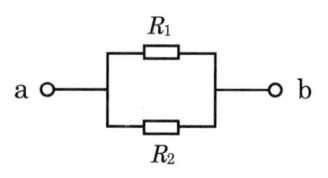

図3　並列接続

問題の図において，6〔Ω〕の抵抗の並列部分の合成抵抗は同じ抵抗値なので，

$$R = \frac{R_1}{2} = \frac{6}{2} = 3 \,〔Ω〕$$

となって半分の3〔Ω〕になります。この合成した3〔Ω〕の抵抗と3〔Ω〕の直列合成抵抗は，

$$R_3 + R_3 = 3 + 3 = 6 \,〔Ω〕$$

となるので，6〔Ω〕と3〔Ω〕の合成抵抗 R〔Ω〕は，

$$R = \frac{R_1 R_2}{R_1 + R_2} = \frac{6 \times 3}{6 + 3} = \frac{18}{9} = 2 \,〔Ω〕$$

となります。

問題2　【正解】（ロ）

問題の図において回路の総電圧 V〔V〕は，

$$V = 100 + 100 = 200 \,〔V〕$$

となって加え合います。抵抗は直列に接続されているので，問題1の(1)式より，

$$R = R_1 + R_2 = 20 + 30 = 50 \,〔Ω〕$$

となるので，**オームの法則**より回路に流れる電流 I〔A〕は，

$$I=\frac{V}{R}=\frac{100+100}{20+30}=\frac{200}{50}=4\,[\text{A}]$$

となります。20〔Ω〕の電圧降下 v〔V〕は，

$$v=IR=4\times 20=80\,[\text{V}]$$

となります。a 点は**接地**されているので電圧は **0〔V〕**です。

ゆえにa−b間の電圧 V〔V〕は，a点を基準とすれば，

$$V=100-v=100-80=20\,[\text{V}]$$

となります。

問題3 【正解】（ハ）

問題の図でスイッチSを閉じると 30〔Ω〕の抵抗は短絡されて，図4のようになります。

抵抗は直列に接続されているので，問題1 の(1)式より，

$$R=R_1+R_2=30+30=60\,[\Omega]$$

となるので，この閉回路に流れる電流 I〔A〕は，

$$I=\frac{V}{R}=\frac{100}{30+30}=\frac{100}{60}=\frac{10}{6}\,[\text{A}]$$

となります。a−b間に接続されている閉回路の 30〔Ω〕の端子電圧 v〔V〕は，

$$v=30I=30\times\frac{10}{6}=5\times 10=50\,[\text{V}]$$

となります。a，b端子間の電圧〔V〕はa，b端子には電流が流れないので，端子電圧 v〔V〕がそのまま加わるので，50〔V〕となります。

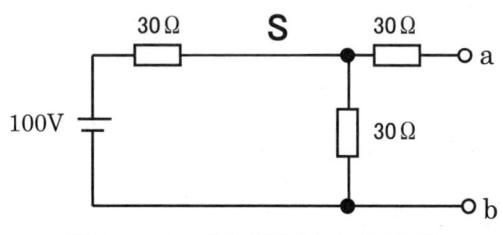

図4 スイッチSを閉じたときの回路

問題4 【正解】(ロ)

3〔Ω〕と6〔Ω〕の並列部分の合成抵抗 R_{36}〔Ω〕は，**問題1**の(3)式より，次のようになります。

$$R_{36} = \frac{18}{9} = \frac{3\times 6}{3+6} = \frac{18}{9} = 2 \text{〔Ω〕}$$

この2〔Ω〕と6〔Ω〕の直列部分の合成抵抗 R_{26}〔Ω〕は，**問題1**の(1)式より，

$$R_{26} = 2+6 = 8 \text{〔Ω〕}$$

となるので，回路を流れる電流は，

$$I = \frac{12}{3} = \frac{48}{8} = 6 \text{〔A〕}$$

となります。これより3〔Ω〕と6〔Ω〕の並列部分の分担電圧 V_{36}〔V〕は，

$$V_{36} = IR_{36} = 6\times 2 = 12 \text{〔V〕}$$

となります。電流計Ⓐの指示値〔A〕は，3〔Ω〕の抵抗に流れる電流 I_3〔A〕に等しいので，

$$I_3 = \frac{V_{36}}{3} = \frac{12}{3} = 4 \text{〔A〕}$$

となります。

問題5 【正解】(ハ)

電流計Ⓐが2〔A〕を指示しているので，2〔Ω〕の抵抗の端子電圧 V_2〔V〕は，

$$V_2 = 2\times 2 = 4 \text{〔V〕}$$

となるので，4〔Ω〕の抵抗に流れている電流 I_4〔A〕は，

$$I_4 = \frac{V_2}{4} = \frac{4}{4} = 1 \text{〔A〕}$$

となります。これより回路を流れる電流は，2+1=3〔A〕となります。1〔Ω〕と2〔Ω〕の並列抵抗部を合成すると，**問題1**の(3)式より，

$$R_{12} = \frac{1\times 2}{1+2} = \frac{2}{3} \text{〔Ω〕}$$

となります。この部分の電圧降下 V_{12}〔V〕は，

$$V_{12} = 3R_{12} = 3\times \frac{2}{3} = 2 \text{〔V〕}$$

になるので，電圧計Ⓥの指示値 V〔V〕は，

$$V=V_2+V_{12}=4+2=6 \text{ [V]}$$
になります。

問題6 【正解】(ロ)

電流計Ⓐが2〔A〕を指示しているので，8〔Ω〕の抵抗の端子電圧 V_8〔V〕は，
$$V_8=2\times 8=16 \text{ [V]}$$
となるので，4〔Ω〕の抵抗に流れている電流 I_4〔A〕は，
$$I_4=\frac{V_8}{4}=\frac{16}{4}=4 \text{ [A]}$$
となります。4〔Ω〕と4〔Ω〕の抵抗の直列部分の抵抗は 問題1 の(1)式より，
$$4+4=8 \text{ [Ω]}$$
となるので，ここの部分に流れる電流は2〔A〕となります。これより回路を流れる電流 I〔A〕は，次のようになります。
$$I=2+4+2=8 \text{ [A]}$$
これより電圧計Ⓥの指示値は4〔Ω〕の端子電圧 V〔V〕なので，
$$V=4I=4\times 8=32 \text{ [V]}$$
となります。

問題7 【正解】(ニ)

電源電圧が100〔V〕で電流計Ⓐは10〔A〕を示しているので回路の合成抵抗 R_0〔Ω〕は，
$$R_0=\frac{100}{10}=10 \text{ [Ω]}$$
となります。10〔Ω〕と40〔Ω〕の並列抵抗部を合成すると，問題1 の(3)式より，
$$R_1=\frac{10\times 40}{10+40}=\frac{400}{50}=8 \text{ [Ω]}$$
となります。これより抵抗 R は，$10-8=2$〔Ω〕となります。消費する電力 P〔W〕は，
$$P=I^2R=10^2\times 2=100\times 2=200 \text{ [W]}$$
となります。ここで，抵抗 R の端子電圧 v〔V〕は，

$v = IR = 10 \times 2 = 20 \,[\mathrm{V}]$

となるので，消費する電力 $P\,[\mathrm{W}]$ は，

$$P = vI = 20 \times 10 = 200\,[\mathrm{W}]$$
$$= \frac{v^2}{R} = \frac{20^2}{2} = \frac{400}{2} = 200\,[\mathrm{W}]$$

のように求めることができます。このように3種類の式，

$$P = I^2 R = VI = \frac{V^2}{R}\,[\mathrm{W}]$$

を自在に使いこなせるようにできるようにして下さい。

第46回テスト　電気理論2

	問い	答え
1	コイルに100〔V〕，50〔Hz〕の交流電圧を加えたら6〔A〕の電流が流れた。このコイルに100〔V〕，60〔Hz〕の交流電圧を加えたときに流れる電流〔A〕は。ただし，コイルの抵抗は無視できるものとする。	イ．2 ロ．3 ハ．4 ニ．5
2	図のような交流回路において，ab間の電圧Vの値〔V〕は。	イ．43 ロ．57 ハ．60 ニ．80
3	単相200〔V〕回路で消費電力2.0〔kW〕，力率80〔%〕のルームエアコンを使用した場合，回路に流れる電流〔A〕は。	イ．7.5 ロ．8.0 ハ．10.0 ニ．12.5
4	図のような回路で，リアクタンスXの両端の電圧が60〔V〕，抵抗Rの両端の電圧が80〔V〕であるとき，この抵抗Rの消費電力〔W〕は。	イ．600 ロ．800 ハ．1,000 ニ．1,200

5	図のような交流回路で，抵抗の両端の電圧が 80〔V〕，リアクタンスの両端の電圧が 60〔V〕であるとき，負荷の力率〔%〕は。	イ．43 ロ．57 ハ．60 ニ．80
6	図のような交流回路で，負荷に対してコンデンサ C を設置して，力率を100〔%〕に改善した。このときの電流計の指示値は。	イ．零になる。 ロ．コンデンサ設置前と比べて増加する。 ハ．コンデンサ設置前と比べて減少する。 ニ．コンデンサ設置前と比べて変化しない。
7	図のような回路で抵抗 R に流れる電流が 4〔A〕，リアクタンス X に流れる電流が 3〔A〕であるとき，抵抗 R の消費電力〔W〕は。	イ．100 ロ．300 ハ．400 ニ．700
8	図のような回路で，抵抗に流れる電流が 6〔A〕，リアクタンスに流れる電流が 8〔A〕であるとき，回路の力率は。	イ．75 ロ．80 ハ．60 ニ．43

第46回テスト 解答と解説

問題1 【正解】(ニ)

図のように，インダクタンス L [H] のコイルに $E=100$ [V]，周波数 $f=50$ [Hz] の交流電圧を加えたとき，回路に流れる電流は $I_{50}=6$ [A] の電流が流れたので，

$$I_{50}=\frac{E}{2\pi fL}=\frac{100}{2\pi\times 50\times L}=6 \text{ [A]}$$

$$\therefore \quad 2\pi L=\frac{1}{3}$$

の関係があります。このコイルに 100 [V]，60 [Hz] の交流電圧を加えたときに流れる電流 I_{60} [A] は，

$$I_{60}=\frac{E}{2\pi fL}=\frac{100}{2\pi\times 60\times L}=\frac{100}{2\pi L\times 60} \text{ [A]}$$

となるので，$2\pi L=\frac{1}{3}$ を上式に代入すると，

$$I_{60}=\frac{100}{2\pi L\times 60}=\frac{100}{\frac{1}{3}\times 60}=\frac{100}{20}=5 \text{ [A]}$$

となります。$2\pi fL$ を**誘導リアクタンス**といいます。誘導リアクタンスは，**周波数 f に比例**します。

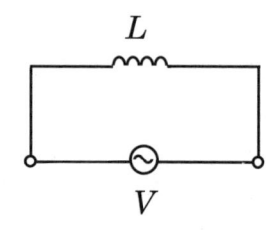

問題2 【正解】(ハ)

図のような抵抗 R [Ω]，誘導リアクタンス X [Ω] の回路の**インピーダンス Z [Ω]**（交流抵抗と考えて下さい）は，

$$Z=\sqrt{R^2+X^2} \text{ [Ω]}$$

で求めることができます。交流電圧 E [V] を加えたとき，回路に流れる電

流 I 〔A〕は，
$$I=\frac{E}{Z}=\frac{E}{\sqrt{R^2+X^2}} \text{〔A〕}$$
で求めることができます。抵抗 $R=6$〔Ω〕，誘導リアクタンス $X=8$〔Ω〕とすれば，
$$I=\frac{E}{\sqrt{R^2+X^2}}=\frac{100}{\sqrt{6^2+8^2}}=\frac{100}{\sqrt{100}}=\frac{100}{10}=10 \text{〔A〕}$$
となります。ゆえに ab 間の電圧 V〔V〕は，
$$V=IR=10\times6=60 \text{〔V〕}$$
となります。

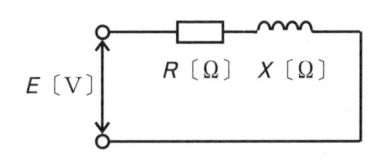

問題3 【正解】（ニ）

単相回路の電圧を V〔V〕，回路に流れる電流を I〔A〕，回路の力率を $\cos\theta$（小数）とすると，この回路の消費電力 P〔W〕は，
$$P=VI\cos\theta \text{〔W〕}$$
で求めることができます。$V=200$〔V〕，消費電力 $P=2.0$〔kW〕$=2000$〔W〕，力率$=0.8$ のときの回路に流れる電流 I〔A〕は，
$$I=\frac{10}{0.8}=\frac{P}{V\cos\theta}=\frac{2000}{200\times0.8}=\frac{10}{0.8}=12.5 \text{〔A〕}$$
となります。

問題4 【正解】（ロ）

抵抗 R の値は，**問題2** の結果より，
$$V=IR=10\times R=80 \text{〔V〕}$$
$$\therefore R=\frac{80}{10}=8 \text{〔Ω〕}$$
となります。消費電力 P〔W〕は，
$$P=I^2R=10\times10\times8=800 \text{〔W〕}$$
となります。

問題5 【正解】（ニ）

問題4 においてリアクタンス X の値は，

$V=IX=10 \times X=60$ 〔V〕

∴ $X=\dfrac{60}{10}=6$ 〔Ω〕

となります。この結果から分かるように，直列接続時の抵抗 R とリアクタンス X の分担電圧は，抵抗とリアクタンスの大きさに比例することが分かります。

負荷の力率 $\cos\theta$ 〔%〕は，

$\cos\theta=\dfrac{R}{\sqrt{R^2+X^2}} \times 100$ 〔%〕

で求めることができます。抵抗 R とリアクタンス X の大きさが分からなくとも，比例関係が分かればよいので，

$\cos\theta=\dfrac{R}{\sqrt{R^2+X^2}} \times 100 = \dfrac{80}{\sqrt{80^2+60^2}} \times 100 = \dfrac{80}{100} \times 100 = 80$ 〔%〕

となります。

問題6 【正解】（ハ）

負荷に対してコンデンサ C を設置して，力率を **100**〔%〕に改善した場合，負荷の合成インピーダンスが**最小**（**抵抗分**だけになります。）になるので，電流計の指示値，つまり，負荷を流れる電流はコンデンサ設置前と比べて減少します。これにより，電圧降下や抵抗損失を少なくすることができます。

問題7 【正解】（ハ）

並列接続なので，抵抗 R〔Ω〕の流れる電流が 4〔A〕であれば，

$R=\dfrac{100}{4}=25$ 〔Ω〕

として抵抗を求めることができます。抵抗 R の消費電力 P〔W〕は，

$P=I^2R=4 \times 4 \times 25=400$ 〔W〕

となります。

$P=VI=100 \times 4=400$ 〔W〕

で求めてもいいです。リアクタンス X は電力（有効電力）を消費しないこ

とに注意しなければなりません。リアクタンス X が消費するのは無効電力です。

問題8 【正解】（ハ）

直列回路の負荷の力率 $\cos\theta$〔%〕は，

$$\cos\theta = \frac{R}{\sqrt{R^2+X^2}} \times 100 \text{〔\%〕}$$

でしたが，並列回路の力率は，

$$\cos\theta = \frac{X}{\sqrt{R^2+X^2}} \times 100 \text{〔\%〕}$$

で求めることができます。並列回路では，抵抗とリアクタンスの値と流れる電流は逆比例の関係になるので，並列回路の力率は，

$$\cos\theta = \frac{X}{\sqrt{R^2+X^2}} \times 100 = \frac{6}{\sqrt{8^2+6^2}} \times 100 = \frac{6}{10} \times 100 = 60 \text{〔\%〕}$$

となります。

第47回テスト　電気理論3

	問い	答え
1	図のような回路の電流 I を示す式は。 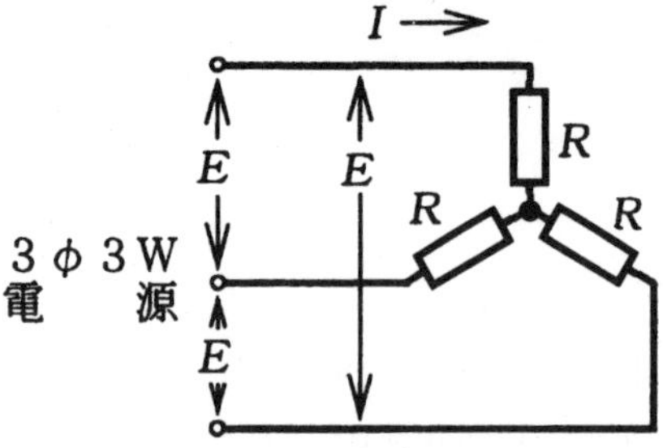 3φ3W電源、Y結線の抵抗 R	イ. $\dfrac{E}{2R}$ ロ. $\dfrac{\sqrt{3}E}{R}$ ハ. $\dfrac{E}{R}$ ニ. $\dfrac{E}{\sqrt{3}R}$
2	図のような三相負荷に三相交流電圧を加えたとき、各線に 20〔A〕の電流が流れた。線間電圧〔V〕は。 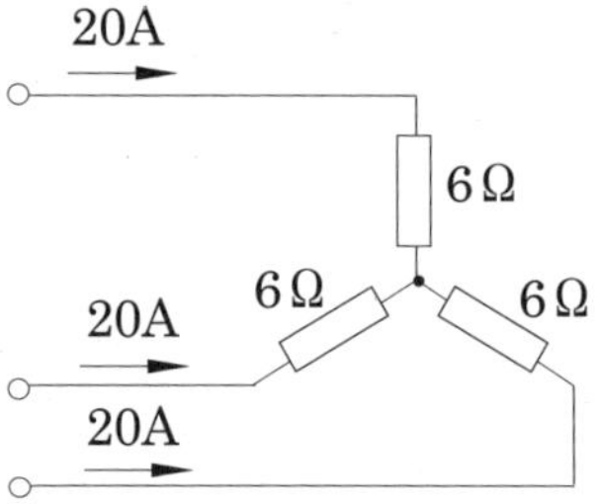 Y結線 6Ω、各線20A	イ. 120 ロ. 173 ハ. 208 ニ. 240
3	図のような三相3線式 200〔V〕の回路で、c−o間の抵抗が断線した場合、断線後のa−o間の電圧は断線前の何倍になるか。 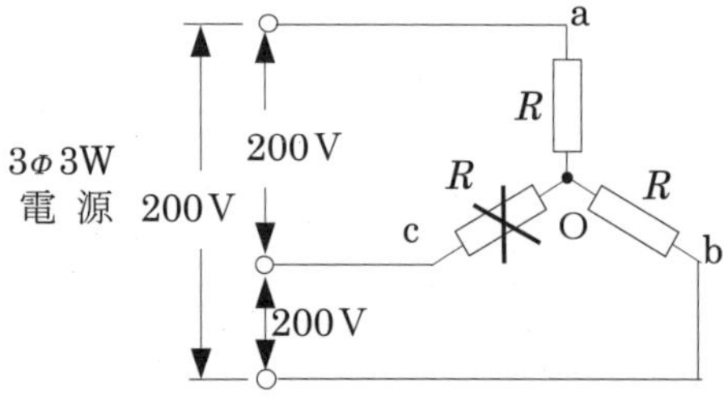	イ. 0.50 ロ. 0.58 ハ. 0.87 ニ. 1.16

4	三相200〔V〕の電源に図のような負荷を接続したとき、電流計Ⓐの指示値〔A〕は。	イ. 10.0 ロ. 17.3 ハ. 20.0 ニ. 34.6
5	図のような三相抵抗負荷の回路で、b相が図中の×印点で断線した場合、a相に流れる電流 I_a の値〔A〕を示す式は。ただし、線間電圧は V〔V〕、各抵抗は R〔Ω〕とする。	イ. $\dfrac{V}{3R}$ ロ. $\dfrac{V}{2R}$ ハ. $\dfrac{\sqrt{3}V}{R}$ ニ. $\dfrac{3V}{2R}$
6	図のような三相3線式回路の全消費電力〔kW〕は。	イ. 4.8 ロ. 9.6 ハ. 19.2 ニ. 2.4
7	三相誘導電動機を電圧200〔V〕、電流10〔A〕、力率80〔%〕で毎日1時間運転した場合、1ヵ月（30日）間の消費電力量〔kW・h〕は。ただし、$\sqrt{3}=1.73$ とする。	イ. 48 ロ. 75 ハ. 83 ニ. 130

第47回テスト問題

- 321 -

第47回テスト 解答と解説

問題1 【正解】(ニ)

図1のような回路をY結線(ワイ結線又はスター結線)の**三相回路**といい,図1のE〔V〕を線間電圧といい,抵抗をR〔Ω〕とすれば,電流I〔A〕を示す式は,

$$I=\frac{E}{\sqrt{3}R}〔A〕 \quad \cdots\cdots (1)$$

となります。この電流は**線電流**と呼ばれます。図2のような回路を**△結線**(三角結線又はデルタ結線)の**三相回路**といい,図2の線間電圧をE〔V〕,抵抗をR〔Ω〕とすれば,**線電流**I〔A〕を示す式は,

$$I=\frac{\sqrt{3}E}{R}〔A〕 \quad \cdots\cdots (2)$$

となります。**Y結線**と**△結線**では,同じ抵抗でも電流が異なることに注意が必要です。△結線で抵抗に流れる電流I_Rは,

$$I_R=\frac{E}{R}〔A〕 \quad \cdots\cdots (3)$$

で計算できます。これは相電流と呼ばれ,**線電流**I〔A〕と**相電流**I_R〔A〕には,

$$I=\sqrt{3}I_R〔A〕 \quad \cdots\cdots (4)$$

の重要な関係があります。また,図1において抵抗に加わる電圧E_Rは,

$$E_R=\frac{E}{\sqrt{3}}〔V〕 \quad \cdots\cdots (5)$$

の関係があります。この電圧を**相電圧**といい,**線電流と相電流の関係**と同じように重要な関係ですので,確実な理解が必要です。

図1 Y結線   図2 △結線

-322-

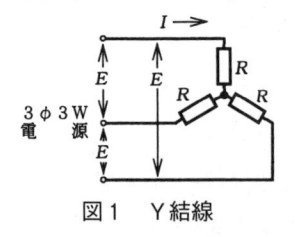

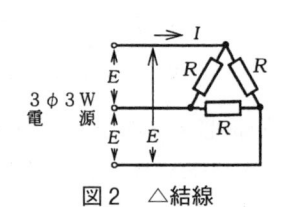

問題2 【正解】（ハ）

問題1 の(1)式を変形すると，線間電圧 E 〔V〕は，
$$E=\sqrt{3}IR=\sqrt{3}\times 20\times 6=120\sqrt{3}=208 \text{〔V〕}$$
となります。

問題3 【正解】（ハ）

断線前のa―o間の電圧は 問題1 の(5)式より，
$$E_R=\frac{200}{\sqrt{3}}=115.5 \text{〔V〕}$$
になります。c―o間の抵抗が断線した場合，図3のように抵抗 R 2個が直列になった回路に電圧 200〔V〕が加わることになるので，抵抗1個の分担電圧は 100〔V〕になります。これより，断線後のa―o間の電圧は断線前の

$$\frac{100}{115.5}=0.87$$

倍になります。

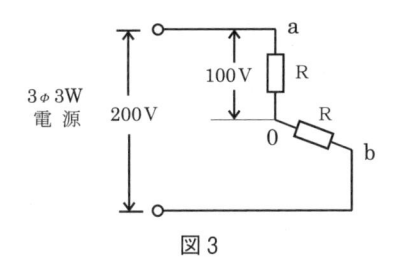

図3

問題4 【正解】（ロ）

三相 200〔V〕の電源に問題の図のような負荷を接続したとき，電流計Ⓐの指示値〔A〕は，問題1 の(2)式より次のように計算できます。
$$I=\frac{\sqrt{3}E}{R}=\frac{\sqrt{3}\times 200}{20}=\sqrt{3}\times 10=17.3 \text{〔A〕}$$

問題5 【正解】（ニ）

問題の図の回路で，b相が図中の×印点で断線した場合，図4のように R〔Ω〕2個が直列になったものと，R〔Ω〕が並列に接続された回路になります。この場合の合成抵抗 R_0〔Ω〕は，次のようになります。

$$R_0 = \frac{2R \times R}{2R+R} = \frac{2R}{3} \ [\Omega]$$

a相に流れる電流 I_a [A] は，この合成抵抗 R_0 [Ω] に電圧 V [V] が加わるので，

$$I_a = \frac{V}{R_0} = \frac{V}{2R/3} = \frac{3V}{2R} \ [\text{A}]$$

となります。

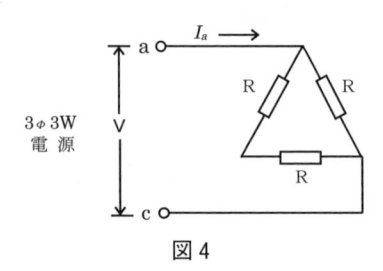

```
       a ○——— Iₐ →
              ┌──R──┬──R──┐
3φ3W    V     │     │     │
電源          │     └──R──┘
       c ○———
```
図4

問題6 【正解】（ロ）

回路のインピーダンス Z [Ω] は，
$$Z = \sqrt{R^2 + X^2} = \sqrt{8^2 + 6^2} = 10 \ [\Omega]$$
となります。負荷を流れる電流 I_Z [A] は，
$$I_Z = \frac{8}{10} = \frac{200}{10} = 20 \ [\text{A}]$$
で求めることができます。線電流 I は，
$$I = \sqrt{3} I_Z = \sqrt{3} \times 20 = 20\sqrt{3} \ [\text{A}]$$
となります。負荷の力率は，
$$\cos\theta = \frac{R}{\sqrt{R^2+X^2}} = \frac{8}{\sqrt{8^2+6^2}} = \frac{8}{10} = 0.8$$
となります。負荷の三相の電力 P [kW] は，
$$P = \sqrt{3} EI \cos\theta = \sqrt{3} \times 200 \times 20\sqrt{3} \times 0.8 = 9600 \ [\text{W}] = 9.6 \ [\text{kW}]$$
となります。三相の電力 P [W] は，

三相の電力 $P = \sqrt{3} \times$ 線間電圧 $\times$ 線電流 $\times$ 力率 $= \sqrt{3} EI \cos\theta$ [W]

.... (6)

となることを覚えましょう。

問題7 【正解】（ハ）

　三相誘導電動機の消費電力は 問題1 の(6)式より，
$$P = \sqrt{3}\,EI\cos\theta = \sqrt{3} \times 200 \times 10 \times 0.8 = 1.73 \times 1600 = 2768\,[\text{W}]$$
となります。毎日1時間運転した場合，1ヵ月（30日）間の消費電力量 W [kW・h] は，
$$W = P \times 1 \times 30 = 2768 \times 30 = 83030\,[\text{W・h}] \fallingdotseq 83\,[\text{kW・h}]$$
となります。

第48回テスト　配電理論1

	問い	答え
1	図のように，電線のこう長8〔m〕の配線により，消費電力2000〔W〕の抵抗負荷に電力を供給した結果，負荷の両端の電圧は100〔V〕であった。配線における電圧降下〔V〕は。ただし，電線の電気抵抗は長さ1000〔m〕当たり3.2〔Ω〕とする。 　1φ2W電源　8m　100V　抵抗負荷2000W　8m	イ．1 ロ．2 ハ．3 ニ．4
2	図のような単相2線式配線に，20〔A〕の電流が流れたとき，線路の電圧降下を2〔V〕以下にするための電線の太さ〔mm²〕の最小は。ただし，電線の抵抗は，断面積1〔mm²〕，長さ1〔m〕当たり0.02〔Ω〕とする。 　電源　20A　抵抗負荷　35m	イ．8 ロ．14 ハ．22 ニ．38
3	図のような単相2線式回路において，c－c′間の電圧が100〔V〕のとき，a－a′間の電圧〔V〕は。ただし，rは電線の電気抵抗〔Ω〕とする。	イ．102 ロ．103 ハ．104 ニ．105

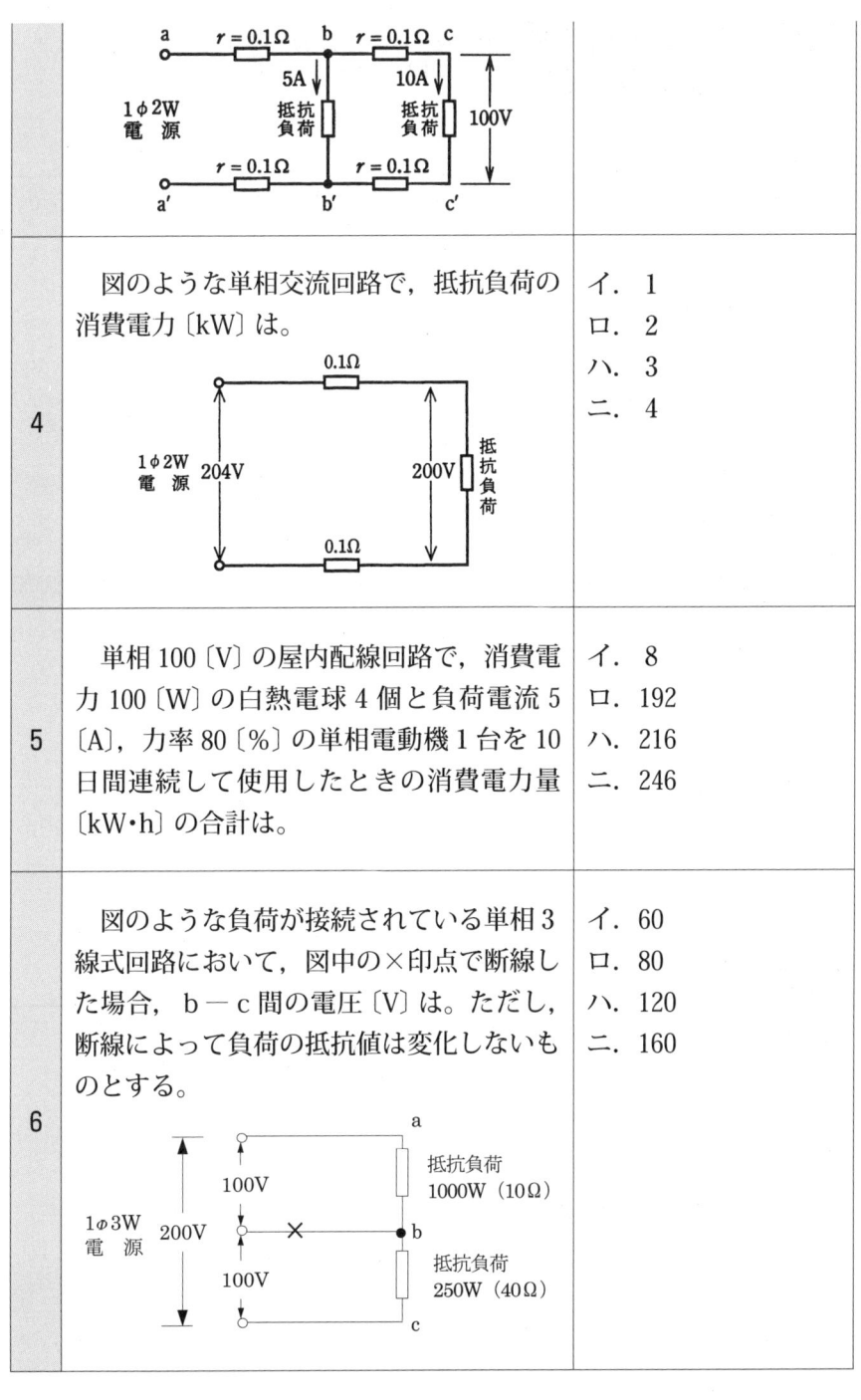

	図（上部）: $1\phi 2W$電源, $r=0.1\Omega$, 抵抗負荷 5A, 10A, 100V	
4	図のような単相交流回路で，抵抗負荷の消費電力〔kW〕は。 $1\phi 2W$電源 204V, 0.1Ω, 200V, 抵抗負荷	イ．1 ロ．2 ハ．3 ニ．4
5	単相100〔V〕の屋内配線回路で，消費電力100〔W〕の白熱電球4個と負荷電流5〔A〕，力率80〔％〕の単相電動機1台を10日間連続して使用したときの消費電力量〔kW・h〕の合計は。	イ．8 ロ．192 ハ．216 ニ．246
6	図のような負荷が接続されている単相3線式回路において，図中の×印点で断線した場合，b－c間の電圧〔V〕は。ただし，断線によって負荷の抵抗値は変化しないものとする。 $1\phi 3W$電源 200V, 100V, 100V, 抵抗負荷 1000W（10Ω）, 抵抗負荷 250W（40Ω）	イ．60 ロ．80 ハ．120 ニ．160

第48回テスト　解答と解説

問題1 【正解】（イ）

消費電力 $P=2000$ [W] の抵抗負荷の両端の電圧は $V=100$ [V] なので，流れる電流 I [A] は，

$$P=VI \text{ [W]}$$

より，

$$I=\frac{P}{V}=\frac{2000}{100}=20 \text{ [A]}$$

となります。電線の長さは，

$$8\times2=16 \text{ [m]}$$

なので，電線の電気抵抗 r [Ω] は，電線の長さ当りの抵抗が，長さ1000 [m] 当たり3.2 [Ω] なので，

$$r=16\times\frac{3.2}{1000}=0.0512 \text{ [Ω]}$$

となります。配線における電圧降下 v [V] は，

$$v=Ir=20\times0.0512=1.024\fallingdotseq1 \text{ [V]}$$

となります。

問題2 【正解】（ロ）

単相2線式配線に，20 [A] の電流が流れたとき，線路の電圧降下を2 [V] 以下にするための電線の抵抗 r [Ω] は，

$$2=20\times r \text{ [V]}$$

より，

$$r=\frac{2}{20}=0.1 \text{ [Ω]}$$

となります。
電線の長さが，

$$l = 35 \times 2 \text{ [m]}$$

となって，電線の抵抗率を $\rho = 0.02$ 〔Ω・mm²/m〕，断面積 A 〔mm²〕とすれば，電線の抵抗値 R 〔Ω〕は，

$$R = \frac{\rho l}{A} \text{ 〔Ω〕}$$

で求めることができます（この部分の解説は，第1回テスト参照）。この式を変形すると，

$$A = \frac{\rho l}{R} = \frac{0.02 \times 35 \times 2}{0.1} = 14 \text{ 〔mm²〕}$$

となります。

問題3 【正解】（ニ）

b—c 及び b′—c′ 間の電圧降下 v_{bc} 〔V〕は，

$$v_{bc} = 10(0.1 + 0.1) = 10 \times 0.2 = 2 \text{ 〔V〕}$$

となるので，b—b′ 間の電圧は，

$$v_b = 100 + 2 = 102 \text{ 〔V〕}$$

となります。
a—b 及び a′—b′ に流れる電流〔A〕は

$$10 + 5 = 15 \text{ 〔A〕}$$

となるので，a—b 及び a′—b′ 間の電圧降下 v_{ab} 〔V〕は，

$$v_{ab} = 15(0.1 + 0.1) = 15 \times 0.2 = 3 \text{ 〔V〕}$$

となるので全電圧降下は，

$$2 + 3 = 5 \text{ 〔V〕}$$

となります。
これより，a—a′ 間の電圧 $v_{aa'}$ 〔V〕は，

$$v_{aa'} = 100 + 5 = 105 〔V〕$$

となります。

問題4 【正解】（ニ）

線路の電圧降下 v〔V〕は,

$$v = 204 - 200 = 4 〔V〕$$

になります。線路に流れる電流を I〔A〕, 線路の全抵抗を r〔Ω〕とすれば, 線路の電圧降下 v〔Ω〕は,

$$v = Ir = I \times (0.1 + 0.1) = 0.2I = 4 〔V〕$$

となります。これより線路に流れる電流 I〔A〕は,

$$\therefore \quad I = \frac{4}{0.2} = 20 〔A〕$$

となります。
ゆえに, 抵抗負荷の消費電力 P〔kW〕は,

$$P = 200 \times 20 = 4000 〔W〕 = 4 〔kW〕$$

となります。
また, 負荷抵抗 R〔Ω〕は,

$$R = \frac{200}{I} = \frac{200}{20} = 10 〔Ω〕$$

として求めることができます。
これより抵抗負荷の消費電力 P〔kW〕は,

$$P = \frac{200^2}{10} = \frac{4000}{10} = 4000 〔W〕 = 4 〔kW〕$$

$$P = 20^2 \times 10 = 400 \times 10 = 4000 〔W〕 = 4 〔kW〕$$

としても求めることができます。

問題5 【正解】（ロ）

単相 100〔V〕，負荷電流 5〔A〕，力率 80〔%〕の単相電動機の消費電力 P〔W〕は，

$$P = 100 \times 5 \times \cos\theta = 500 \times 0.8 \text{〔W〕} = 400 \text{〔W〕}$$

になります。消費電力 100〔W〕の白熱電球 4 個の消費電力は同じ 400〔W〕なので，10 日間連続して使用したときの消費電力量 W〔kW·h〕の合計は，

$$W = (400 + 400) \times 24 \times 10 = 192000 \text{〔W·h〕} = 192 \text{〔kW·h〕}$$

となります。

問題6 【正解】（ニ）

断線した場合，10〔Ω〕と 40〔Ω〕の直列回路に 200〔V〕の電圧が加わることになるので，この場合の電流 I〔A〕は，

$$I = \frac{200}{10+40} = \frac{200}{50} = 4 \text{〔A〕}$$

となります。これより b－c 間の電圧 v_{bc}〔V〕は，

$$v_{bc} = 40I = 40 \times 4 = 160 \text{〔V〕}$$

となります。また，a－b 間の電圧 v_{ab}〔V〕は，

$$v_{ab} = 10I = 10 \times 4 = 40 \text{〔V〕}$$

となります。

もともと端子電圧が 100〔V〕だったところ，160〔V〕になるので，250〔W〕の抵抗負荷の絶縁が脅かされることになります。このため，単相3線式の中性線には，遮断器を設置してはならないことになっています。この結果から，単相3線式の中性線が断線すると，負荷電力の大きい負荷の端子電圧は小さくなり，負荷電力の小さい負荷の端子電圧は大きくなります。覚えておきましょう。

第49回テスト　配電理論2

	問い	答え
1	図のような単相3線式回路の1線が図中の×印点で断線した場合，A－C間の電圧〔V〕は。	イ．0 ロ．33 ハ．50 ニ．100
2	図のような単相3線式回路の1線が図中の×印点で断線した場合，A－C間の抵抗に流れる電流 I の値〔A〕は。	イ．1 ロ．2 ハ．3 ニ．4
3	図のような単相3線式回路において，ab間の電熱器Ⓗ1kWの発熱線が断線した場合，a，b，cの各線に流れる電流の値〔A〕の組合せで，正しいものは。	イ．a．10 　　b．0 　　c．10 ロ．a．10 　　b．5 　　c．15 ハ．a．20 　　b．0 　　c．20 ニ．a．20 　　b．5 　　c．25

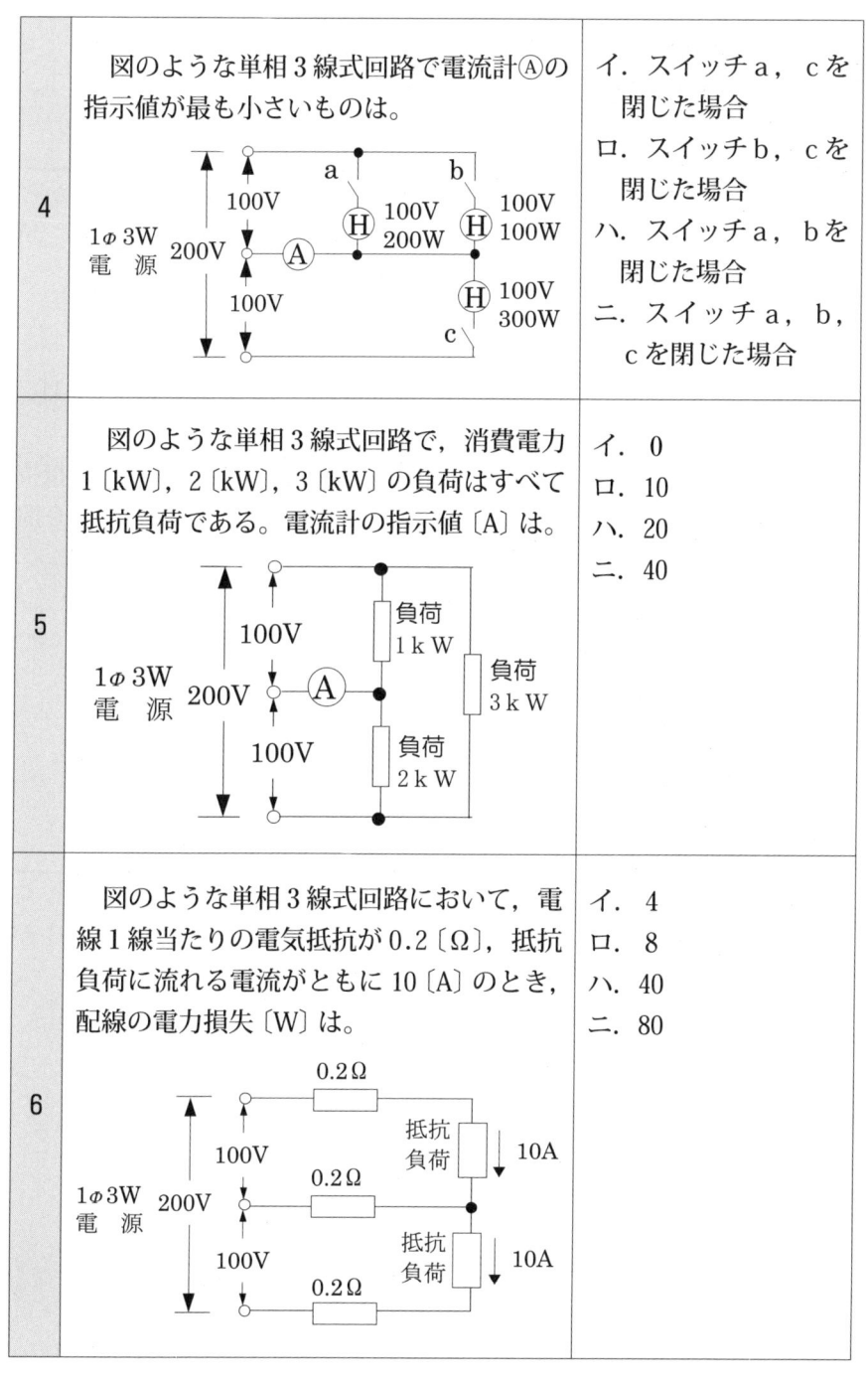

4	図のような単相3線式回路で電流計Ⓐの指示値が最も小さいものは。 1φ3W電源 200V、上側100V、下側100V。aに100V 200Wの負荷Ⓗ、bに100V 100Wの負荷Ⓗ、cに100V 300Wの負荷Ⓗ。	イ．スイッチa，cを閉じた場合 ロ．スイッチb，cを閉じた場合 ハ．スイッチa，bを閉じた場合 ニ．スイッチa，b，cを閉じた場合
5	図のような単相3線式回路で，消費電力1〔kW〕，2〔kW〕，3〔kW〕の負荷はすべて抵抗負荷である。電流計の指示値〔A〕は。 1φ3W電源 200V、上側100V、下側100V。負荷1kW、負荷2kW、負荷3kW。	イ．0 ロ．10 ハ．20 ニ．40
6	図のような単相3線式回路において，電線1線当たりの電気抵抗が0.2〔Ω〕，抵抗負荷に流れる電流がともに10〔A〕のとき，配線の電力損失〔W〕は。 1φ3W電源 200V、上側100V、下側100V、線路抵抗各0.2Ω、抵抗負荷各10A。	イ．4 ロ．8 ハ．40 ニ．80

第49回テスト 解答と解説

問題1 【正解】(ハ)

問題中の×印点で断線した場合の回路は，図のようになります。図から分かるように，100〔Ω〕の抵抗2個が直列に接続された回路に100〔V〕が加わることになるので，A—C間の抵抗に流れる電流Iの値〔A〕は，

$$I = \frac{100}{100+100} = \frac{100}{200} = 0.5 \text{〔A〕}$$

となります。A—C間の抵抗Rは100〔Ω〕なので，A—C間の電圧V_{AC}は，

$$V_{AC} = IR = 0.5 \times 100 = 50 \text{〔V〕}$$

となります。少し考え方を変えると，図から分かるように100〔Ω〕の抵抗2個が直列に接続された回路に100〔V〕が加わることになるのでA—C間の電圧〔V〕は100〔V〕を二分の一に分圧するので，50〔V〕になります。

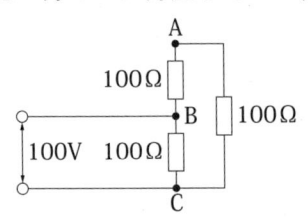

問題2 【正解】(イ)

問題中の×印点で断線した場合の回路は，図のようになります。図から分かるように，50〔Ω〕の抵抗2個が直列に接続された回路に100〔V〕が加わることになるので，A—C間の抵抗に流れる電流Iの値〔A〕は，

$$I = \frac{100}{50+50} = 1 \text{〔A〕}$$

となります。

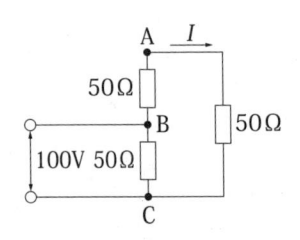

問題3 【正解】（ロ）

　ab間の1kWの電熱器の発熱線が断線した場合の回路は，図のようになります。bc間の電熱器0.5kWに加わる電圧は100〔V〕，ac間の2kWの電熱器に加わる電圧は200〔V〕なので，a線に流れる電流I_a〔A〕は，

$$I_a = \frac{2000\,〔W〕}{200\,〔V〕} = 10\,〔A〕$$

となります。同様にb線に流れる電流I_b〔A〕は，

$$I_b = \frac{500\,〔W〕}{100\,〔V〕} = 5\,〔A〕$$

となります。c線に流れる電流I_c〔A〕は，a線に流れる電流I_a〔A〕とb線に流れる電流I_b〔A〕の合計となるので，

$$I_c = I_a + I_b = 10 + 5 = 15\,〔A〕$$

となります。

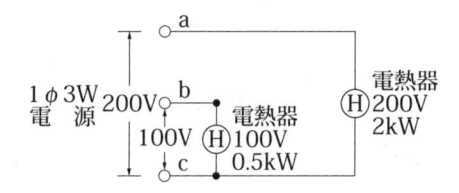

問題4 【正解】（ニ）

　各負荷電流は次のように計算することができます。100〔W〕負荷の電流I_1〔A〕は，端子電圧が100〔V〕なので，

$$I_1 = \frac{P}{V} = \frac{100}{100} = 1\,〔A〕$$

200〔W〕負荷の電流I_2〔A〕は，端子電圧が100〔V〕なので，

$$I_2 = \frac{P}{V} = \frac{200}{100} = 2\,〔A〕$$

300〔W〕負荷の電流I_3〔A〕は，端子電圧が100〔V〕なので，

$$I_3 = \frac{P}{V} = \frac{300}{100} = 3\,〔A〕$$

となります。

　「イ．スイッチa，cを閉じた場合，電流計Aには200〔W〕負荷の電流2〔A〕と300〔W〕負荷の電流は3〔A〕の差の電流が流れるので，

$$3 - 2 = 1\,〔A〕$$

となって1〔A〕です。

「ロ」．スイッチb，cを閉じた場合，電流計Aには100〔W〕負荷の電流1〔A〕と300〔W〕負荷の電流は3〔A〕の差の電流が流れるので，

$$3-1=2〔A〕$$

となって2〔A〕です。

「ハ」．スイッチa，bを閉じた場合，電流計Aには200〔W〕負荷の電流2〔A〕と100〔W〕負荷の電流1〔A〕の和の電流が流れるので，

$$2+1=3〔A〕$$

となって3〔A〕です。

「ニ」．スイッチa，b，cを閉じた場合，電流計Aには200〔W〕負荷の電流は2〔A〕と100〔W〕負荷の電流は1〔A〕の和の電流3〔A〕と300〔W〕負荷の電流3〔A〕の差の電流が流れるので，

$$2+1-3=0〔A〕$$

となって0〔A〕です。

以上の結果により，電流計Aの指示値が最も小さいものは「ニ」となります。

問題5 【正解】（ロ）

1〔kW〕負荷の電流I_1〔A〕は，端子電圧が100〔V〕なので，

$$I_1=\frac{P}{V}=\frac{1000}{100}=10〔A〕$$

となって10〔A〕です。2〔kW〕負荷の電流I_2〔A〕は，端子電圧が100〔V〕なので，

$$I_2=\frac{P}{V}=\frac{2000}{100}=10〔A〕$$

となって20〔A〕です。3〔kW〕負荷の電流I_3〔A〕は，端子電圧が200〔V〕なので，

$$I_2=\frac{P}{V}=\frac{3000}{200}=15〔A〕$$

となって15〔A〕ですが，3〔kW〕負荷は中性線に接続されていないので電流計の指示値には関係がありません。電流計Aには1〔kW〕負荷の電流10〔A〕と2〔kW〕負荷の電流20〔A〕の差の電流，

$$20-10=10〔A〕$$

が流れるので 10〔A〕です。

問題6 【正解】（ハ）

単相3線式回路において負荷電流が等しいので，中性線には

$10-10=0$〔A〕

となって電流が流れません。図のような電線1線当たりの電気抵抗が0.2〔Ω〕，抵抗負荷に流れる電流がともに10〔A〕のとき，配線の電力損失 p〔W〕は，

$p=2\times10^2\times0.2=200\times0.2=40$〔W〕

となります。

抵抗負荷の端子電圧 V〔V〕は次のように求めることができます。中性線以外の線路電流 I は，10〔A〕なので線路の電圧降下 v〔V〕は，

$v=0.2\times10=2$〔V〕

となるので，

$V=100-2=98$〔V〕

となります。負荷がバランスしていないと中性線の電圧降下も考慮しないといけませんが，負荷がバランスしていると計算が簡単になります。

第50回テスト 配電理論3

	問い	答え
1	図のような単相3線式の回路において，ab間の電圧〔V〕，bc間の電圧〔V〕の組合せとして，正しいものは。ただし，負荷は抵抗負荷とする。 （1φ3W電源 208V，上下各104V，電線抵抗0.1Ω，上側負荷20A，下側負荷10A）	イ．ab間：101 　　bc間：100 ロ．ab間：103 　　bc間：104 ハ．ab間：102 　　bc間：103 ニ．ab間：101 　　bc間：104
2	図のような単相3線式回路において，電線1線当たりの抵抗が0.02〔Ω〕，負荷に流れる電流がいずれも10〔A〕のとき，この電線路の電力損失〔W〕は。ただし，負荷は抵抗負荷とする。 （1φ3W電源，各線0.02Ω，負荷電流10A，10A，10A）	イ．6 ロ．8 ハ．16 ニ．24

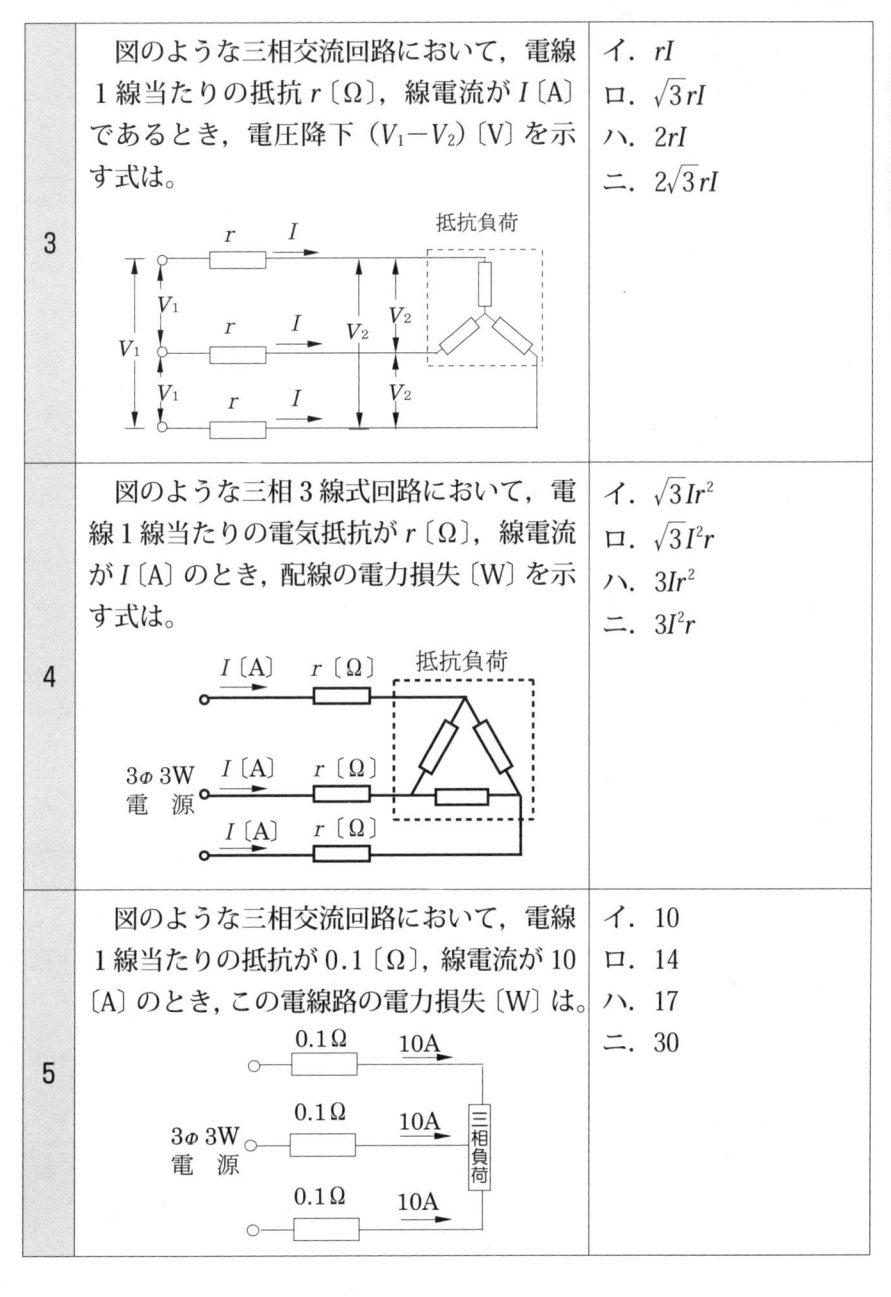

3	図のような三相交流回路において、電線1線当たりの抵抗 r 〔Ω〕、線電流が I 〔A〕であるとき、電圧降下 (V_1-V_2) 〔V〕を示す式は。	イ. rI ロ. $\sqrt{3}rI$ ハ. $2rI$ ニ. $2\sqrt{3}rI$
4	図のような三相3線式回路において、電線1線当たりの電気抵抗が r 〔Ω〕、線電流が I 〔A〕のとき、配線の電力損失〔W〕を示す式は。	イ. $\sqrt{3}Ir^2$ ロ. $\sqrt{3}I^2r$ ハ. $3Ir^2$ ニ. $3I^2r$
5	図のような三相交流回路において、電線1線当たりの抵抗が0.1〔Ω〕、線電流が10〔A〕のとき、この電線路の電力損失〔W〕は。	イ. 10 ロ. 14 ハ. 17 ニ. 30

第50回テスト 解答と解説

問題1 【正解】(ニ)

中性線にはa線の電流10〔A〕とc線の電流20〔A〕の**差**の電流10〔A〕が流れます。a線の電圧降下v_a〔V〕は,

$$v_a = 20 \times 0.1 = 2 \text{〔V〕}$$

b線の電圧降下v_b〔V〕は,

$$v_b = 10 \times 0.1 = 1 \text{〔V〕}$$

c線の電圧降下v_c〔V〕は,

$$v_c = 10 \times 0.1 = 1 \text{〔V〕}$$

となります。ab間の電圧V_{ab}〔V〕は,

$$V_{ab} = 104 - v_a - v_b = 104 - 2 - 1 = 101 \text{〔V〕}$$

となります。bc間の電圧V_{bc}〔V〕は,

$$V_{bcb} = 104 - v_c + v_b = 104 - 1 + 1 = 104 \text{〔V〕}$$

となります。ここで注意しなければならないことは,b線とc線の電圧降下は電流の方向の関係により反対方向になり,**電圧上昇**として**作用**することです。

問題2 【正解】(ハ)

中性線にはa線の電流10〔A〕とc線の電流10〔A〕の**差**の電流0〔A〕が流れます。つまり,中性線には電流が流れず,電力損失は発生しないことになります。中性線以外の線には10+10=20〔A〕の電流が流れるので,この電線路の電力損失p〔W〕は,次のようになります。

$$p = 2 \times 20^2 \times 0.02 = 800 \times 0.02 = 16 \text{〔W〕}$$

問題3 【正解】(ロ)

問題の回路の図においてV_1〔V〕を示す式は,

$$V_1 = V_2 + \sqrt{3}\, rI \text{〔V〕}$$

となります。このまま暗記しましょう。

$$\therefore \quad V_1 - V_2 = \sqrt{3}\, rI \text{〔V〕}$$

問題4 【正解】（ニ）

電線1線当たりの電力損失 p〔W〕は，電気抵抗が r〔Ω〕，線電流が I〔A〕なので，

$$p = I^2 r \text{〔W〕}$$

となります。配線の電力損失 P〔W〕は電線が3本なので，

$$P = 3p = 3I^2 r \text{〔W〕}$$

となります。

問題5 【正解】（ニ）

問題4 の結果より，電線路の電力損失 P〔W〕は，

$$P = 3I^2 r = 3 \times 10^2 \times 0.1 = 30 \text{〔W〕}$$

となります。

著者略歴

若月 輝彦(わかつき てるひこ)

資格
- 電験第1種合格
- 環境計量士(騒音・振動)合格
- エネルギー管理士(電気分野)合格
- 建築物環境衛生管理技術者合格

著書
- 電験第2種合格ガイド(電気書院)
- 電験第2種早分かり全7巻(電気書院)
- 電験第2種に合格できる本全5巻(電気書院)
- 電気管理士合格完全マスタブック全4巻(電気書院)
- 電気のQ＆A(技術評論社)
- わかりやすい！ 電験二種一次試験 合格テキスト(弘文社)
- わかりやすい！ 電験二種二次試験 合格テキスト(弘文社)
- わかりやすい！ 電験二種一次試験 重要問題集(弘文社)
- わかりやすい！ 電験二種二次試験 重要問題集(弘文社)
- 合格への近道 電験三種(理論)(弘文社)
- 合格への近道 電験三種(電力)(弘文社)
- 合格への近道 電験三種(機械)(弘文社)
- 合格への近道 電験三種(法規)(弘文社)
- わかりやすい 第1種電気工事士 筆記試験(弘文社)
- わかりやすい 第2種電気工事士 筆記試験(弘文社)
- 第1種電気工事士筆記試験50回テスト
- 合格への近道 一級電気工事施工管理学科試験(弘文社)
- 合格への近道 二級電気工事施工管理学科試験(弘文社)
- 合格への近道 一級電気工事施工管理実地試験(弘文社)
- 合格への近道 二級電気工事施工管理実地試験(弘文社)
- 最速合格！ 1級電気工事施工学科 50回テスト(弘文社)
- 最速合格！ 1級電気工事施工実地 25回テスト(弘文社)
- 最速合格！ 2級電気工事施工学科 50回テスト(弘文社)
- 最速合格！ 2級電気工事施工実地 25回テスト(弘文社)

第 2 種電気工事士　筆記試験　50 回テスト

| 著　　者 | 若 月 輝 彦 |
| 印刷・製本 | ㈱ 太 洋 社 |

発 行 所　㈱ 弘 文 社

〒546-0012 大阪市東住吉区
中野 2 丁目 1 番27号
☎　(06)6797―7 4 4 1
FAX　(06)6702―4 7 3 2
振替口座 00940―2―43630
東住吉郵便局私書箱 1 号

代 表 者　岡 崎　　達

落丁・乱丁本はお取り替えいたします。

国家・資格試験シリーズ

衛生管理者試験

第1種衛生管理者必携	〈A5判〉
第2種衛生管理者必携	〈A5判〉
よくわかる第1種衛生管理者試験	〈A5判〉
よくわかる第2種衛生管理者試験	〈A5判〉
これだけマスター 第1種衛生管理者試験	〈A5判〉
これだけマスター 第2種衛生管理者試験	〈A5判〉
わかりやすい第1種衛生管理者試験	〈A5判〉
わかりやすい第2種衛生管理者試験	〈A5判〉

土木施工管理試験

これだけマスター 2級土木施工管理	〈A5判〉
これだけマスター 1級土木施工管理	〈A5判〉
4週間でマスター 2級土木(学科・実地)	〈A5判〉
4週間でマスター 1級土木(学科編)	〈A5判〉
4週間でマスター 1級土木(実地編)	〈A5判〉
最速合格! 1級土木50回テスト(学科)	〈A5判〉
最速合格! 1級土木25回テスト(実地)	〈A5判〉
最速合格! 2級土木50回テスト(学科・実地)	〈A5判〉

自動車整備士試験

よくわかる 3級整備士試験(ガソリン)	〈A5判〉
よくわかる 3級整備士試験(ジーゼル)	〈A5判〉
よくわかる 3級整備士試験(シャシ)	〈A5判〉
よくわかる 2級整備士試験(ガソリン)	〈A5判〉
3級自動車ズバリ一発合格	〈A5判〉
2級自動車ズバリ一発合格	〈A5判〉

電気工事士試験

プロが教える 第1種電気工事士 筆記	〈A5判〉
わかりやすい 第1種電気工事士 筆記	〈A5判〉
わかりやすい 第2種電気工事士 筆記	〈A5判〉
よくわかる 第2種電気工事士 筆記	〈A5判〉
よくわかる 第2種電気工事士 技能	〈A5判〉
よくわかる 第1種電気工事士 筆記	〈A5判〉
よくわかる 第1種電気工事士 技能	〈A5判〉
これだけマスター 第1種電気工事士 筆記	〈A5判〉
これだけマスター 第2種電気工事士 筆記	〈A5判〉

国家・資格試験シリーズ

消防設備士試験

わかりやすい！
第4類消防設備士試験　〈A5判〉

わかりやすい！
第6類消防設備士試験　〈A5判〉

わかりやすい！
第7類消防設備士試験　〈A5判〉

本試験によく出る！
第4類消防設備士問題集　〈A5判〉

本試験によく出る！
第6類消防設備士問題集　〈A5判〉

本試験によく出る！
第7類消防設備士問題集　〈A5判〉

これだけはマスター！
第4類消防設備士試験 筆記＋鑑別編　〈A5判〉

管工事施工管理試験

2級管工事施工管理受験必携　〈A5判〉

1級管工事施工管理受験必携　〈A5判〉

よくわかる！2級管工事施工　〈A5判〉

1級管工事施工実地対策　〈A5判〉

2級管工事施工実地対策　〈A5判〉

毒物劇物取扱責任者試験

毒物劇物取扱責任者試験　〈A5判〉

これだけはマスター！基礎固め
毒物劇物取扱者試験　〈A5判〉

ビル管理試験

建築物環境衛生（ビル管理）必携　〈A5判〉

よくわかるビル管理技術者試験　〈A5判〉

チャレンジ！建築物環境衛生　〈A5判〉

電験第三種試験

プロが教える！電験3種受験対策　〈A5判〉

プロが教える！電験3種テキスト　〈A5判〉

プロが教える！電験3種重要問題集　〈A5判〉

チャレンジ！ザ・電験3種　〈A5判〉

基礎からの
電験三種受験入門　〈A5判〉

これだけはマスター
電験三種　〈A5判〉

合格への近道
電験三種（理論）　〈A5判〉

合格への近道
電験三種（電力）　〈A5判〉

合格への近道
電験三種（機械）　〈A5判〉

合格への近道
電験三種（法規）　〈A5判〉

ストレートに頭に入る！
電験三種　〈A5判〉

ボイラー技士試験

よくわかる
2級ボイラー技士　〈A5判〉

よくわかる
1級ボイラー技士　〈A5判〉

わかりやすい2級ボイラー技士　〈A5判〉

わかりやすい1級ボイラー技士　〈A5判〉

これだけ！2級ボイラー合格大作戦　〈A5判〉

これだけ！1級ボイラー合格大作戦　〈A5判〉

国家・資格試験シリーズ

公害防止管理者試験

本試験形式！公害防止管理者
　大気関係　　　　　　　〈A5判〉

本試験形式！公害防止管理者
　水質関係　　　　　　　〈A5判〉

これだけ大作戦！公害防止管理者
　大気・粉じん関係　　　〈A5判〉

これだけ大作戦！公害防止管理者
　水質関係　　　　　　　〈A5判〉

よくわかる！公害防止管理者
　ダイオキシン類関係　　〈A5判〉

よくわかる！公害防止管理者
　水質関係　　　　　　　〈A5判〉

わかりやすい！公害防止管理者
　大気関係　　　　　　　〈A5判〉

わかりやすい！公害防止管理者
　水質関係　　　　　　　〈A5判〉

環境計量士試験

よくわかる環境計量士(濃度)　〈A5判〉

よくわかる環境計量士(騒音・振動)　〈A5判〉

わかりやすい環境計量士(法規・管理)　〈A5判〉

測量士補試験

これだけマスター
　ザ・測量士補　　　　　〈A5判〉

測量士補受験の基礎　　　〈A5判〉

よくわかる！
　測量士補重要問題　　　〈B5判〉

危険物取扱者試験

これだけ！甲種危険物試験
合格大作戦！！　　　　　〈A5判〉

これだけ！乙種第4類危険物
合格大作戦！！　　　　　〈A5判〉

これだけ！乙種総合危険物試験
合格大作戦！！　　　　　〈A5判〉

実況ゼミナール！
甲種危険物取扱者試験　　〈A5判〉

実況ゼミナール！
乙種4類危険物取扱者試験　〈A5判〉

実況ゼミナール！
科目免除者のための乙種危険物　〈A5判〉

実況ゼミナール！
丙種危険物取扱者試験　　〈A5判〉

暗記で合格！甲種危険物　〈A5判〉

暗記で合格！乙種4類危険物　〈A5判〉

暗記で合格！乙種総合危険物　〈A5判〉

暗記で合格！丙種危険物　〈A5判〉

わかりやすい！甲種危険物　〈A5判〉

わかりやすい！乙種4類危険物　〈A5判〉

わかりやすい！乙種1・2・3・5・6類危険物　〈A5判〉

わかりやすい！丙種危険物取扱者　〈A5判〉

最速合格！乙4危険物でるぞ～問題集　〈A5判〉

直前対策！乙4危険物20回テスト　〈A5判〉

本試験形式！甲種危険物模擬テスト　〈A5判〉

本試験形式！乙4危険物模擬テスト　〈A5判〉

本試験形式！乙種1・2・3・5・6類模擬テスト　〈A5判〉

国家・資格シリーズ 67

わかりやすい！
電験二種　一次試験合格テキスト

著者：若月輝彦

判型：Ａ５判　２色刷り

総ページ数：392

定価：3,360円（本体3,200円）

１．試験にでるところだけを解説している。

　本書の本文と演習問題をしっかり学習しますと，合格できるようになっています。

２．解説が詳しい。

　丁寧に解説していますので，読者の皆さんは，ゼミに参加されているような感覚でみっちり学習できます。

> ※試験について
>
> 　電験二種一次試験（90点満点）に合格するためには，試験センターの発表では，60％以上の正解率（54点以上）が必要になります。その時の問題の難易度に応じて多少の合格基準の緩和はあるようですが，基本的には60％以上の正解率（54点以上）が必要になります。このように60％以上の正解率であればだれでも合格でき，100％の正解率は必要ありません。

　本書は100％の正解率を目指すのではなく60％の正解率で合格できるように企画されたものです。電験二種の過去40年間に出題された空白試験問題を参考にし，重要項目について演習問題で取り上げてあります。必要最小限の内容しか取り上げておりませんので，難関資格の参考書としては，凄く薄くなっておりますが，その分，大変効率的に早く学習できます。

●二次試験編（国家・資格シリーズ68）も好評発売中です!!

国家・資格シリーズ 278

第1種 電気工事士
筆記試験 50回テスト

著者：若月輝彦
判型：Ａ５版　２色刷り
総ページ数：384
定価：2,310円（本体2,200円）

１．単元別の50回テスト！
　　１日１テストで短期合格も可能!!

　過去問を制するものは試験を制する！といわれるように，第２種電気工事士の試験では過去に出題された問題が繰り返し出題されています。
　そこで，本書では過去問題を精選して50回のテストとしてまとめ上げました。学習回数がはっきりと示されているので，学習計画が立て易くなっております。

２．計算問題が苦手な受験生にも配慮した構成！

　本書の最大の特徴は，多くの受験生が苦手とする計算問題を後半（第45回～第50回）に置いていることです。一般的に，第二種電気工事士のテキストは電気理論から始まるものが大半ですが，本書では，初めに電気の基礎を必要最小限学び，後の学習の基礎となるように構成しております。
　計算問題が苦手でも比較的時間に余裕のある受験者は，第１回～第50回テストまで全てを，計算問題が苦手で時間の無い受験者は，第１回～第44回テストまでを十分に学習されると良いでしょう。

３．豊富な図版・写真！　見やすい紙面!!

　本書では，機器および材料などの写真と図記号が繰り返し示されています。本試験ではこれらの習得が必要不可欠となりますので，写真を見て機器の名称及び用途，並びに図記号までリンクして覚えれば合格はより確実になるでしょう。
　また，本書では大き目の文字と，ゆとりのある紙面構成で，従来のどの本よりも見やすい紙面構成となっております。

MEMO

MEMO